武器装备体系发展规划方法与技术

赵青松　杨克巍　张小可　夏博远　著
孙科峰　张骁雄　熊伟涛

国防工业出版社
·北京·

内 容 简 介

武器装备是国防与军队现代化的重要标志，是国家安全与民族复兴的重要支撑，武器装备的发展规划是武器装备建设的重要组成部分，决定了武器装备建设的方向和重点。不科学、不合理的武器装备体系发展方案，轻则会造成国家大量财力、物力和技术资源的浪费，重则直接导致国家错过军事变革重要机遇期，直接对未来国家安全造成威胁。

本书主要基于武器装备体系化发展特征和博弈对抗的本质规律，研究如何合理利用有限资源，考虑未来作战的不确定性、对抗性等特点来规划未来武器装备体系，一方面降低装备发展风险，避免武器装备重复建设导致资源和技术的浪费，另一方面适应未来一体化联合作战需求，最大化装备体系的综合作战能力。

本书可为武器装备发展规划、装备论证等专业工作的人员以及相关领域的科研人员阅读，也可作为高等院校相关专业领域的教师和学生使用。

图书在版编目（CIP）数据

武器装备体系发展规划方法与技术 / 赵青松等著.
北京：国防工业出版社，2024. 7. -- ISBN 978-7-118
-13271-7

Ⅰ. TJ

中国国家版本馆 CIP 数据核字第 2024PK7695 号

※

国防工业出版社出版发行
（北京市海淀区紫竹院南路23号　邮政编码100048）
北京虎彩文化传播有限公司印刷
新华书店经售

*

开本 710×1000　1/16　插页 4　印张 17　字数 298 千字
2024 年 7 月第 1 版第 1 次印刷　印数 1—1200 册　定价 99.00 元

（本书如有印装错误，我社负责调换）

国防书店：(010) 88540777　　　书店传真：(010) 88540776
发行业务：(010) 88540717　　　发行传真：(010) 88540762

前言

随着世界新军事变革的不断深入，战争的运行规律和表现形态发生了巨大的变化。冷战时期基于兵力、以武器装备系统为中心的作战模式逐渐转变为当前基于能力、以武器装备体系为中心的作战模式。武器装备体系是在国家安全和军事战略指导下，为了完成特定的作战使命，由功能上相互联系、性能上相互补充的武器装备系统按照一定结构综合集成的更高层次的系统。在现代战争联合作战与体系对抗的背景下，如何发展武器装备体系、提升军事实力决定着一个国家的切身利益能否得到安全保证，关乎一个国家的兴衰。

武器装备体系发展有四个特点：研究的对象是未来的武器装备，即研究如何发展未来的武器装备而不是如何合理使用当前的武器装备；研究目的是可以最大限度地发挥装备体系的综合效能，而不是追求单个武器装备的性能最优；研究的过程要考虑己方的资金、风险、技术等各种约束条件；研究的背景是要考虑未来战争的样式以及对方的武器装备发展情况，即需要考虑未来敌我双方对抗的情景，而不是仅仅考虑己方的装备情况。因此，针对武器装备体系发展规划问题，决策者面临的一个严峻问题就是如何在有限的国防预算下，面对复杂多变的未来作战场景和竞争对手日益变化的军事能力，充分利用有限的国防预算和发展时间，给出最优的武器装备发展规划方案，适应未来一体化联合作战需求。

本书分为五个部分，共 16 章，从不同的角度研究武器装备体系发展规划的相关方法与技术，挖掘其中包含的子问题，寻找科学有效、切实可行的方法，为解决问题提供理论参考与方法支撑。其中第 1 部分主要阐述相关概念；第 2 部分研究面向目标的武器装备体系发展规划；第 3 部分研究面向能力差距的武器装备体系发展规划；第 4 部分研究面向多场景的武器装备体系发展规划；第 5 部分研究基于博弈的武器装备体系发展规划。

本书由赵青松、杨克巍等编写，在本书撰写过程中，谭跃进教授、李孟军教授、姜江教授、葛冰峰副教授、豆亚杰副教授、杨志伟副教授、孙建彬副教授、李明浩副研究员、李际超副教授等人为本书的撰写提供了宝贵意见，王小燕、胡伟涛、李勇、李华超等研究生直接参与了部分示例以及统稿、校正工作。国防工业出版社的张冬晔编辑为本书的出版付出了辛勤的努力，在此一并表示感谢。

由于时间仓促和编者水平有限，书中难免有不妥之处，敬请读者不吝赐教。

作者
2023 年 9 月于长沙

目录

第1部分 基本概念

第1章 体系与武器装备体系 ……………………………………… 2
1.1 体系 ……………………………………………………… 2
1.1.1 体系问题的由来 ………………………………… 2
1.1.2 体系 ……………………………………………… 5
1.1.3 体系与系统 ……………………………………… 9
1.2 武器装备体系 …………………………………………… 13
1.2.1 武器装备体系 …………………………………… 13
1.2.2 武器装备体系与装备系统 ……………………… 15
1.2.3 武器装备体系工程主要研究方向 ……………… 16

第2章 武器装备体系发展规划 …………………………………… 18
2.1 武器装备发展规划 ……………………………………… 18
2.2 武器装备体系发展规划 ………………………………… 20
2.2.1 体系与装备发展 ………………………………… 20
2.2.2 武器装备体系发展规划特征 …………………… 21
2.3 武器装备组合发展规划 ………………………………… 21
2.3.1 武器装备的组合选择 …………………………… 21
2.3.2 武器装备组合选择的核心要素 ………………… 23
2.3.3 武器装备组合选择的基本流程 ………………… 27

第1部分参考文献 ………………………………………………… 30

第2部分 面向目标的武器装备体系发展规划

第3章 基于作战环的武器装备体系网络化建模 ………………… 34
3.1 作战循环理论 …………………………………………… 34

3.2 作战环的基本概念 ... 37
3.2.1 作战环的定义 ... 38
3.2.2 作战环的数学模型 ... 42
3.3 体系的网络化描述与建模方法 ... 43
3.3.1 体系的网络化描述建模一般求解过程 ... 43
3.3.2 体系的静态网络模型 ... 46
3.3.3 体系的动态网络模型 ... 47
3.4 本章小结 ... 50

第4章 面向重点目标的体系发展规划建模与优化 ... 52
4.1 问题描述与建模 ... 52
4.1.1 武器装备发展问题描述 ... 52
4.1.2 决策变量与优化目标 ... 54
4.2 确定信息条件下的体系发展规划模型 ... 58
4.2.1 威胁率与威胁累积 ... 59
4.2.2 有效体系网络设计的性质 ... 63
4.2.3 优化模型 ... 65
4.3 不确定信息条件下的体系发展规划模型 ... 66
4.3.1 不确定信息的表示 ... 67
4.3.2 优化模型 ... 67
4.4 基于 CMA-ES 的体系发展方案优化 ... 69
4.4.1 CMA-ES 算法 ... 70
4.4.2 约束处理机制 ... 71
4.4.3 优化方案 ... 74
4.5 示例介绍 ... 75
4.5.1 参数设置 ... 75
4.5.2 计算结果 ... 78
4.5.3 总预算对优化结果影响分析 ... 80
4.6 本章小结 ... 82

第5章 面向多目标的武器装备体系发展规划 ... 84
5.1 多个目标之间的冲突问题 ... 84
5.1.1 面向多目标规划问题的数学描述 ... 84
5.1.2 不同目标间的冲突 ... 85
5.2 冲突的识别 ... 86

    5.2.1 可接受冲突的特征 ·· 86
    5.2.2 网络拆分的原则 ·· 88
  5.3 优化模型 ··· 90
    5.3.1 不考虑时间预算约束的体系发展规划模型 ············· 90
    5.3.2 含时间预算约束的体系发展规划模型 ··················· 91
  5.4 示例介绍 ··· 93
    5.4.1 参数设置 ·· 94
    5.4.2 计算结果 ·· 96
    5.4.3 费用拨放次数对累积威胁影响 ···························· 100
  5.5 本章小结 ··· 101
第 2 部分参考文献 ··· 103

第 3 部分 面向能力差距的武器装备体系发展规划

第 6 章 面向能力差距的武器装备体系发展规划问题分析 ············ 106
  6.1 能力差距相关概念 ·· 106
  6.2 武器装备体系发展规划问题定量化分析 ······················ 109
    6.2.1 能力需求的定量化分析 ···································· 110
    6.2.2 能力差距的定量化分析 ···································· 111
    6.2.3 武器装备体系发展规划方案分析 ······················ 112
  6.3 本章小结 ··· 113
第 7 章 面向能力差距的武器装备体系发展规划问题建模 ············ 114
  7.1 武器装备体系发展规划问题描述 ······························ 114
  7.2 武器装备体系发展规划问题建模 ······························ 115
    7.2.1 决策变量分析 ·· 115
    7.2.2 目标函数分析 ·· 116
    7.2.3 约束条件分析 ·· 117
  7.3 基于模糊偏好关系的权重确定方法 ···························· 118
    7.3.1 模糊集 ·· 119
    7.3.2 基于偏好关系的模糊层次分析法 ······················ 120
  7.4 本章小结 ··· 122
第 8 章 面向能力差距的武器装备体系发展规划问题求解 ············ 123
  8.1 差分进化算法 ··· 123

8.1.1　基本思想 …………………………………………………… 123
　　8.1.2　算法特征 …………………………………………………… 123
　　8.1.3　算法步骤 …………………………………………………… 124
8.2　模型求解与分析评价 ……………………………………………… 126
8.3　本章小结 …………………………………………………………… 130

第9章　实例研究 ……………………………………………………… 131

9.1　案例描述 …………………………………………………………… 131
9.2　模型抽象与说明 …………………………………………………… 132
9.3　基于模糊偏好关系确定权重 ……………………………………… 134
9.4　建立模型 …………………………………………………………… 136
　　9.4.1　决策变量 …………………………………………………… 136
　　9.4.2　目标函数 …………………………………………………… 136
　　9.4.3　约束条件 …………………………………………………… 137
9.5　差分进化算法求解与分析评价 …………………………………… 138
　　9.5.1　不同演化算法对比 ………………………………………… 139
　　9.5.2　差分进化算法的不同变异算子对比 ……………………… 141
　　9.5.3　不同参数下方案的对比 …………………………………… 142
9.6　本章小结 …………………………………………………………… 148

第3部分参考文献 …………………………………………………………… 149

第4部分　面向多场景的武器装备体系发展规划

第10章　基于多场景的武器装备体系规划问题分析及框架设计 …… 152

10.1　基本概念 ………………………………………………………… 152
10.2　多场景下装备鲁棒规划问题分析 ……………………………… 153
　　10.2.1　研究问题描述 …………………………………………… 153
　　10.2.2　问题特征 ………………………………………………… 154
　　10.2.3　问题的基本模型参数定义 ……………………………… 156
10.3　框架设计 ………………………………………………………… 157

第11章　单场景下武器装备体系发展方案价值评估 ………………… 159

11.1　面向能力需求的不确定场景生成 ……………………………… 159
　　11.1.1　场景生成基本理论 ……………………………………… 160
　　11.1.2　场景生成与"场景-能力需求"的转化 ………………… 162
　　11.1.3　基于TOPSIS的场景下能力需求度量 ………………… 165

11.2　单场景确定能力需求下的方案价值评估模型 …………………… 167
　　　　11.2.1　规划方案形式化描述 ………………………………………… 168
　　　　11.2.2　单场景下规划方案价值评估模型 …………………………… 170

第12章　多场景下武器装备体系鲁棒规划模型构建与求解 ………… 177
　　12.1　鲁棒决策模型基础理论 …………………………………………… 177
　　12.2　多场景下装备鲁棒规划模型构建 ………………………………… 181
　　　　12.2.1　规划模型构建思路 …………………………………………… 181
　　　　12.2.2　获取每个方案在所有场景下的价值 ………………………… 183
　　　　12.2.3　获取鲁棒性评价指标 ………………………………………… 183
　　　　12.2.4　确定优化目标 ………………………………………………… 185
　　12.3　基于NSGA-Ⅱ进化算法的规划模型求解 ………………………… 186
　　　　12.3.1　解空间生成 …………………………………………………… 186
　　　　12.3.2　可行解定义 …………………………………………………… 188
　　　　12.3.3　基于NSGA-Ⅱ的算法设计 …………………………………… 188

第13章　示例研究 …………………………………………………………… 192
　　13.1　案例描述与数据输入、处理 ……………………………………… 192
　　　　13.1.1　案例描述 ……………………………………………………… 192
　　　　13.1.2　能力数据 ……………………………………………………… 192
　　　　13.1.3　装备信息列表 ………………………………………………… 193
　　　　13.1.4　场景信息列表 ………………………………………………… 196
　　　　13.1.5　阶段经费数据 ………………………………………………… 204
　　13.2　基于NSGA-Ⅱ算法的问题求解 …………………………………… 205
　　　　13.2.1　算法参数 ……………………………………………………… 205
　　　　13.2.2　初始种群生成与分析 ………………………………………… 206
　　　　13.2.3　基于完全鲁棒性指标的结果分析 …………………………… 207
　　　　13.2.4　基于整体鲁棒性指标的结果分析 …………………………… 211
　　13.3　计算结果分析 ……………………………………………………… 215

第4部分参考文献 ……………………………………………………………… 217

第5部分　基于博弈的武器装备体系发展规划

第14章　基于博弈的武器装备体系动态规划框架 ……………………… 220
　　14.1　武器装备体系网络化建模 ………………………………………… 220

14.1.1　武器装备体系装备单元节点网络化建模 ………………… 221
　　　14.1.2　武器装备体系装备关联关系网络化建模 ……………… 223
　14.2　面向体系威胁的武器装备体系动态博弈模型 …………………… 225
　　　14.2.1　动态博弈要素分析 ………………………………………… 226
　　　14.2.2　动态博弈局势建模 ………………………………………… 228
　　　14.2.3　博弈演化过程与稳定性分析 ……………………………… 234
　14.3　本章小结 ……………………………………………………………… 236

第 15 章　基于竞争型协同进化的 G-WSoSDPF 求解算法 …………… 238
　15.1　基于竞争型协同进化算法的装备体系规划路径求解 ………… 238
　　　15.1.1　规划路径的求解策略与框架 ……………………………… 239
　　　15.1.2　规划路径的求解算法流程 ………………………………… 240
　15.2　基于 Pareto 前沿的 G-WSoSDPF 优化策略集求解 …………… 242
　　　15.2.1　个体非支配比较与群体排序方法 ………………………… 243
　　　15.2.2　拥挤距离计算与修剪种群 ………………………………… 244
　15.3　本章小结 ……………………………………………………………… 245

第 16 章　示例研究 …………………………………………………………… 246
　16.1　示例介绍 ……………………………………………………………… 246
　　　16.1.1　示例背景 …………………………………………………… 246
　　　16.1.2　博弈双方装备节点设定 …………………………………… 246
　　　16.1.3　博弈双方装备关联设定 …………………………………… 248
　16.2　示例动态博弈建模 …………………………………………………… 249
　　　16.2.1　博弈双方装备体系网络化描述 …………………………… 249
　　　16.2.2　数据准备 …………………………………………………… 250
　　　16.2.3　双方装备体系威胁评估 …………………………………… 251
　16.3　博弈模型的求解 ……………………………………………………… 252
　　　16.3.1　对抗条件下装备体系规划路径求解 ……………………… 252
　　　16.3.2　装备体系博弈模型的 Pareto 解 …………………………… 256
　16.4　博弈模型解的稳定性分析 …………………………………………… 257
　16.5　本章小结 ……………………………………………………………… 259

第 5 部分参考文献 …………………………………………………………… 261

第 1 部分

基本概念

第1章 体系与武器装备体系

随着时代的迅猛发展，特别是信息时代的突飞猛进，在解决重大问题时需综合考虑的相关因素越来越多，而且所处外部环境的不确定性越来越强。例如，需考虑天气、安全、出入流、服务质量等因素的综合空中交通系统建设；需考虑战略背景、国家使命、科学技术发展、恐怖主义等的军事装备发展方案等。面对上述问题时，仅仅单纯考虑某个系统或几个系统的工程优化解决方案，往往无法全面适应和解决上述复杂问题，而传统的系统工程方法在处理此类规模非常庞大、目标变化大、环境因素不确定性强的问题时缺乏有效手段和方法。

这种完成特定目标时由多个系统或复杂系统组合而成的大系统，在不同领域和应用背景下有多种不同的术语来进行表述，使用较为广泛的如 Systems within Systems、System of Systems、Family of Systems、Super-Systems、Meta-Systems 等。随着研究的不断深入，SoS（System of Systems）这一名词逐渐得到研究人员的认可并被广泛地使用，我们将 SoS 直译为"系统的系统"，称为"体系"。从字面理解，体系是由系统的系统构成，即多个系统：可能是层次明确的多级"系统-子系统"模式；可能是紧密耦合的多个相关系统组合；可能是一类松散联邦制。根据具体环境（威胁、目标等）快速聚合的系统集合，应用体系的理念及其相关的思路，在面临复杂问题时往往具有强适应性，即当某个构成体系的系统出现问题或者损坏的情况下，快速灵活调整体系的局部构造，新"体系"仍旧胜任原有任务。另外具有宽扩展性，即随着时间和环境的变化，只需要调整（更新）某几个系统，增加或者改进这些部分，在保持体系总体结构的同时，使用最小的代价大幅提升体系的能力。体系的这些特点使其成为 21 世纪初交通、军事、制造、社会研究等领域的热点方向。

1.1 体系

1.1.1 体系问题的由来

人类对客观世界的认识与改造，从总体到局部，再到总体；自顶向下，自底向上，再自顶向下；从分解到综合，再分解，再综合，不断地螺旋式地向更广、更深的方向发展。20世纪40年代,在贝塔朗菲、香农、维纳等的努力下,人们逐步将"系统"作为认识客观世界的一个基本载体。伴随一般系统论、运筹学、控制论、信息论、系统工程、自组织理论等基础理论的产生与发展,系统思想成为人们认识客观事物的基本指导思想之一,系统工程也逐步成为现代社会解决复杂问题的一种主要工程方法和技术手段,如载人航天、三峡工程、南水北调等。

从20世纪90年代初开始,"体系"一词出现并广泛应用在信息系统、系统工程、智能决策等研究领域。体系一词的出现在文献中最早可以追溯至1964年,有关纽约市的《城市系统中的城市系统》中提到"Systems within Systems"。英文词汇中常使用的 System of Systems 或 System-of-Systems(SoS)与我们一般所称的体系概念最为接近,而随着研究范围的不断扩大和内涵的差异,在外文文献中 Super-System、Federated System、Family of Systems(FoS)、System mixture、Ultra-Scale systems、enterprise-wide system 等词也在不同领域和背景下表达了与体系相近的含义。进入21世纪以后,越来越多的大规模、超大规模的相互关联的实体或组合开始出现,特别是在信息领域,超大规模系统(Ultra-Scale Systems)正成为体系领域研究的另一个热点。

国际上许多学术机构和学者从体系的组成、类型、内涵、领域应用及关键技术等进行了研究,并取得了一定的成果。随着研究的深入,在美国已经成立了多个体系研究的专门机构如体系高级研究中心、老道明大学的国家体系研究中心。IEEE 也专门开辟了体系领域的专题,从2005年开始每年召开一届体系工程国际会议,会议主席由著名的体系研究学者 Mo Jamshidi 担任,体系及体系工程的研究逐渐成为系统科学和复杂性科学研究的热点。而国内学者对于体系的研究相对滞后,研究也主要集中在军事领域。国防科技大学系统工程学院自20世纪末以来开始关注体系的相关问题,以军事问题为背景,对体系需求、体系结构优化以及体系评估等问题进入了深入的研究。

在体系领域研究的发展初期,尽管发展势头很好,但作为诞生不久又正在成长中的新兴领域,关于体系及体系工程的各种概念、观点和开发,存在着大量的争议,更需要围绕这方面研究的基础知识形成一个较为一致的观点,以便在更深层的探讨中不断提高研究水平。

体系是在当今世界一大批高新技术发展的推动下,形成和发展起来的一类按人为机制和人为规则所构成的"非物理性"系统。例如,航天装备体系是由各种侦察、预警、通信、气象、导航卫星及其地面应用、运行控制和发射系统组成的。目前,经常提及且应用最为广泛的一个体系代表就是武器装备体系。现代战争条件下，军事对抗的胜负不仅取决于某一种或者某几种参战武器装备，而且还取决于所有参战武器装备所形成的整体作战能力及其在对抗中是否得到恰当运用，甚至是各类未直接参战的武器装备（如保障装备、后勤装备等）的综合实力的比拼。在联合作战背景下，战争不再是单一的武器对武器、平台对平台的对抗，而是需要实现武器系统之间的互联、互通和互操作，各种资源包括信息被充分共享，是由指挥控制系统、侦察监视系统、联合火力打击系统等各种系统组成的作战体系的对抗。

美军更是在装备采办阶段即提出了面向体系，基于能力规划的采办，即未来装备的发展全部要纳入到各类体系的建设规划中，否则不予以支持。

体系建设不仅要考虑体系层面的条件、约束和目标，而且还要考虑组成体系的系统层面的条件、约束和目标。体系建设具有规模大、周期长、耗资大等特点。组成体系的各个系统在功能上的独立性导致了构建的体系可能存在着冗余或差距，对体系需求的分析和体系结构优化已经成为当前体系建设所面临的一个重要问题。在目前的体系研究中，如何明确一套被体系各利益相关者所共同接受、理解并能准确表达各方的需求规范，是体系工程研究需要首先解决的问题。

2009 年，"国际系统工程期刊通讯"（System Engineering INSIGHT）刊发了著名系统工程学者 Joseph E. Kasser 对于系统和体系评价的一篇短文，他认为对于体系的概念及其存在性产生了分歧：一些人认为体系是一个全新的问题，需要提出新的方法、技术和设计新的工具进行研究，代表人物是 Cook 和 Bar-Yam；另一个阵营的人员则认为体系问题属于复杂性研究的领域，可以采用处理复杂性的手段来解决问题，只是认为在处理某些细节和特殊背景的特殊问题时，需要运用新的技术和手段予以解决，代表人物包括 Maier、Hitchins 和 Rechtin。

Kasser 则认为体系与系统的研究不存在本质的不同，只是不同角色的人员在研究和解决问题的过程中，采用不同的视角看待同一个事务所产生的差别，如图 1.1 所示。

(1) 从传统的系统工程观点来看，上图自上而下是一个"集成系统-系统-子系统"（Metasystem-System-Subsystem）模型，主要采用了一个纵向视角对相关问题领域进行观察和描述，多在开展总体论证、系统分析时出现；而持有全新概念 SoS 的人则更多的是从横向的视角出发，将这些系统纳入整体进行考虑，多于具体提出解决方案时出现。

(2) 当系统 B 从上向下观察时，可以看到它由三个子系统构成，而当

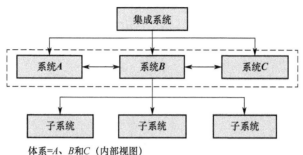

图 1.1　不同视角看待体系

看 Metasystem 时，也会发现它是由三个子系统构成。但是从横向的视角去观察它，会发现其通常被称为一个"体系"。因此在解决体系问题时，应将其视为"系统工程发展的新领域"，其中有许多需要重新研究的问题。

1.1.2　体系

1.1.2.1　体系的定义

不同领域的学者和组织从他们各自的领域背景和角度提出了体系的定义，表 1.1 给出了其中部分较为权威和广泛应用的关于体系的定义和描述。

其他的一些国内外文献中有关体系的定义，如表 1.2 所列。

上述的定义从军事、商业、教育、软件工程等领域给出了体系的相关定义，有着不同的关注点和特征，在它们各自的领域内都是有较强说服力和应用广度。

表 1.1　体系的一些的定义及应用领域背景

体系的出处	体系的定义	描　述	应用领域背景
Maier, 1996	为实现共同目标聚合在一起的大型系统集合或网络	系统间的信息流动，通信标准；根据是否存在集中管理和共同的目标来划分体系	军事系统中以强制型和协作型体系为多；前者要求组成系统虽然能够独立使用和管理，但仍进行集中式的管理，必要时分解开来；后者则要求组成系统各自独立使用和管理，但能够相互协作，增强各自的能力

续表

体系的出处	体系的定义	描述	应用领域背景
Cook, 2001	体系是包含人类活动的社会——技术复杂系统, 通过组成系统之间的通信和控制实现整体涌现行为	体系分类: 专用体系 (dedicated SOS); 临时体系 (virtual SOS)	两类军事体系: 一类是在设计阶段就考虑到组成系统的协作, 以满足共同的目标称为专用体系; 另一类是在设计阶段没有考虑日后的协作, 在短期(数周)内为完成特定使命而构建的体系。如联合维和行动的指挥控制体系, 它的组成系统之间从未进行过互联测试。这类体系将会在行动完成后自动解体
Sage 和 Cuppan, 2001	体系是具有以下五大特征的复杂系统: 使用独立性、管理独立性、地理分布、涌现行为和演化发展	复杂系统的演化开发	军事领域
Maryland-ScottSelberg	体系是具有一定功能的独立的系统的集合, 这些系统聚合在一起获得更高层次的整体涌现性		一般通用领域
US DoD	相互关联起来实现指定能力的独立系统集合或阵列, 其中任意组成部分缺失都会使得整体能力严重退化; 能够以不同方式进行关联实现多种能力的独立系统集合或阵列		军事体系族
IEEE	在多个独立机构的指挥下, 能够提供多种独立能力来支撑完成多项使命的大型、复杂的独立系统的集合体		一般领域
汉语词典	体系是若干有关事物互相联系, 互相制约而构成的一个整体	与系统含义相近, 强调关于某事物的整体认识	理论、知识等抽象层面, 如思想体系、科学体系、学科体系等

表 1.2 其他的一些有关体系的定义

年份/年	作　者	有关体系的定义
1994	Shenhar	体系是大范围分布的系统集合成的系统的网络，这些系统一齐工作达到共同目的
1996	Manthorpe	对于联合作战，体系是由 C^4ISR 系统联系起来的具有互操作和协同能力的系统。主要关注点：信息优势；应用领域：军事
1997	Kotov	体系是由复杂系统组成的大规模并发分布式系统。主要关注点：信息系统；应用领域：私人企业
1998	Maier	体系是组件的集合物，这些组件单个可作为系统并具有以下特征：①组件的运行独立性，若体系拆回成它的组件系统，组件系统必须能有用的独立工作；②组件的管理独立性，组件系统不仅可以独立运行，而且实际上是独立管理的；③其他特性如体系的演化发展与整体涌现行为等
1998	Lukasik	体系工程主要研究许多系统如何集成为体系，这将最终有助于社会基础设施的发展。主要关注点：系统评估、系统交互；应用领域：教育
2000	Pei	体系集成是一种寻求系统的开发、集成、互操作和优化的方法，用以提高未来战场想定的性能。主要关注点：信息密集系统集成；应用领域：军事
2001	Carlock 和 Fenton	体系工程主要关注传统系统工程活动与战略规划和投资分析等企业活动的结合。主要关注点：信息密集系统；应用领域：私人企业
2006	张最良	体系是能得到进一步"涌现"性质的关联或联结的独立系统的集合
2006	Northrop	体系由许多独立的系统组成一个整体，并满足指定的需求。主要关注点：系统的涌现性；应用领域：软件工程
2006	Kaplan	体系是由多个在不同权利机构管理下不断发展的独立系统构成的长期集合，其目的是提供多种相互独立的能力以支持多种任务

在综合多个定义的基础上，本书将体系定义为：在不确定性环境下，为了完成个特定使命或任务，由大量功能上相互独立、操作上具有较强交互性的系统，在一定约束条件下，按照某种模式或方式组成的全新系统。

1.1.2.2 体系的特征

针对体系，Maier 给出了五条准则区分体系与一般系统的区别如下：
（1）体系的组成部分在运行上的独立性；
（2）体系的组成部分在管理上的自主性；
（3）体系的组成部分在地域上的分布性；

(4) 体系的涌现性；
(5) 体系的演化性。

Kaplan 对体系进行全面深入的研究，归纳了体系的特点如下：
(1) 体系组成部分管理的独立性、重叠性和复杂性；
(2) 体系组成部分规模大、具有主动权且逻辑边界模糊；
(3) 体系构成部分之间信息共享的不确定性；
(4) 体系超长的生命周期；
(5) 体系所面向任务的不确定性、复杂性和评估的复杂性。

1.1.2.3 体系研究与开发的原则

体系的上述特征对于体系的开发策略具有决定性的影响，为有效实施体系的开发与研究，体系开发过程中需要遵循以下原则。

1. 加强体系的顶层分析与设计，保证体系有目的地演化

为了使最终开发出来的体系满足用户的要求，首先要进行需求分析。通过需求分析，全面获取利益相关者对体系的需求，尤其是那些长远的、规划性的需求；识别需求之间的冲突，并进行权衡分析，使体系的利益相关者对于体系的发展形成一致的需求；对体系需求进行管理，实现需求到后续开发过程和产品的跟踪，重视需求的变更。

在确定需求的基础上，探索体系的实现方案，关键是体系的结构方案。在体系的结构设计中，要从使用性能、技术、经济、风险等多方面对备选结构方案进行综合分析。另外，良好的扩展性和适应性将会是体系结构设计必须考虑的目标，只有实现该目标才能有效促进体系的演化。

2. 采用分布、演化的开发方式，规避开发风险，提高开发效率

考虑到当前基于系统项目的开发管理体制，体系的开发模式与之完全不同，无法找到一个组织能够从总体和全局上负责整个体系的开发与管理，只能是以体系的组成系统为单位建立相应的开发项目，并确立这些系统开发的规范和原则，并且建立一个统一的协调与指导机构予以负责。另外，体系的利益相关者存在不同的群体，对体系的开发拥有不同关注点和利益，这为体系的分布开发提供了必要条件。在分布开发方式下，体系包含多个系统项目，这些项目可在一定程度上并行实施，不仅缩短了总的开发周期，降低了部分开发资源的闲置时间，还能让相关利益相关者同时参与到体系的开发中，有利于提高利益相关者的积极性。

体系的开发是一个长期的过程，不仅包括新组成系统的开发与加入，还包括对于老系统的综合利用，所以如果直到体系开发完成后才能测试、部署或使用体系，那么很难保证最终的体系是否满足用户的要求，这为体系开发带来了

巨大风险。演化开发方式提出了采用迭代、分批或增量的方式实现体系的逐步开发，不仅有利于用户的意见和要求得以快速反馈，实现体系的优化设计；同时通过识别风险因素，制定迭代增量的计划，能够有效地降低体系开发的总体风险。

3. 协调体系的开发项目，管理体系的演化

在体系的不断演化过程中，各组成系统的开发并不是完全独立的，开发项目中的有关决策，如制定接口标准，仍需要根据体系的总体目标进行协调。一般在体系层次存在一个专门的集成工作组，负责体系的演化管理，在组成系统的接口、进度、费用等方面协调各项目的开发。在组成系统层次，每个系统开发项目都有自己的集成工作组，在体系集成工作组的指导下完成各项目的系统工程任务，并把项目开发中出现的一些问题上报，由体系工作组负责协调处理。

1.1.3 体系与系统

体系的概念提出最开始就是脱胎于对大系统及多个系统组成的复杂系统问题的研究，最初研究人员大部分沿袭了系统工程的相关理论、方法和技术来处理体系问题，但随着体系应用的不断扩展，体系研究中的新问题不断出现，这些独有的特征和特点要求使用新的方法和技术来解决实际问题。

体系与系统最大的不同是：构成系统的功能部分相互之间的相互关系紧密，是紧耦合关系；体系的构成要素往往具有较强的独立目标，且独立工作能力相对较强，这些要素之间是松耦合关系，且根据不同的任务需求可以快速地重组或者分解，体系工程研究的主要内容是如何根据目标的指引，建立最优（满意）的体系结构来完成任务。

表1.3给出了系统与体系在各个方面上的比较，可以较为清晰地表现出来体系区别于系统的典型特征如下：

（1）体系能够产生新的功能，具有涌现性特征，这种功能往往是构成体系的元素个体所不具备的，或者单个个体完成效果显著低于体系；

（2）体系的构成要素是动态变化的，一方面根据完成任务过程中调整体系构成或者结构以满足目标的要求；另一方面由于不可测因素带来的部分环节和要素功能的缺失，需要其他替代要素补充或者体系内部结构调整以弥补；

（3）体系更多体现的是组合关系，构成体系的元素之间的相互作用、相互配比与组合方式的不同，能够胜任和解决不同的任务；

（4）体系的组成部分间往往是松耦合，组成元素具有自治性，边界具有演化性，元素互操作与管理具有独立性、目标多样性。

表 1.3 系统与体系的比较

特 性	系 统	体 系
复杂性	一般系统的复杂性不明显	体系的一项重要特征。表现在体系结构、行为与演化的复杂性上
整体性/涌现性	系统表现出"整体大于部分之和"的特征。从整体中必定可以发现部分中看不到的系统属性和特征	体系也具有"整体大于部分之和"的特征。但是表现出强烈的涌现特性。体系将具有大量组成组件完全没有的特征或属性
独立性	系统的各要素一般不具有独立性	体系各组件是独立存在的
目标性	通常系统都具有某种目的。为达到既定目的，系统都具有一定功能，而这正是系统之间相互区别的标志	体系拥有超过一个目标，但是在特定条件下有一个核心目标主导体系运行
层次性	一个系统可以分解为一系列的子系统，并存在一定的层次结构	体系可能存在层次结构，也可能不存在。如 Internet 上的节点可以是网状结构

通过比较体系和一般系统之间的差别，总结出体系具有如下基本特征。

1. 开放性

对于一般系统，系统工程人员在最开始研究它时就为其划定边界，定义它们与外部环境之间存在的物质、能量、信息之间的交换关系。系统工程人员出于研究便捷性的目的，往往人为地定义系统的确定性边界，简化它们与外部环境之间的影响关系，尽可能把一般系统当作一个相对独立和封闭的系统进行处理。

但是，体系作为一类特殊复杂系统，它的边界并不明确，组成元素从属于它到不属于它是逐步过渡而非"一刀切"的，并且不同体系存在相互渗透的情况，经常是"你中有我，我中有你"，有时同一个组成元素被包含在不同的体系中，而且随着时间的推移，环境的变化，体系的构成要素及其范围也发生着变化。对于体系与环境之间的关系：一方面外部环境对体系有着重要影响，如组织的高层战略与制度、科技水平与经济条件、自然环境以及对手的情形等因素，当这些因素发生变化时，体系也将随之做出变化；另一方面，体系也能对外部环境施加影响，具体而言，体系的开发将直接影响到外部环境的战略、经济、技术等方面。

因此，体系具有"不可简化"的开放性。开展体系研究时必须正视这一体系复杂性根源。这里的"不可简化"并不是指不能对体系与外部环境的关系进行简化，而是要求不能把体系的开放性给简化掉，要在保持开放性这一前提进行适当的简化。

2. 多利益相关者

一般来说，某个系统的开发工作通常由不同的个人或组织合作共同承担完成，每个合作者只完成系统的某个明确组成部分。这些合作者一般只支持某个特定的用户群体。所有的系统开发工作都在一个垂直性项目管理机构的领导下进行。

对体系而言，它所面对的大多是隶属于不同的多个领域的代表及用户群体。在这些用户群体以及其他利益相关者群体的体系生命周期中，拥有自身对体系的独特视角、利益和关注点。这些关注点不可避免地存在一定的冲突和矛盾，传统的应用于系统开发的集中控制方式无法有效解决这些冲突，只有建立一个跨利益相关者群体的水平结构的综合性组织，如集成产品开发小组，采用权衡分析方法，才能做出令所有利益相关者群体都满意的决策。

3. 组成系统的协作性

一般系统中，各组件之间存在高度耦合关系，这种高耦合可理解为组件之间存在强制性的关联。这种强制性表现在某个组成系统必须在其他相关组成系统的支持下才能有效发挥作用，如物理上的结构依赖关系。在体系中，组成系统之间存在松耦合关系，某组成系统并不强制要求与另一个组成系统进行关联，而是根据目标要求和具体情况有选择地建立联系，如信息服务，这种非强制性的关系被定义为一种协作关系。而且这种关系不是稳定不变的，可能随着任务的调整、任务的变化组成系统之间的关系也随着发生变化。

组成系统之间存在这种协作关系的前提是它们各自能够保持一定的独立性。这种独立性表现在以下几个方面。

（1）存在独立性。组成系统一般能够独立地完成一些特定的使命任务，满足特定用户的需求，这使得每个组成系统都拥有自己特定的用户群体，这也是组成系统能够独立存在的根本原因。

（2）使用独立性。组成系统能够根据自身目标和所处环境决定使用方式，能够在缺乏其他系统支持的条件下独立地执行某些特定功能和任务。

（3）开发独立性。体系的开发管理组织根据有关规章、制度独立决定组成系统的开发策略、技术方案等，并且每个组成系统都拥有自身特定的生命周期。

在保持一定独立性的前提下，组成系统能够进行协作，从而帮助体系达成更高层次的使命目标，提高体系的整体开发效率。对于一些高层的使命目标，单纯依靠个别系统的支持是难以完成的，必须利用相关系统进行协同工作，才有利于发挥整体的效能。在组成系统的开发上，尤其在需求分析、概念设计等前期开发阶段，通过对组成系统项目之间的协作的设计，有利于提高体系整体的开发效率。

4. 涌现性

系统科学把整体才具有，且孤立部分及其总和不具有的特性，称为整体涌现性（或称突现性，Whole Emergence）。复杂系统的涌现一般具有层次性，这种层次性是复杂性的重要来源。从组成要素性质到整体性质的涌现需要通过一系列中间等级的整合，每个涌现等级代表一个层次，每经过一次涌现形成一个新的层次。对体系而言，其涌现性是由其组成系统按照体系的结构方式相互作用、相互补充、相互制约而激发出来的，是经过逐步整合、发展体现出来的，是处在系统层次之上的涌现性。

在开放和边界不明确的背景下，体系组成系统之间以及体系与环境之间存在动态的交互作用，这些交互在效果上的叠加与传播使得体系的整体行为难以预测，也很难保证涌现出来的体系行为正是我们所期望的。

2008年，13位著名体系工程领域专家提出了体系工程目前面临急迫解决的10个问题中，导向性涌现行为（Guided Emergence）研究是难度最大且具有很高研究价值的方向之一，导向性涌现的研究目的是通过聚焦体系设计与开发的目标，将涌现行为导向体系用户期望的方向发展，导向涌现行为可以被看作是为了实现体系使命目标的一个策略，即体系开发的最终目的。

5. 演化性

系统的结构、状态、特性、行为、功能等随着时间的推移而发生的变化，称为系统的演化（evolution）。演化性是系统的普遍特性，也是体系的重要特征之一。

一般系统独立地进行演化，演化主要有迭代和增量两种形式，分别对应系统的新型、改进型。体系的演化是无时无刻不在进行着的，且存在多种演化方式。体系的组成系统也能够进行独立演化，不过首先要保持组成系统之间的接口标准。组成系统的独立演化一般会导致体系的功能、特性发生变化，但不会产生结构上的变化。在更多情况下，体系中的组成系统呈现联合演化和涌现演化的特征。联合演化方式是指体系中两个或两个以上的、存在协作关系的组成系统，联合起来同时增强各自系统的互用性和功能，从而实现体系的整体演化。涌现演化主要是指在原有组成系统基础上，通过引入新系统来增强体系的能力或提供新能力。联合演化和涌现演化方式通常会导致体系在结构上的变化。

通常，一个体系的演化都是在以下三种情况时发生的。

（1）体系的重新设计、重新开发、修改或者改进，如一个独立新体系的开发。

（2）两个或多个系统的集成为了更好地支持新的不断提高的需求。

（3）一个新体系基于现有体系，增加新的功能或者能力。

体系演化具有三种形式。

（1）自身演化：重新设计、重新开发或者对于某个现有体系的改进。需求包括提升支撑某些业务活动功能、提升性能等，一般通过使用新的设计或者先进技术实现。另外还包括通过面向未来的开发和一些系统的组合集成而带来的体系结构的改进。

（2）联合演化：两个或多个现有的体系的集成。需求包括系统、数据共享之间的交互操作，改进系统功能或者服务以及系统之间的工作流集成。

（3）涌现演化：在现有体系的基础上设计和开发一个新体系。需求包括基于一个现有体系基础的新能力的开发，新体系支持涌现的业务需求。

虽然体系和集成系统的组成要素似乎没有什么区别，但是可以发现体系的视角更多的是从一个横向的角度，即联合的角度去观察问题，而且当观察方位发生变化时，体系的组成系统就会有较大差别，也就是所谓的体系的动态性——构成体系的要素可能是不确定的，但是这种不确定性并不一定会导致体系的不稳定性，因为不同要素构成的体系可以完全胜任同样的任务。相反，恰恰是体系构成要素的动态性，为体系完成其使命带来了强大的鲁棒性。

1.2 武器装备体系

1.2.1 武器装备体系

武器装备是"用于实施和保障作战行动的武器、武器系统和军事技术器材的总称。主要指武装力量编制内的武器、弹药、车辆、机械、器材、装具等"。武器装备是作战节点用以实施和保障作战行动所使用的各种设备、器械和供应品，包括武器、弹药、车辆、机械、器材、器具等。"武器装备"简称为"装备"，它是客观存在的物理实体。

目前，国内对体系的研究，尤其在军事领域中的武器装备体系研究正逐渐被越来越多的科研工作者所重视。武器装备体系由许多表面上相互独立的武器装备系统组成，并在对抗过程中，按照一定的结构相互作用而表现为一个有机整体。

本书将武器装备体系定义为：指在国家安全和军事战略指导下，按照建设信息化军队、打赢信息化战争的总体要求，适应一体化联合作战的特点和规律，为发挥最佳的整体作战效能，由功能上相互联系、相互作用，性能上相互补充的各种武器装备系统，按一定结构综合集成的更高层次的武器装备系统。

按照对体系的理解，可以将其划分为体系级、系统级、平台级和单元级四个层级，每个层级对应的是对武器装备体系不同程度的抽象。其中，体系级对应的是对整个武器装备体系结构整体的描述。同时，武器装备体系面向的风险承担者主要是不同级别的使用者，如战略级指挥员（决策者）、战役级指挥员、战术级指挥员和战斗级作战人员。其中，高层决策者主要关心的是构建的体系结构实现作战任务的能力，即系统结构与能力之间的映射。根据各级使用者即指挥员关注的范围和特征，各级使用者可以对应到武器装备体系的各个层级，即战略级对应于体系级，战役级对应于系统级，战术级对应于平台级，战斗级对应于单元级，如图 1.2 所示。

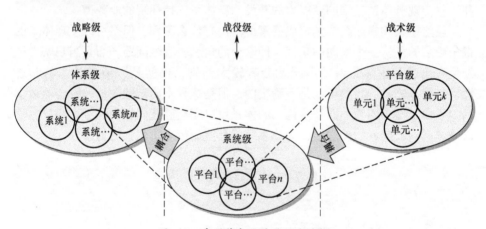

图 1.2　武器装备体系的层次结构

信息化战争的战场对抗环境随着战争的进行而瞬息万变，武器装备体系作为一类特殊的体系，其面临的战场对抗环境更加复杂，作战使命需求变化更快，当这种变化积累到一定程度时体系在某一方面可能会出现能力差距，这就需要对武器装备体系在组成上、结构上进行相应调整以应对这种能力差距。

武器装备体系研究的目的就是寻找和掌握体系发展的一般规律及指导体系的发展建设，也就是说发现体系中存在的能力差距；优化体系结构，提高体系整体效能；针对性地指导武器装备的有效建设。为了克服武器装备体系建设面临的困难，需要对体系和体系结构进行分析、设计与优化。在建设初期：首先根据体系的能力需求，设计集成的、明确的和一致的体系结构（集成体系结构）；然后以体系结构为体系建设蓝图指导体系的设计，实现其组分系统的综合集成和互操作；最后在此基础上进行武器装备体系的评估与优化，以满足其能力需求。

武器装备体系具有自己的特点，最典型的特点是整体性和对抗性。信息化战争条件下的武器装备体系研究的核心与重点是其内部系统之间的相互关系，以及通过这些相互关系产生出来的整体涌现性，而不同类型，不同用途，甚至不同时代的武器装备主要是通过信息建立起互相的联系和作用。而信息往往是通过各种类型的信息系统实现在装备之间的流转、分配和运行，所以目前形式下应重点规划和建设基于信息系统的武器装备体系作战模式，从而最终建立体系作战能力。武器装备体系必须放在对抗条件下才能得到正确地评估，所以对体系的建模必须考虑两类情况：一是紧耦合的武器装备系统组成的装备体系（如一艘现代化的驱逐舰），二是处于作战环境中部队和指挥控制组成的作战体系（如联合火力打击）。武器装备体系从属于联合作战体系，但联合作战整个体系需要通过武器装备体系能力才能实现作战效能。

1.2.2 武器装备体系与装备系统

以一般武器装备和武器装备体系为对象，从使命目标、外部环境、整体状态等几个方面，对它们进行比较，两者的区别与联系如表1.4所列。

表1.4 武器装备体系与一般装备系统的比较

考察方面	装备系统	装备体系
使命目标	具体的低层的使命；目标多用量化指标度量	抽象的高层使命；存在较多定性指标
外部环境	简单对抗环境；与系统较少交互；边界明确	复杂对抗环境；与体系存在较强的交互；边界不明确
整体状态	容易根据组分的状态来预测	难以根据组分的状态预测
组成部分	数量较少的物理部件；可以是已定制好的商用部件（COTS）	数量较多的独立系统，包括人员、组织、装备等；可以是现有、开发中或待开发的系统
功能	比较单一	多样化
活动	任务数量少，活动过程比较明确	任务数量多，过程多变，存在较大的不确定性
结构	组分之间相互依赖，存在紧密且固定的控制关系；结构相对稳定	组分具有一定独立性，但之间存在灵活的协作关系；具有自适应和开放的结构
演化	较少进行结构改进；注重系统自身功能的提高	体系处在不断变化之中；强调相关联统之间的互操作能力
开发方式	瀑布式、迭代/快速原型法等；强调开发过程的可控性	增量/演化/螺旋式；强调灵活的开发过程，重视风险管理
评价准则	侧重点依次为技术、使用、经济和政治因素	侧重点依次为政治、经济、使用和技术因素

武器装备体系的建设发展过程与单一型号武器装备的研制过程不同。首先，武器装备体系的建设具有整体性，要在规定的时间和有限的经费条件下尽可能实现体系的总体建设目标；其次，武器装备体系中各型装备的研制过程存在相关性，不同型号的装备单元在发展过程中可能会交互相关；最后，武器装备体系建设是渐进的过程，对当前装备发展技术基础存在依赖性。因此，需要选择并建立新的面向武器装备体系的技术方向开展研究。

　　武器装备体系技术是指导武器装备体系发展和运用的各类专门技术，主要包括武器装备体系的需求技术、设计技术、评估技术、实验技术、运筹技术等方面。目前重点的研究方向包括：体系需求工程、体系结构设计与优化、体系评估、体系发展与演化等方面。

　　武器装备体系工程及相关技术的应用范围如下：
　　（1）武器装备关键技术发展战略研究；
　　（2）武器装备体系发展、规划、设计与论证；
　　（3）武器装备重大专项的论证与评估；
　　（4）典型武器装备采办的论证与评估；
　　（5）国防科技发展论证与评估；
　　（6）其他重大决策和相关管理活动。

　　武器装备体系必须重视整体设计，并将武器装备体系放到联合作战的环境中加以检验，才能真正实现装备体系能力。转变过去重武器、轻系统，重局部、轻整体，重性能、轻效能的状况，把体系能力放到武器装备建设的第一位，把体系综合集成放到武器装备设计的第一位。特别是要在面向一体化联合作战体系的条件下研究武器装备体系，"联合"的对象是"能力"，特征是"平等"，关键是"融合"，目标是"一体"，而如何"组织"体系的组成系统的聚合只是其外在的表现形式。从作战能力需求的角度出发确定武器装备体系能力需求，才能真正将武器装备体系与一体化联合作战体系结合起来，才能实现最大的作战效能。

1.2.3　武器装备体系工程主要研究方向

1. 武器装备体系需求分析技术

　　武器装备体系需求分析技术是基于国家军事战略或特定联合作战任务、对武器装备体系需求进行获取、表示、评价、验证、管理的过程。武器装备体系需求分析技术具体可包括武器装备体系需求获取技术、武器装备体系需求表示技术、武器装备体系需求评价技术、武器装备体系需求验证技术、武器装备体系需求管理技术和武器装备体系能力规范技术等几个方面。

2. 武器装备体系设计优化技术

武器装备体系设计优化技术是在武器装备体系结构描述的基础上，对武器装备体系的组成要素、要素间的关系等进行调整和优化，从而得到武器装备体系整体效能最大的武器装备体系方案。武器装备体系设计优化技术具体可以包括武器装备体系建模技术、武器装备体系结构方案生成技术、武器装备体系结构方案分析与优化技术等方面。对武器装备体系进行优化设计的研究方法主要有：多方案优选方法、数学规划方法、仿真优化方法、探索性分析优化方法和多学科设计优化方法等。

3. 武器装备体系评估技术

武器装备体系评估技术是在武器装备体系结构描述的基础上，对武器装备体系的能力、费用、风险等方面行评价。武器装备体系评估技术具体可以包括装备体系武器装备体系能力评估技术、武器装备体系技术评估、武器装备体系费用评估、武器装备体系风险评估等方面。

4. 武器装备体系发展与演化技术

武器装备体系发展与演化技术是研究武器装备体系随着时间、技术等因素的变化而发生的体系结构以及体系整体能力的演化规律。武器装备体系发展与演化技术具体可以包括武器装备体系结构发展与演化技术、武器装备体系能力发展与演化技术、武器装备体系能力规划技术、武器装备体系发展的涌现技术等方面。

5. 武器装备体系基础技术

武器装备体系基础技术是研究武器装备体系需求、武器装备体系设计以及武器装备体系评估等方面的基础方法和技术。武器装备体系基础技术包括武器装备体系网络技术、武器装备体系基础数据、模型技术，及武器装备体系联合试验技术等方面。

第2章 武器装备体系发展规划

2.1 武器装备发展规划

武器装备的发展关乎一个国家国防安全，关乎一个国家的切身利益能否得到安全保证，关乎一个国家的兴衰。2004年2月23日，美国国防部宣布取消始于1983年已经耗资69亿美元、拟投资380亿美元的RAH-66武装侦察直升机研制项目；2004年，印度以8亿美元价格从俄罗斯买下的"维克拉马蒂亚"号二手航空母舰，由于维修改造费用过高，2012年这艘二手航空母舰的维修费用甚至超过了新航母的造价，而与之相伴随的是航空母舰交付日期的一再推迟；俄罗斯耗费巨资建造全世界最大的"台风"级战略核潜艇，却由于导弹技术等原因于2014年提前退役。这些不科学、不合理的武器装备发展方案，轻则造成国家大量财力、物力和技术资源的浪费，重则直接导致国家错过军事变革的重要机遇期，对国家未来安全造成威胁。

这一系列严峻的问题摆在我们面前，使得我们不得不思考，如何合理利用有限的资源来发展未来的武器装备，适应未来一体化联合作战需求，使得武器装备形成体系，作战效能达到最大；如何进行武器装备发展规划才能降低装备风险，避免武器装备重复建设导致资源和技术的浪费；如何通过改进现有武器协作、应用和管理的方式以发挥装备体系最大的综合效能。然而，现如今仍没有一套科学合理的方法能够完全指导一个国家未来武器装备的发展，武器装备发展仍存在一些盲目、不科学、不合理之处。

武器装备发展规划研究就是研究如何解决上述问题，即研究如何在一定条件下利用有限的资金、技术、人员等资源科学地制定未来的武器装备发展方案，从而保证在未来的战争中能够取得优势。从武器装备发展规划要解决的问题可以看出，该研究的四个特点如下：

（1）研究的对象是未来的武器装备，即研究如何发展未来的武器装备而不是如何合理使用当前的武器装备；

（2）研究目的是可以最大地发挥装备体系的综合效能，而不是追求单个武器装备的性能最优；

(3) 研究的过程要考虑己方的各种约束条件，如资金、风险、技术等；

(4) 研究的背景是要考虑未来战争的样式以及对方的武器装备发展情况，即需要考虑未来敌我双方对抗的情景，而不是仅仅考虑己方的装备。

当前对武器装备发展和规划的研究主要有三类：第一类研究集中在基于能力的规划（Capability Based Planning，CBP），主要是研究 CBP 的概念和框架，以及面向武器装备特定发展问题的分析与评估；第二类是运用多准则决策方法，研究单一武器装备项目选择，未考虑各类装备的组合选择以及选择后如何规划装备发展时间和发展费用；第三类是直接基于 CBP 的概念，构建武器装备组合价值最大的规划模型。这类模型往往只关注能力之和最大，没有考虑能力的均衡发展。

最终生成的武器装备体系发展方案，是指在待发展装备的基础上选取合适的装备构成装备体系，同时规划安排这些装备的发展时间，即哪一年开始进入体系，哪一年退出体系，以及每个装备拟发展多少年，使得在未来一定的年限时间内，该装备体系能够最大化的满足各项能力需求，使得能力总体差距可以达到最小。

以美国军事通信卫星发展为例。如图 2.1 所示，最终生成的武器装备体系发展方案类似如此。随着时间的推移，规划了不同阶段发展的不同装备类别。图 2.1 中左侧"典型任务"即对应不同的"能力需求"，中间项"能力"即可对应不同装备所具备的"能力大小"，横轴代表时间的演化。

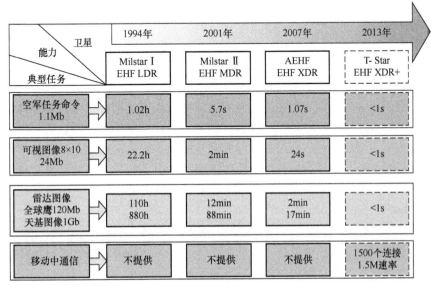

图 2.1　美军事卫星路线发展规划图

2.2 武器装备体系发展规划

2.2.1 体系与装备发展

探究历史上众多失败的武器装备发展案例，会发现这些失败的武器装备发展策略的致命原因是：盲目地追求单一种类武器装备性能与效益的最大化，即使采用最先进的科学技术与管理手段，仍未摆脱传统武器装备"烟囱式"的发展套路，没有从国家军事、经济、技术全局出发，忽略了信息化条件下武器装备发展的客观需要。

现代战争的发展趋势是联合作战和体系对抗，而不仅是单个武器装备或者武器系统之间的对抗。武器装备发展的目的从追求单一种类装备或者单一军种效能最大化变为追求武器装备体系整体效能最大化。这就要求众多武器装备项目的立项、研制和采办不是依靠各军兵种自下而上的单独建设，而是自上而下进行顶层设计，组合规划各军兵种武器装备项目，使得众多武器装备成体系发展。从体系层面发展武器装备，就是综合考虑国家军事、经济、技术等因素，从全局出发进行自上而下的顶层设计，进而制定未来武器装备发展方案。

在军事技术飞速发展的今天，这种从体系层面进行武器装备发展规划的思维方式显得尤为重要。因为技术的高速发展会导致决策者可选择发展的装备越来越多，而资金、技术、人员等资源却很有限，决策者需要从众多的装备发展方案中选择一种最适合自己的方案。

与单纯的武器装备发展规划问题不同，武器装备体系的发展规划问题明显更为复杂，除了要考虑未来将要发展的装备的性能、费用以及风险等问题外，还需要考虑更多的因素。例如，在有限的资金条件下，当考虑该优先发展航空母舰还是新一代战机的时候，不能仅仅从对方是否有航空母舰或者新一代战机的角度考虑，而应该评估发展航空母舰和发展新一代战机相比是否对整个武器装备体系更有效。当考虑是否对旧装备进行更新换代时，不应该仅仅关注新一代装备比旧装备性能更优越，而应该考虑新一代装备能否和体系中的现有装备进行很好的配合等。

从体系层面对武器装备的发展进行规划，可以最大程度的提升武器装备体系的整体效能，进而使已方在未来的武器装备体系之间的对抗中占据优势，同时也可以规避武器装备发展过程中的风险从而避免资源的浪费。

2.2.2 武器装备体系发展规划特征

从体系层面对武器装备发展规划是一项复杂的系统工程，决定了各类武器装备的未来发展方向、规模结构和能力水平，关系到国家安全和未来军事斗争的胜负，具有重要军事意义和研究价值。其复杂性主要体现在以下三个方面：

（1）装备之间的配合问题。武器装备体系中包含大量不同种类的装备且装备之间存在复杂的配合关系，在发展新的装备时既要考虑新装备与体系中现有装备之间的配合问题，还要考虑新装备与新装备之间的配合问题。

（2）整体效能最优问题。武器装备体系的发展规划追求的不是某个装备或者是某类装备的效能最优，而是追求体系的整体效能最优，这就要求在做体系层面的发展规划时，要从体系的全局出发，分析每个新装备加入体系后是否可以起到体系效能整体最优的目的。

（3）体系之间的对抗问题。由于体系之间对抗性的日益增强，在对体系发展进行规划时不仅需要考虑我方体系的发展，更需要考虑对手未来的体系发展方案。发展新装备的目的是在未来的体系对抗中，我方能够占据优势。

武器装备体系的发展规划可划分为三个层面。

（1）具体的技术层面。具体的技术层面是研究技术细节的层面，装备发展的先期技术验证就是解决这一层面的方法之一。这一层面的研究工作采用各专业领域的技术方法具体实现武器装备的性能指标。

（2）系统发展的总体层面。系统发展的总体层面研究解决武器装备系统的配套、协调、优化等问题，这一层面的研究工作在实现武器装备性能指标的基础上，采用系统集成方法，使集成后的武器装备系统达到所要求的总体技术战术指标，并使武器装备的发展过程满足计划要求。

（3）全面发展的规划层面。全面发展的规划层面是一个高层的规划问题，这一层面解决一个兵种、一个军种、一个国家武器装备配套的问题，也就是实现体系的配套完善。本书主要关注全面发展的规划层面。

2.3 武器装备组合发展规划

2.3.1 武器装备的组合选择

作为面向武器系统组合选择开展的应用研究，武器装备（系统）组合选择是指在给定的若干数量武器系统范畴内，决策者基于特定的决策目标与环境，采用相关的决策方法和优化技术，从中选取出符合决策偏好、较为满意的装备系统组合。

如图 2.2 所示，通常，一个基本的国防采办流程可以划分为如下五个阶段。

（1）物料分析阶段（Material Solution Analysis）——主要是供应商的选择与物资采购储备。

（2）技术研发阶段（Technology Development）——开展相关关键技术研发，采用技术成熟度作为指标度量本阶段的状态和水平。

（3）工程和制造阶段（Engineering and Manufacturing Development）——符合一定成熟度标准且物资准备充足的装备系统开始工程化制造阶段，通过反复试验，最终研制出系统成品。

（4）产品化与配置阶段（Production and Deployment）——按照战略发展需求对武器系统进行标准化、规模化生产加工，并根据配置需求将其配置在不同的体系中去。

（5）作战与支持阶段（Operations and Support）——列装装备在模拟演练或者实际作战中运用，支持整个作战过程，该过程涉及更多的武器系统之间的互联、互通、互操作。

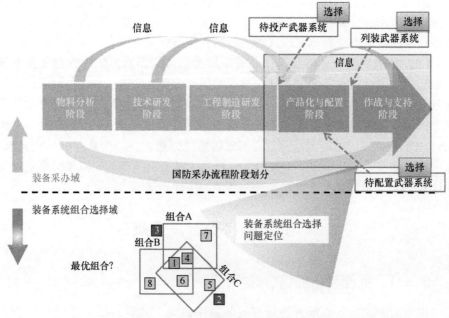

图 2.2　武器装备（系统）组合选择问题定位示意图（见彩图）

从以上五个阶段分析可以看出，武器系统组合选择问题定位于最后两个阶段，由于实际选择环境的不同，武器系统组合选择问题的选择对象以及问题模型会有所不同。

成型的武器系统处于如上两个阶段中，会表现为不同的系统状态。可以将其归结为三种武器系统：待投产武器系统；待配置武器系统；列装武器系统。这三种系统按照时间先后顺序，其发展水平与决策环境差异较大，尽管如此，它们都面临着共同的"被选择"问题，都存在着组合决策分析的必要性。

（1）**待投产武器系统**。已经完成工程制造阶段，尚未足以完全投产以及配置。由于考虑到整体性能与费效分析，当决策者准备选择投资时，非工程制造阶段项目以及待投产的装备系统都是应该被充分考虑的对象，因为它们或许可以直接替代工程制造阶段的项目。

（2）**待配置武器系统**。已经完成产品化，尚未根据其具体的功能用途及能力建设需求，将其配置到相应的系统或者平台中去。战略需要以及决策者偏好在此处对其影响较大，作战与支持阶段的预测信息也会对其配置造成影响。决策者根据具体的作战场景想定，或者真实的战场态势，尚未确定如何运用武器系统支持战争进程。该部分作战场景的状态转换以及作战人员的经验知识对武器调配影响较大。

（3）**列装武器系统**。该阶段武器系统从构建联合作战体系的角度出发，虽然同样表现出类似以上两种的调配问题，其种类及规模效应则是以上二者无法比拟的。同时，从未来联合作战体系的角度来看，未来装备类别复杂，数量规模庞大，选择难度增大。

以上三种状态的武器系统选择是武器系统组合选择的基本要义。

2.3.2 武器装备组合选择的核心要素

在组合决策背景之下，一个好的决策或者一个好的决策分析应该是什么样的呢？斯坦福大学的战略决策小组提出了一个决策质量的理论。基本原理是：一旦我们做出了某个决策，决策过程的质量好坏将不能再由决策结果评价。相反，决策的质量应该通过所采用的决策过程进行评价。一个六维的决策质量模型包括影响决策好坏关键的6个要素——框架、方案、信息、价值、逻辑和实施，如图2.3所示。而决策质量的好坏与6个要素中表现最差的那个维度直接相关。基于该六维质量理论，将该思想拓展到组合决策分析过程中去，以此作为理解组合选择问题的关键，从如上6个核心要素的角度对组合选择进行剖析，从而获取我们研究的着力点。

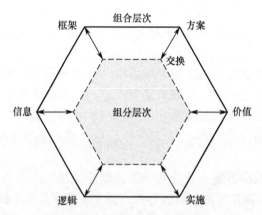

图 2.3 组合选择的六维核心要素

基于此,将问题的思考划分为组分层次(Element Level)与组合层次(Portfolio Level),且这两个层次之间存在6个要素维度都有相应的交换操作。因此,这6个维度的核心要素也是对组合选择问题进行剖析与理解的关键。下面,我们分别针对这6个维度的核心要素进行介绍。

1. 框架

在典型的决策过程中,决策框架表明了决策者对于问题的理解思路,一般是指"决策什么"与"为什么要决策"。无论是单选或者是组合选择决策活动,明确决策者的权力范围十分必要,组合选择经常包括多方利益主体,可能具备多个决策目标。框架的首要步骤是确立决策者要选择什么,有些情境下的组合选择是清晰的,比如投资/不投资某项目,而有些却并不清晰。不清晰的情形通常是指影响某个决策目标的要素并不同质,且不确定,而对这些要素进行组合直接导致选择对象不明确。一旦当前的组合决策问题确定了候选决策集合,框架的另一个关键步骤就是确定哪些要素应该被选中,而哪些不被选中。毕竟组合是人为构建的一个结构单元,只有当决策者认为某个要素应该放进组合内,它才会以组分的形式出现在组合内。

研究者经常采用的决策框架是决策分级层次,用于将决策分为:已经敲定的决策;下一步可能会采纳的决策(至少可以确定现在不用立刻执行);与目标不符的决策(在本层面上重要程度不够);当前背景下,属于战略性质的决策。

因此,决策框架就像是一个视角框架,决定了哪些内容会进入决策者视野,而另一些不会。从理性的角度来说,框架标明了决策者所关心的诸多内容:什么方案值得考虑,哪些信息确实相关,在当前的决策背景下什么价值是最重要的。一个标准的组合选择问题,以项目组合选择为例,不同候选方案之间的最基本的依赖关系是它们共同的决策总体约束,通过采用一串矢量 $X = \{x_1, x_2, \cdots, x_n\}$ 对候选项目进行标记,组分项目用 $1\sim n$ 对其进行编号,或者再采用一个二元变量的下标规定其"被选择/剔除"的状态。决策问题就变成了 $\text{Max}_X V(X)\,\text{s.t.}\,C(X) \leq B$,这样的一个框架就已经将组合决策问题真正地框定在决策目标与相关约束之下,从而实现对问题边界的清晰划分。

2. 方案

在组合选择过程中,问题的重心不在于获取单个最好的方案(单个最优方案不在考虑范畴),而是一系列方案的组合。因此,方案空间的优劣直接影响组合决策质量的好坏。高质量的方案称为"可以明确其去留"的方案(Well Specified)、对其进行分析是有意义的可行方案(Feasible)与具有潜在价值的创造性的方案(Creative)。在组合选择过程中,方案可以被划分为组分层次与组合层次两部分。

在组分层次,相对于上层某个组合内部的某个"位置",各组分之间是彼此互斥的。最简单的组分方案分类是"被选择的"与"被剔除的",当然也有考虑更多变量的复杂情况(如按照投资水平对项目进行分级分类,组分被定义到的具体水平直接影响到它是否会被选中的结果)。在组合层次,决策者将会考虑所有候选组分所形成的可行组合方案。在此,我们开始关心如何选择更加符合问题实际,如何对"选择过程"模拟计算更简便易行,并开始参考决策者的偏好对候选方案进行评价。在组合层面上,对组合方案进行定义与比较的操作直接影响到我们在组分层面应该关注它的哪些特征。

3. 信息

决策信息(尤其是指与方案价值相关的信息)的质量受到与自身属性有关的三方面因素影响:完备性、精确性与准确性。较高质量的决策信息更有助于决策者去估量或者预测方案的价值。在组合选择过程中,组分层面的决策信息特点大致相同,但是对于一些孤立的组分去留问题时,情况或许不同。尽管如此,因为组分在资源利用上可能存在竞争关系,组分层面上关于成本的信息将会在决定其去留上显得尤为关键。进一步来说,组合之间信息的一致性也很重要,对于决策者实施高效决策来说,一致的较大偏好胜过不一致的细微偏好。

在组合层面,组合内部组分的互动作用也非常重要,集成或者无法集成,动态依赖或者时序关联等都促使组合总体价值与组分单独价值之间的差别迥异。当这些互动特征确定之后,寻找一个最优组合已经不再是按照价值指标生成最优前沿而对组分排序那么简单。因此，妥善地甚至迭代式地去采集并整理这些组合信息固然重要，对其进行分析建模，将其利用起来，并服务于后续的组合选择操作更加重要。

4. 价值

在决策分析甚至用于决策的其他方法视角中，决策者都希望从中选择自己最偏爱的决策选项。因此，大量的研究工作都致力于确定偏好和价值，以便执行选择操作。在评价一个组合价值时，因为不同的组合中组分不尽相同，需要构建一个包含偏好的价值函数，将其用一定的形式进行表达，为后续必需的比较操作所用。也就意味着，被评价函数赋予更高价值的组合是决策者更加偏好的组合。如果组分价值可以进行加和操作，则组合价值函数必须包括适当的价值准则以及不同组分的权重信息。如果价值函数在属性层面以及组分层面都可以加和，最好的组合方案就可以通过组分集以及构建在组分集上的价值函数而获取。当然，也有复杂情形的价值函数。例如，非线性多属性效用函数，用于计算组分的价值贡献，组分特征被映射到合适的准则上进行度量，然而组合层面也需要专家参与进行决策评价。

特别值得说明的是，在组合层面上经常会出现一系列互动的目标（或者约束），这些互动或者约束经常与组合的价值紧密相关。这些目标有时候是可以最终聚合的，有些是彼此独立的，这都影响着决策者最终对组合价值的优劣评判，影响着组合选择的结果。

5. 逻辑

逻辑要素是在组合选择过程中保证信息、价值以及方案被恰当地综合，生成与决策者偏好一致的组合选择流程。标准的决策分析采用的逻辑包括决策树、概率分布，以及效用函数来确保决策者"所想""所做"符合约定的标准公理。可以肯定的是，这些逻辑依然可以应用于组合选择过程。组分层次的详细输入可以按照一定的"逻辑"综合，获取价值分数并集成进入组合层面的决策过程。如果组分之间的互动作用可以忽略，组合层面的综合就变得非常简单，只需要将组分按照其效益进行排序入选，直至满足一定的资源消耗约束。

尽管如此，就像在上面提及的那样，组分之间可以集成也可能无法集成，一些情景之下的逻辑操作或许是不可行的。通常地来说，优化技术和数学规划方法是十分必要的，甚至如果不采用这些方法技术，对于决策者来说，最终获取最优组合的目标是不可能实现的。相关的算法技术以及优化模型需要我们对问题进行抽象和简化，最终我们仍然需要对这些方法技术的性能进行评价，以考量组合选择结果的质量如何。

6. 实施

一旦完成组合选择就期望获取符合决策目标的结果，这不仅需要我们关注组合选择，更需要我们致力于整个组合管理过程。在组合层面上，资源必须能够获取并分配于不同组合中的组分。而组合计划本身，也应该包括精细的时间进度、目标以及资源需求，可以解译回溯到具体的组分发展计划，就像当初对组分进行规格化定义过程一样，方便组织者最终对组分发展进行执行和管理。决策者经常根据变动的需求对组合选择方案进行修正，因此，已经执行的组分方案可能会影响到后序方案的执行。在这种情况下，决策者必须根据随时间变动资源利用需求以及产出效益来调整组合选择方案。如果方案执行失效，它能快速地被舍弃并更新执行列表，则对组合整体执行与管理的水平不会造成太大影响。

2.3.3 武器装备组合选择的基本流程

在分析了组合选择的核心要素的基础之上，清晰地知道组合选择过程应该关注哪些内容，这些内容如何影响组合选择的总体质量，以及它们彼此之间如何互相影响。核心要素是组合选择的问题要件，也是我们理解组合选择问题，定义新的组合选择问题的关键所在。基于此，给出组合选择的基本操作流程，这个流程也是本文开展武器装备系统组合选择研究的重要理论依据。如图2.4所示，从一般性的角度来说，组合选择包括四个基本步骤：问题构造、偏好信息提取、基于偏好信息建立价值函数以及目标组合识别与优化选取。虽然这四个步骤在流程次序上来说，是先后依次进行，但是在任何步骤，组合选择决策都可以再次回溯到之前的阶段。

（1）问题构造。在该步骤，决策者对涉及的多个决策目标进行识别梳理，定下组合决策的问题结构和价值导向。针对不同的应用背景，问题的关注点和侧重会有不同，这个环节直接影响到后续步骤模型的复杂度以及组合选择的难度。

（2）偏好信息提取。决策者的偏好信息为构建候选方案解空间提供了重要的支撑，同时，约束依赖关系也有助于对解空间进行降维或缩减，从而将组合选择的对象划定在更加精确的范围内，降低问题求解的复杂度和难度。总而言之，偏好信息决定了哪些方案值得考量，继而被纳入候选方案。

（3）基于偏好信息建立价值函数。通过约束依赖的处理，候选方案集合最终生成可行组合方案集合。显然，可行组合方案集合是候选方案集的子集。通过设定组分层次以及组合层面的价值评价函数，我们可以将决策目标传递的价值导向落实到具体的数学模型中去，为组合选择过程作好知识与模型准备。

(4）目标组合识别与优化选取。该步骤基于一定的优化方法与选择策略，通过定义目标组合，将组合选择问题转化为多目标优化问题，相关优化技术与方法可以在该环节应用，继而缩短计算时间，提升组合选择效率，提高组合决策质量。

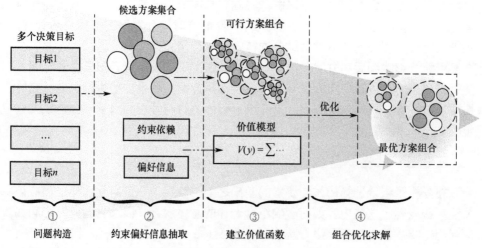

图 2.4　组合选择基本流程示意

基于如上四步流程，我们可以认知组合选择并把握其操作要点，用于解决一般性的组合选择问题。尽管如此，考虑到组合决策人因属性，我们仍旧需要关注以下几点。

（1）决策意图与参与互动。许多研究者更希望采用一些在实际应用中可以满足交互功能的决策分析技术，价值模型可能只是临时的，一致性分析与敏感性分析可能会随时对模型进行校验，然后继续完善模型。尽管如此，组合选择的基本流程可以与这种不同的现实应用兼容。有些决策者可能会直接采纳流水线式的决策过程，然后在决策结束之后再进行敏感性分析；也有的决策者可能会多次迭代执行某一步骤，第一次执行时，抽取出时效短暂的决策偏好信息，采用它降低可行解空间规模。通过继续获取更多的信息，多次重复执行选择，逐步缩窄解空间，最终获取稳定的组合选择结果。

（2）偏好信息探寻。探寻到的偏好信息精度或许并不相同（用点值描述，或者区间数形式，抑或定性的表达就已足够），综合程度也差别很大（需要价值模型的所有参数都被评估），无论偏好强度如何都可以接受或者只认定基序偏好。这些都会对所构建价值函数产生不同程度的影响，如果偏好信息基于离散的组合空间，而不是基于准则空间，则唯一价值函数能否支撑整个组合选择过程是一个值得思考的新问题。

（3）目标组合定义与终止条件。一般的组合选择目标都是希望决策结果"收敛"至少数几个的目标组合。尽管如此，目标组合的"优越性"也需要用模型的形式进行定义（如基于某些价值函数而选择出的高效益组合）或者超越其他组合的充分理由（如基于决策者对决策全局的把握而做出的临时判断），基于前者的模型而获得目标组合可谓"实至名归"，而基于后者得到的目标组合往往是阶段性的。同样地，如果有多个表现优秀的组合，或者是价值模型推导出的优秀组合并未得到决策者完全认同，是否这样就意味着模型需要继续调整，或许如果决策者认为自身已经对问题求解充分，可以在这个阶段终止组合选择。

第1部分参考文献

［1］ MARCINIAK J. Encyclopedia of software engineering ［M］. Wiley, 1994.
［2］ 许国志. 系统科学 ［M］. 上海：上海科技教育出版社, 2000.
［3］ LANE J A, VALERDI R. Synthesizing SoS concepts for use in cost modeling ［J］. Systems Engineering, 2007, 10（4）：297-308.
［4］ BAR-YAM Y. The Characteristics and emerging behaviors of system of systems ［R］. NECSI：Complex Physical, Biological and Social Systems Project, 2004.
［5］ 王元放, 周宏仁, 敬忠良. "系统的系统"综述 ［J］. 系统仿真学报, 2007, 19（6）：1182-1185.
［6］ MANTHORPE W H. The emerging joint system of systems：A systems engineering challenge and opportunity for APL ［J］. John Hopkins APL Technical Digest, 1996, 17（3）：305-310.
［7］ KOTOV V. Systems of systems as communicating structures ［R］. Hewlett Packard Company Computer Systems Laboratory HPL-97-124, 1997.
［8］ LUSKASIK S J. Systems, systems of systems, and the education of engineers ［J］. Artificial Intelligence for Engineering Design, Analysis, and Manufacturing, 1998, 12（1）：55-60.
［9］ PEI R S. Systems of systems integration（SoSI）—a smart way of acquiring army C4I2WS systems ［C］// Proceedings of Summer Computer Simulation Conference, 2000.
［10］ CARLOCK P G, FENTON R E. System of systems（SoS）enterprise systems engineering for information-intensive organization ［J］. Systems Engineering, 2001, 4（4）：242-261.
［11］ SAGE A P, CUPPAN C D. On the systems engineering and management of systems of systems and federations of systems ［J］. Information, Knowledge, Systems Management, 2001, 2（4）：325-345.
［12］ NORTHROP L, FEILER P, GABRIEL R P, et al. Ultra-large-scale systems：the software challenge of the future ［R］. Pittsburgh, PA：Software Engineering Institute, Carnegie Mellon University, 2006.
［13］ MAIER M W. Architecting principles for systems-of-systems ［C］//Proceedings of the 1996 Symposium of the International Council on Systems Engineering, 1996.
［14］ 谭跃进, 陈英武, 易进先. 系统工程原理 ［M］. 长沙：国防科学技术大学出版社, 1999.
［15］ 罗鹏程, 傅攀峰, 周经纶. 武器装备体系作战能力评估框架 ［J］. 系统工程与电子技术, 2005, 27（1）：72-75.
［16］ 曾苏南. 一体化联合作战专题研究 ［M］. 北京：军事科学出版社, 2004.
［17］ MORROW W. Report of the defense science board on deep attack weapon mix study ［R］. AD-A345434, 2003.
［18］ RHODES D H, ROSS A M. Anticipatory capability：leveraging model-based approaches to design systems for dynamic furtures ［C］//Proceedings of second Annual Conference on Model-based Systems, Haifa, 2009.
［19］ BIER V M, HAPHURIWAT N, MENOYO J, et al. Optimal resource allocation for defense of targets

based on differing measures of attractiveness [J]. Risk Analysis, 2008, 28 (3): 763-770.
[20] YUE Y. A holistic view of UK military capability development [J]. Defense & Security Analysis, 2009, 25: 53-67.
[21] BROWN M M. Acquisition risks in a world of joint capabilities [R]. Monterey, USA: Naval Postgraduate School, 2011.
[22] GREINER M A, FOWLER J W, SHUNK D L, et al. A hybrid approach using the analytic hierarchy process and integer programming to screen weapon systems projects [J]. IEEE Transactions on Engineering Management, 2003, 50: 192-203.
[23] DEVIREN M D, YAVUZ S, KILINÇ N. Weapon selection using the AHP and TOPSIS methods under fuzzy environment [J]. Expert Systems with Applications, 2009, 36: 8143-8151.
[24] LEE J, KANG S H, ROSENBERGER J, et al. A hybrid approach of goal programming for weapon systems selection [J]. Computers & Industrial Engineering, 2010, 58: 521-527.
[25] 牛新光. 武器装备建设的国防系统分析 [M]. 北京: 国防工业出版社, 2007.
[26] DAVIS P K. Portfolio-analysis methods for assessing capability options pittsburgh [R]. USA: RAND Corporation, 2008.
[27] 游光荣, 谭跃进. 论武器装备体系研究的需求 [J]. 军事运筹与系统工程. 2012 (4): 15-18.

第 2 部分

面向目标的武器装备体系发展规划

第 3 章　基于作战环的武器装备体系网络化建模

武器装备体系发展规划前提是武器装备体系的描述，体系的描述方法应该能够体现体系内装备之间的配合关系，而网络化描述是解决该问题的有效方法。体系的网络化描述与建模主要是对体系中的组成要素和要素之间的联系进行描述与建模。如何选取关键属性来规范地描述体系中的各种装备，如何客观地把武器装备体系抽象为复杂网络，直接影响到抽象后的体系作战网络的真实性和有效性。为此，本章提出了作战环的概念，通过对装备体系中关键组成要素和要素之间主要关联关系的抽取，建立了武器装备体系的网络化模型。

3.1　作战循环理论

作战环是整个体系网络化建模方法的基础和核心，而作战环概念提出的理论依据是作战循环理论，因此下面首先介绍作战循环理论。

作战循环（Observe Orient Decide Act，OODA）理论由美国的军事战略家、空军上校约翰·博依德（John Boyd）于 20 世纪 70 年代根据其一对一空战经验提出。该理论已经被美国人成功地运用于海湾战争的空中作战计划、美国尖端武器的研制（如 Boyd 主持设计的 F15、F16 战斗机等）以及信息化作战指挥系统 C^4ISR 中，为军事战略决策的科学化与合理化提供了新的手段与途径。

作战循环理论不仅适应于军事领域，而且也逐步演变为企业管理、商务活动甚至社会生活的决策哲学，更是拓展应用到残酷的商战之中，并逐渐演化成为一种克敌制胜的战略。迄今为止，尽管复杂性科学相关的专家和学者在企业管理以及其他社会问题方面进行了很多的研究和试验，但就实用价值而言，尚未有超越 OODA 的成果出现。本节主要从军事作战的角度来分析该理论。

Boyd 将我方对敌方的一次作战行动分解为观察（Observe）、判断（Orient）、决策（Decide）和行动（Act）四个过程，构成一个作战循环，或称为 OODA，如图 3.1 所示。其中，观察（Observe）和行动（Act）主要是依托于技术手段，判断（Orient）和决策（Decide）更多的是取决于决策者、情报分析人员以及领域专家的心理过程。

第3章 基于作战环的武器装备体系网络化建模

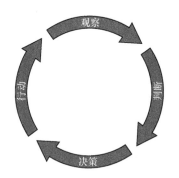

图 3.1 OODA

我们可以将完成 OODA 的作战过程描述为：观察己方、敌方以及战场环境，获取多源信息和可能的外来威胁，基于已有信息对战场局势进行判断，对后续作战活动进行决策和部署，采取行动完成作战活动，最终达到既定目标。

那么，敌我双方进行一场战役的过程就是双方根据作战场景中各自的实际需求，不断地完成多个 OODA，从而完成战役作战任务的过程。因此，敌我双方在这场战役中的较量就转化为双方完成各自 OODA 的水平在时间和质量上的较量。换言之，敌我双方在作战中都需要尽快地完成各自的 OODA，并尽可能确保其准确性和完整性，具体过程如图 3.2 所示。

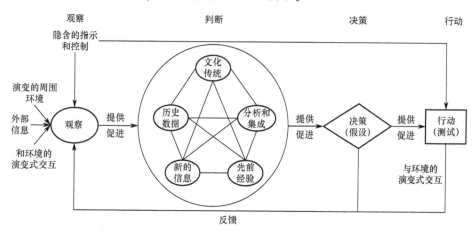

图 3.2 OODA 示意图

如图 3.2 所示，OODA 包含"观察-判断-决策-行动"四个过程。

（1）观察（Observe）。收集敌方的相关情报，包括预警探测的信息、目标位置信息、目标状态信息等。在观察（Observe）阶段，所收集信息的主要来源既包括战场中不断演变的周围环境以及和环境的演变式交互等外部信息，同时也涵盖了在 OODA 中经判断（Orient）阶段而做出的隐含指示和控制。另外，行动（Act）阶段会得到关于战场环境或者敌方状态的一些反馈信息，这也会辅助观察（Observe）阶段收集更准确和广泛的作战相关信息，必然促进后续三个阶段准确、迅速的完成任务。

（2）判断（Orient）。对观察（Observe）阶段收集的情报进行分析，研判当前的态势，为决策（Decide）提供信息支持；在判断（Orient）阶段，需要融合从多个方面获取的作战相关信息，其中包括从观察（Observe）阶段所提供的实时信息、从以往作战和军事演习中所积累的先前经验信息以及从仿真实验等各种类型的仿真中所收集的历史数据等。同时，还要考虑敌我双方文化传统和习惯对于实际作战可能产生的影响。最后通过对上述一系列信息进行处理分析和综合集成，从而获取对于战场环境和敌我双方实时状态的准确把握，为决策（Decide）和行动（Act）阶段提供决策支持。

（3）决策（Decide）。根据信息分析和处理得到的结果做出决策，制定行动计划和任务方案；在决策（Decide）阶段，结合观察（Observe）阶段所提供的详细情报信息和判断（Orient）阶段对获取的信息进行处理分析得到的局势判断，对整体的战略行动计划以及更细致的作战任务规划进行制定，并且为行动（Act）阶段提供行动指南。同时，所做出的决策还会对其他阶段提供反馈信息。例如，决策（Decide）阶段根据判断（Orient）阶段所提供的局势信息，可以指挥下一个 OODA 在观察（Observe）阶段需要做怎样的调整才能够达到目标。决策（Decide）是基于观察（Observe）阶段和判断（Orient）阶段所提供的关于战场局势、外部环境及敌我双方的先验知识提出合理的假设，使局势朝着有利于己方的形式发展，并通过下一步的行动（Act）对其进行验证和改进，从而实现 OODA 的逐步优化，尽可能快速、准确地完成预期的作战任务。

（4）行动（Act）。根据做出的决策和制定的行动，计划并实施相应的动作行为。在前三个阶段信息积累的基础上，行动（Act）阶段接收决策（Decide）阶段下达的决策和指控指令，以判断（Orient）阶段所提供的局势信息为引导，以观察（Observe）阶段所收集的战场及敌我双方的详细信息为实施行动的主要依据，计划和部署主要的战术行动并实施，达到预期的目标。另外，行动（Act）阶段是对决策（Decide）阶段所做出的决策假设的有效测试。同时，还要与环境进行演变性交互，这能够为新一轮 OODA 的观察（Observe）阶段提供信息反馈和改进策略。

作战循环理论为现代战争中的敌我对抗简明而深刻地诠释了取得作战胜利的关键。

(1) 明确作战目的，了解己方如何取得胜利，确立自己的作战步调，按照己方的 OODA 规划作战。

(2) 必须确定为了达到作战目的，需要完成哪些 OODA 来完成作战任务，增强己方完成 OODA 的能力，提高其生存性，确保不受敌方过多的影响，应对瞬息万变的战场环境。

(3) 在敌我对抗中，己方要尽可能采取一切可能手段削弱敌方在作战中完成 OODA 的能力。

(4) 可能采取的对敌策略，切断敌方与战场环境的联系，降低敌方观察（Observe）阶段获取的信息质量和数量，扰乱敌方判断（Orient）过程，降低其决策（Decide）阶段的准确性和严密性，并在其实施行动（Act）阶段不断进行干预，影响其准度和时效性。

确保己方的 OODA 对敌方能够保持绝对的竞争优势，必须将决策力与执行力整合起来。也就是说，必须从观察（Observe）阶段开始到行动（Act）阶段结束构成良性的回路，将经过观察（Observe）阶段、判断（Orient）阶段所做的决策看作是需要经过行动（Act）阶段去验证的假设，将行动所取得的效果作为作战环境的主要变化之一，充当下一个 OODA 中观察（Observe）阶段的一个重要信息来源。通过不断地循环完成 OODA，使"观察-判断-决策-行动"中的每一步都能及时、准确地进行，并实现预期的价值，确保能够保持绝对优势的情况下完成己方的作战任务。同时，通过更加迅速和不规则的 OODA 的完成来保持作战中的主动权和控制权，可以更加出其不意地利用敌方暴露出来的缺陷，分散其注意力，取得作战胜利。

综上所述，Boyd 认为，作战过程就是"观察-判断-决策-行动"反复迭代的循环过程，而胜利的关键在于进入敌人的 OODA 并留驻其中，即通过加快己方的 OODA 过程，在敌人对己方前次行动做出反应之前发起新的行动，那么敌人很快就会应接不暇，失去反应能力。

从武器装备体系层面上来讲，OODA 所表示的作战过程可以描述为：一个侦察实体发现目标，而后将目标相关信息传递给决策实体，决策实体通过对形势分析后向攻击类装备下达攻击命令，攻击类装备接到命令后对目标实施攻击的过程。

3.2　作战环的基本概念

武器装备体系网络化建模的过程中，如何将体系中数量和种类众多的装备抽象为网络中的节点，如何将体系内装备之间的复杂关系抽象为网络中的边，将直接影响着体系的网络化模型的效果和可信程度,而作战环正是解决这一问题的关键。本节主要介绍作战环的定义以及其数学模型。

3.2.1 作战环的定义

根据 OODA 理论,作战过程是一个不断循环的过程,Jerry Cares 根据 OODA 的过程,提出了作战环(Combat Cycle)的概念,认为在 OODA 的过程中,装备也将形成有向的闭合回路,这个闭合回路就是作战环,如图 3.3 所示,并用邻接矩阵来表示装备之间的关系。老道明大学(Old Dominion University)的 Sean Deller 等对 Cares 提出的作战环的概念进行了深入研究,详细分析了作战环中节点之间的关系类型。

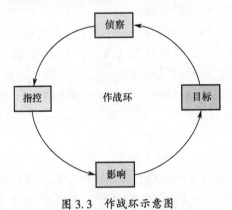

图 3.3 作战环示意图

本章将 OODA 中装备形成的闭合回路定义为作战环,具体如定义 3.2.1 所示。

定义 3.2.1 作战环是为了完成特定的作战任务,武器装备体系中的侦察类、决策类、攻击类等武器装备实体与敌方目标实体构成的闭合回路。

作战环内如果去掉对方的装备,即目标,武器装备体系中的侦察、决策、攻击等武器装备实体构成一个打击链,若干个作战环构成一个复杂的作战网络。敌我双方各自构建己方的作战环,而把敌方的作战节点当成己方作战环中的目标,如图 3.4 所示。

由于在作战过程中参战双方都是多种装备共同参与,因此在 OODA 的循环过程中,必然会形成众多的作战环,体系中的各种装备会包含在各种不同的作战环中。图 3.5 是某防空武器作战示例中的高级作战概念图(OV-1),展示了一场战斗中的敌我双方攻守情况。可以发现,在敌我双方交战的过程中会形成很多作战环,且作战目标和任务不同,所形成的作战环也各不相同。

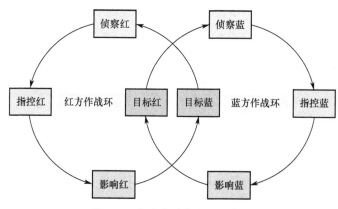

图 3.4 交战中的作战环示意图

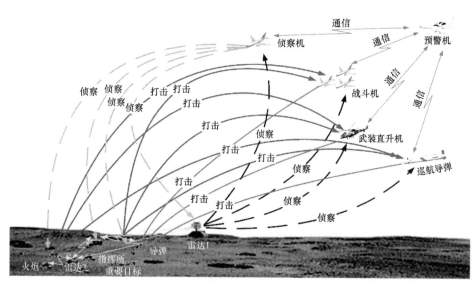

图 3.5 某防空武器作战示例概念图中的作战环（见彩图）

图 3.5 中用浅色虚线代表来袭方对地面目标的侦察、通信和打击各个环节，用深色虚线代表防空一方对来袭方目标的侦察环节、地面实线代表防空一方各节点之间的通信环节、空中实线代表防空一方对来袭方目标的打击环节。其中，雷达 1 对来袭的武装直升机进行侦察，然后将侦察信息传输给指挥所，指挥所将作战信息发送给雷达 2，雷达 2 通过与火炮协同完成对武装直升机的打击，这个过程形成了一个作战环。

因此，在双方进行战斗的过程，为了完成打击对方装备或设施的任务，必然会通过 OODA 过程实现，而参与 OODA 过程的装备也必然会构成各种作战环。也就是说，作战环的形成是在战斗中天然存在的一种现象，并且作战过程越复杂、参与的装备越多、装备之间的配合关系越复杂，战斗过程中形成的作战环也会越多。为了能够准确、规范地描述体系中各种装备的属性，需要对体系中的装备进行分类，以便对各类装备的属性进行描述。根据各种实体在作战过程中的角色，可将武器装备体系中的实体分为以下四类。

（1）侦察、监视、预警类装备实体（Sensor），如侦察卫星、无人侦察机、预警机、雷达等，简称侦察类实体 S。

（2）通信与指挥控制类装备实体（Decision），如指挥控制系统、通信系统、数据链、航天信息系统等，简称决策类实体 D。

（3）联合火力打击和干扰类实体（Influence），如导弹、巡航弹、舰艇、飞机、武装直升机、坦克以及网络攻击、电子干扰等，简称攻击类实体 I。

（4）敌方目标体系中的实体（Targets），如敌方的武器装备、指挥通信系统以及基础设施等，简称目标类实体 T。

四类实体的关系如图 3.6 所示。

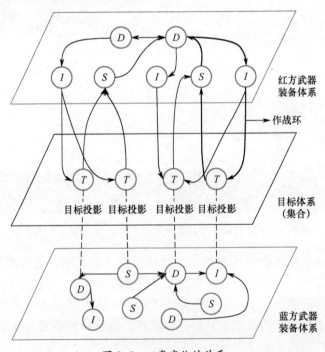

图 3.6　四类实体的关系

另外，在侦察类实体 S、决策类实体 D、攻击类实体 I 等装备实体中，除了主战装备和综合电子信息系统外，还有各种保障类装备，对主战装备和综合电子信息系统进行综合保障和维修保障。如果考虑保障类装备（或称保障网络），网络层次以及网络节点和边的数量成倍增加，并形成多层复杂网络。敌方的目标类实体 T 也是一个复杂网络，武器装备、指挥通信系统以及机场港口设施等实体的相互关系复杂，也形成多层复杂网络。

图3.7是一个典型的从侦察对方目标到做出决策然后进行打击的作战过程：首先通过点目标观测、区域目标观测以及移动目标监视获取对方指挥中心的相关信息并将信息传递给管控中心（$T \to S$ 的过程），管控中心进行星地一体化任务规划通过卫星、中继卫星传给地面接收站进而上报给数据处理中心（$S \to S$ 的过程），数据处理中心将信息分析和处理的结果上报给作战指挥中心（$S \to D$ 的过程），指控中心根据信息处理结果对各种打击武器下达攻击命令（$D \to I$ 的过程），各种打击武器获得命令后根据指示打击对方的指控中心（$I \to T$ 的过程）。从上述过程可以看出，一个完整的作战环往往会有多种装备共同配合完成，而不仅仅只有四个节点，每种类型的节点可以有多个，如图中 S 类型的节点有多个，这是一个信息不断提炼的过程。此外，最小的作战环可以只有两个节点，即一个我方装备和一个目标，这是因为一个装备可以同时有多种角色，也就是可以看作多种类型的节点，如战斗机在作战过程中可以同时完成侦察、决策和打击的任务。

图 3.7 作战过程中的作战环

值得注意的是，作战环的数量、技术性能直接影响作战效果。一般来讲，作战环的数量越多表示该体系能够完成任务的方式越多、能力越强。环的节点和边越少,作战效果越好,因为这种包含节点和边较少的作战环能够较快地完成 OODA 循环过程,并且可靠性也会较高。除此之外,如果多个作战环相交于同一个装备(节点)或同一链路(边),则代表该装备或链路在整个装备体系中非常重要,称之为关键装备(节点)和关键链路。

3.2.2 作战环的数学模型

3.2.1 节给出了作战环的定义并且分析了作战环中包含的不同类型的实体。下面,再根据作战环的定义建立作战环的数学模型,从而为体系网络化建模提供数学模型基础。由作战环的定义可知,作战环本质上是一种有向闭环,是对作战过程中各实体之间的关系的一种刻画。如果将作战环中的实体,包括我方装备与目标,抽象为节点集合,那么实体之间的关系则可以抽象为节点之间的边。可以用 $V=\{v_i|0<i<\|N\|\}$ 表示作战过程中参与的实体,既包含了己方的装备,也包含了对方的装备,N 表示实体的数目。下面讨论如何对节点之间的关系进行描述。根据作战环的定义(定义3.2.1)可知,作战环中实体之间的关系都有明确的指向性,属于有向关系。为了刻画这种有向关系,首先定义一个关系集合,表示节点之间的三种有向关系,即直接相连、间接相连、不连通三种关系,如定义3.2.2所示。

定义 3.2.2 $\vartheta=\{\leqslant,<,\varnothing\}$ 表示两个节点 x、y 之间的连接关系,其中,$x\leqslant y$ 表示存在一条从节点 x 到节点 y 的有向边;$x<y$ 表示节点 x 和 y 不直接相连,但存在一条从节点 x 到节点 y 的有向路径;$x\varnothing y$ 表示不存在节点 x 到节点 y 的有向路径,$x,y\in V$;如果 $x\leqslant y$,且 $y\leqslant z$,则 $x<z$。

为了方便后面的运算,定义一个指示函数(Indicator Function)f 表示节点之间的关系运算,如定义3.2.3所示。从 f 的定义可以看出,f 中的二元关系 ϑ 不同,则 f 的指示意义不同。例如,若 $\vartheta=\leqslant$,则 $f(v_i,v_j,\leqslant)$ 用来判断是否存在节点 v_i 到节点 v_j 的有向边;若 $\vartheta=<$,则 $f(v_i,v_j,<)$ 用来判断是否存在节点 v_i 到节点 v_j 的有向路径。

定义 3.2.3 函数 $A\times B\times\vartheta\rightarrow\{0,1\}$ 表示一个从集合 A、B、ϑ 到集合 $\{0,1\}$ 的映射关系。如果 $a\in A$ 和 $b\in B$ 满足 $a\vartheta b$,则 $f(a,b,\vartheta)=1$;否则,$f(a,b,\vartheta)=0$。

根据节点关系定义3.2.2和指示函数定义3.2.3,可以用下式表示是否存在节点 v_i 到节点 v_j 有向边,即

$$f(v_i,v_j,\leqslant)=\begin{cases}1, & v_i\leqslant v_j \\ 0, & \text{其他}\end{cases}, 1\leqslant i\neq j\leqslant\|N\| \tag{3-1}$$

其中,$f(v_i,v_j,\leqslant)=1$ 表示存在从节点 v_i 到节点 v_j 有向边,反之,$f(v_i,v_j,\leqslant)=0$ 表

示不存在从节点 v_i 到节点 v_j 有向边。

有向环其实是由节点和节点之间的有向边构成的,那么根据式(3-1),可以进一步定义有向环的概念,如定义 3.2.4 所示。

定义 3.2.4 $\{v_{p_i}\}_{i=1}^{k}$ 表示由 k 个节点构成的节点序列,如果 $\prod_{i=1}^{k-1}f(v_{p_i},v_{p_{i+1}},\leqslant)=1$ 并且 $f(v_{p_k},v_{p_1},\leqslant)=1$,则节点序列 $\{v_{p_i}\}_{i=1}^{k}$ 被称为长度为 k 的有向环,记为 $\text{op}=(x_i)_{i=1}^{k}$。

作战环是包含了对方目标的特殊的有向环,可以在有向环定义的基础上,进一步定义作战环的概念。用 $W=\{w_i|0<i<\|W\|\}$ 表示对方的武器装备,即目标集合,则可以用定义 3.2.5 描述作战环的概念。

定义 3.2.5 作战环 op 是一个有向环 $\{v_{p_i}\}_{i=1}^{k}$,其中 $\exists v_{p_i}\in W(i=1,2,\cdots,k)$。

在作战过程中,参战双方大多不是单一装备之间的战斗,都是多种装备共同参与,在 OODA 过程中,必然会形成众多的作战环。用集合 $\text{OP}(v)=\{\text{op}_0,\text{op}_1,\cdots,\text{op}_n\}$ 包含节点 v 的所有作战环的集合,也就是说 $\text{OP}(v)$ 中的作战环都会相交于节点 v,则 v 属于 $\text{OP}(v)$ 中所有作战环的节点序列的交集,即 $v\in\bigcap_{i=1}^{n}\text{op}_i$。

为了方便下面的计算过程,特意在 $\text{OP}(x)$ 中引入 $\text{op}_0=\phi$,表示不存在包含节点 v 的作战环。若 $\text{OP}(v)=\{\text{op}_0\}$,则表示节点 v 不被包含在任何作战环中。显然,如果 $v\in W$,则 $\text{OP}(v)$ 表示覆盖目标 v 的所有作战环集合,如果 $\text{OP}(v)=\varnothing$,则表示目标 v 没有被任何作战环覆盖。

3.3 体系的网络化描述与建模方法

3.3.1 体系的网络化描述建模一般求解过程

武器装备体系的网络化描述与建模,就是首先通过作战环将武器装备体系抽象为要素和关系的网络模型,即把需要研究解决的特殊体系问题转化为复杂网络的描述问题,建立复杂网络描述模型,并用复杂网络理论和方法分析武器装备体系网络具有的特殊性质,如传播、同步、控制、博弈等动力学性质和网络结构性质,得到复杂网络问题的解决方案。然后解释这些性质在实际武器装备体系中的物理意义,用得到的结论解决武器装备体系中存在的具体问题,得到具体的体系问题的解决方案。这是一个一般体系问题求解(General System of Systems Problem Solving,GSOSPS)的过程,包括抽象过程、求解过程、解释过程和解决问题共 4 个环节,体系网络化描述与建模一般求解过程如图 3.8 所示。

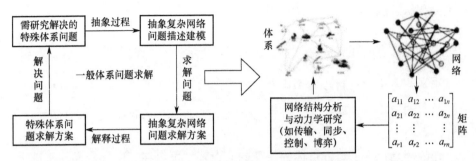

图 3.8　体系的网络化描述建模一般求解过程

从上述求解过程可以看出，通过作战环将武器装备体系抽象为包含体系组成要素和要素之间关系的网络，是整个求解过程的基础，直接决定了网络模型的真实性和有效性。主要目的是将武器装备体系抽象为复杂作战网络，通过网络设计与优化的方法解决武器装备体系发展问题并对发展方案进行优化，最终的目的是从己方待选的可发展的新装备中遴选出最终将要发展的武器装备，并制定投资计划。

根据体系的网络化描述建模一般求解过程，我们可以得到体系发展问题的具体求解过程，如图 3.9 所示。具体而言，可以分为以下四个步骤完成。

步骤1：获取双方装备集合。

首先，列举出己方已有装备集合、未来可选择发展装备的集合以及对方未来装备的集合，其中对方未来的装备就是己方今后需要对抗的目标。在列举对方未来装备集合时，需要获取对方未来装备列装的时间。如果不能准确获取对方装备列装时间，则可以通过预测的方式得到对方装备列装的大概范围。下面将详细分析是否能够获取对方装备列装时间对求解的影响。

步骤2：构建未来作战体系。

获取双方武器装备集合后，将对方的装备当作己方的目标，根据装备之间的配合关系构建不同的作战环，这些作战环相交在一起，就得到了作战体系。值得注意的是，由于该作战体系中包含了己方所有的可选的新装备，那么该作战体系表示假设己方把可选装备都发展了的情况下形成的作战体系。由于一个作战环代表一种对抗对方装备的方式，因而该作战体系中包含了己方所有可能的对抗方式。然而，由于资金等条件的限制，己方不可能发展所有的可选装备，所以该作战体系并不是最终会形成的作战体系。

步骤3：建立作战体系的网络模型。

将步骤 2 完成后形成的作战体系抽象成网络，即将体系中的装备抽象为节点，将体系中装备之间的关系抽象为网络中的边，进而得到体系的网络化模

第3章 基于作战环的武器装备体系网络化建模

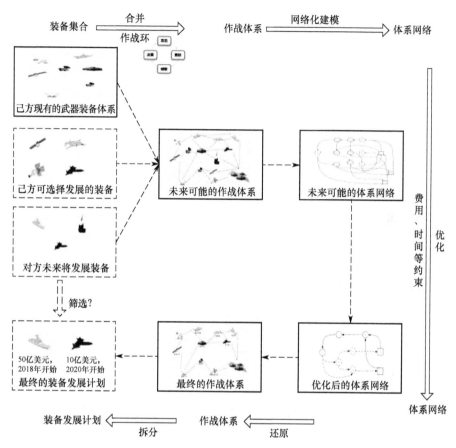

图 3.9 武器装备体系发展规划一般求解过程

型，称之为体系网络。同样地，该体系网络表示假设己方发展所有可能的新装备后形成的体系网络，该网络中包含了所有可能出现的作战环。

步骤 4：网络优化。

将对抗效果作为目标函数，根据费用、技术等约束，对步骤 3 完成后得到的体系网络进行优化，得到对抗效果最好的体系网络。值得注意的是，由于建立的体系网络中已经包含了每个装备的列装时间。因此，优化后的体系网络中也包含了每个节点的加入时间，具体模型将在 3.3.2 节详细解释。

步骤 5：装备发展方案生成。

将步骤 4 得到的优化后的体系网络还原成作战体系，进而可以得到该作战体系中己方装备的集合，去掉己方原有的装备，剩下的装备即为未来需要发展的装备。由于步骤 4 优化后的网络模型中包含了新节点加入的时间，因而可以进一步得到装备的发展方案，即在何时投入多少费用发展新的装备。

从上述武器装备体系发展问题的一般求解过程的五个步骤可以看出，通过作战环可以将双方的武器装备集合抽象为作战体系，进而建立体系网络模型。然而，如何使建立后的体系网络模型中能够包含新装备的加入时间从而可以通过网络优化得到新装备的发展方案，是整个问题求解的关键。

下面将详细讨论从作战体系建立体系网络的方法。

3.3.2 体系的静态网络模型

为了辅助网络模型的分析，需要对体系中的装备以及装备之间的关系进行描述与建模。这里首先讨论较为简单的一种模型，即体系的静态网络模型；然后在此基础上讨论如何将装备节点的加入时间引入静态网络模型中，使其成为动态网络模型。体系的静态网络模型主要分为装备节点建模和装备配合关系建模两个方面。

1. 装备节点建模

由于作战环的节点序列中包含了目标，即对方的装备，因此在装备节点建模时需要对双方装备节点进行建模。假设红方（Red）代表己方，用 R 方表示，蓝方（Blue）代表对方，用 B 表示。集合 $M=\{1,2,\cdots,\|M\|\}$ 表示 R 方的武器装备集合，其中 $m\in M$ 表示 R 方的第 m 个装备；用集合 $W=\{1,2,\cdots,\|W\|\}$ 表示 B 方的武器装备集合，其中 $w\in W$ 表示 R 方的第 w 个装备。

将 R 和 B 双方的武器装备集合 M 和 W 抽象为网络中的节点集合。用 $V^R=\{v_m|m\in M\}$ 表示 R 方装备集合 M 抽象后的节点集合，用 $V^B=\{v_w|w\in W\}$ 表示 B 方装备集合 W 抽象后的节点集合。对于 $\forall m\in M, v_m\in V^R$ 表示 R 方装备 m；对于 $\forall w\in W, v_w\in V^B$ 表示 B 方装备 w。用集合 $V=V^R\cup V^B$ 表示红蓝双方装备集合，显然集合 V 中的节点数目 $\|V\|=\|M\|+\|W\|$。

2. 装备之间关系建模

由于作战环中的装备节点之间的关系，如信息传递关系、打击关系等，具有明显的指向性，因此可以用有向边，即弧（Arc）表示装备之间的关系。值得注意的是，这些装备之间的关系既包含了 R 方装备之间的关系，如 S 类实体与 D 类实体之间的关系（$S\rightarrow D$），也包含了 R 方装备与 B 方装备之间的关系，如 T 类实体与 S 类实体之间的关系（$T\rightarrow S$）。用有序对 $a_{ij}=(v_i,v_j)$ 表示节点 v_i 到节点 v_j 之间的连接关系，其中 $v_i\leqslant v_j$，即存在一条从节点 v_i 到节点 v_j 的弧（见定义3.2.2）。用 $A=\{(v_i,v_j)|v_i\leqslant v_j, v_i,v_j\in V\}$ 表示网络中所有节点之间的关系。显然，我们可以通过集合中节点类型来区分 A 中每个弧代表的关系类型，即若 $v_i,v_j\in V^R$，则 a_{ij} 表示 R 方装备体系内部的关系；若 $v_i\in V^R, v_j\in V^B$

或者 $v_i \in V^B, v_j \in V^R$ 表示 R 方装备与 B 方装备之间的关系。具体而言，如果 $v_i \in V^R, v_j \in V^B$，则 a_{ij} 表示打击关系（$I \to T$）；$v_i \in V^B, v_j \in V^R$，则 a_{ij} 表示侦察关系（$T \to S$）。

3. 体系的网络化模型

将装备抽象为节点、装备间的关系抽象为边后，可以建立体系的网络化模型，用有向网络 $G = (V, A)$ 表示。其中，V 为网络中的节点集合，表示体系中的装备，A 为弧的集合，表示装备之间的关系。由于武器装备体系中所有的装备都是直接或间接地为打击目标节点服务的，体系中的各种装备实体和关系都将包含在由不同的作战环形成的体系作战网络 G 中。由于该网络模型并未考虑装备和关系随时间的变化，即网络中的节点及边都是固定不变的。因此，该网络模型称之为体系的静态网络模型。

3.3.3 体系的动态网络模型

3.3.2 节根据作战环理论建立了武器装备体系的静态网络模型。然而，实际上 R 方装备体系会随着时间不断演变，如装备体系中的装备的性能会随时间动态变化。同时，伴随新技术的产生，会有新的装备加入以及旧的装备退出，从而导致体系结构随之改变。此外，B 方装备体系也会随时间变化，导致 R 方装备体系与 B 方装备体系之间的作战环发生变化，进而引起体系网络结构的变化。因此，需要建立体系的动态网络模型来刻画装备体系的动态演化特性。

引起装备体系网络结构变化的因素很多，如装备性能的变化、装备部署位置的变化等，这里主要考虑 R 方装备体系和 B 方装备体系随着时间推移有新装备加入导致网络结构变化的情况。

与静态网络模型中的节点集合 V 相比，动态网络模型需要引入时间变量标识节点的加入时间。对于 B 方装备体系的每个装备 $w \in W$，用 τ_w 表示装备 w 列装的时间，$\tau_w \geq 0$，也表示节点 v_w 加入网络 $G = (V, A)$ 的时间。显然，若当前时间 $t < \tau_w$，表示 w 在当前时刻尚未列装，则 $v_w \notin V$。用集合 $\tau_w = \{\tau_w | w \in W\}$ 表示 B 方装备体系列装时间的集合，并按照时间先后顺序排列，即若 $\forall i < j$，则 $\tau_i < \tau_j$。用 $V^B = (V^B, \tau_w)$ 表示 B 方装备集合以及每个装备体系列装时间。

同理，对于 R 方装备体系的每个装备 $m \in M$，用 $t_m \geq 0$ 表示装备 m 的列装时间。如果 $t_m = 0$，则表示装备 m 是已有装备；若 $t_m > 0$，则表示装备 m 是待发展装备，将在时间 $t = t_m$ 时列装。用集合 $t_M = \{t_m | m \in M\}$ 表示 R 方装备体系装备 m 的列装时间的集合，并按照时间先后顺序排列，即若 $\forall i < j$，则 $t_i < t_j$。用 $V^R = (V^R, t_m)$ 表示 R 方装备集合以及每个装备体系列装时间。

下面讨论如何建立体系的动态网络模型。在网络科学中，对复杂动态网络系统研究，通常将动力学系统引入到复杂网络节点之中。而在复杂网络中，每个节点的动力学行为由两个因素支配：一是节点自身原始的动力学行为或机制；二是与之连接的节点对该节点的扩散或耦合影响。考虑一个由 N 个节点耦合组成的复杂动态网络系统，在复杂动态网络研究中，一般写成如下形式：

$$\dot{x}_i(t) = f(x_i(t)) + c \sum_{j=1, j \neq i}^{N} a_{ij} g(x_j(t)) \tag{3-2}$$

式中：$\dot{x}_i(t)$ 为节点 v_i 在 t 时刻的状态；$f(x_i(t))$ 为光滑的连续函数，用来描述每个节点原始的动力学行为；c 为耦合强度；耦合函数 $g(x_j(t))$ 表示通过节点状态的某种函数耦合。

令 $A = (a_{ij})_{N \times N}$ 表示复杂网络的拓扑结构或邻接矩阵，其每个元素均非负，若 $a_{ij} \neq 0$ 则表示节点 j 对节点 i 的动力学行为有影响，即从节点 j 到节点 i 有一条边；反之，若 $a_{ij} = 0$ 则表示节点 j 对节点 i 的动力学行为没有影响，即从节点 j 到节点 i 没有一条边。

式（3-2）是复杂动态网络模型的通用形式。然而，体系网络具有一定的特殊性，具体表现在如下方面：一是节点和关系并不是同质的，也就是说每个节点的状态变化和关系的状态变化都是不同的，这是由体系内节点的种类众多、关系复杂造成的；二是敌我双方在对抗的过程中，主要是通过构建作战环影响对方的节点，因此不能直接用式（3-2）表示体系的动态网络模型。然而，可以在复杂动态网络模型的基础上，结合作战体系的特殊性，建立体系的动态网络模型。从复杂动态网络的模型式（3-2）可以看出，模型的本质是认为一个节点 i 在某个时刻 t 的状态是由节点 i 自身的变化和其他节点的影响共同决定的。因此，需要分析清楚在作战体系中，每个实体节点"状态"的含义以及实体节点之间的影响方式。下面将从这两方面分别讨论分析。

（1）作战体系中实体节点"状态"的含义。以色列学者 Golany 将武器装备发展过程看作是一个 R 和 B 双方发展武器装备动态竞争的过程，如果 B 方先发展出新的武器装备，那么就会给 R 方造成威胁；如果一段时间后 R 方发展出可以与之对抗的装备，那么 R 方承受的威胁就会降低，反之亦然。由此可见，在双方对抗的过程中，装备给对方造成的威胁程度是随时间变化的。除此之外，威胁程度是由双方共同决定的，即从 B 方的角度看，B 方发展的装备对 R 方的威胁除了由该装备自身的性能决定外，还要受 R 方发展的对抗装备的影响；反之，从 R 方的角度看 R 方的装备对 B 方造成的威胁也是如此，由双方共同决定。

由于 R 和 B 双方发展新的武器装备的目的就是为了影响对方装备造成的

威胁程度,而威胁程度是随时间变化的并且由装备自身的性能和对方的对抗措施共同决定。因此,可以将装备节点给对方造成的威胁程度当作节点的"状态"。该"状态"满足随时间变化且由双方共同决定的特点。

为了衡量威胁程度,可以采用 Golany 提出的威胁率的概念,威胁率表示对方对己方单位时间内造成的经济、政治、外交以及军事等各方面造成的损失的综合概率,威胁率越高,则威胁程度也就越高。

综上所述,可以将 $\dot{x}_i(t)$ 定义为:装备节点 i 在 t 时刻给对方造成的威胁率。那么,$f(x_i(t))$ 则表示节点 i 在不考虑对方对抗的情况下,t 时刻给对方造成的威胁率,也就是装备节点 i 给对方造成的初始威胁率。

(2)实体节点之间的影响方式。下面讨论实体节点之间的影响方式。在复杂动态网络模型中,是假设节点只受直接相连的节点的影响,节点 i 要影响节点 j,必须要存在一条从节点 i 到节点 j 的边,即 $a_{ij}=1$,否则不能造成影响。然而,在作战体系中,节点之间的影响方式会有所区别。

通过 3.2.1 节定义作战环的过程中对作战过程的分析可知,在作战体系中,双方之间的对抗都是通过作战环来完成,即如果 R 方要对抗 B 方的装备 $i \in W$ 造成的威胁,必须要能够构成以 i 为目标的作战环。否则,无法完成对 i 的对抗,也就无法降低 B 的装备 i 造成的威胁。假设在作战体系中 R 方有 n 个覆盖 i 的作战环,即 $OP(i) = \{op_0, op_1, \cdots, op_n\}$,那么每个作战环 $op_j \in OP(i)$ 都会起到对抗 i 的作用,则 op_j 可以降低 i 产生的威胁率,进而影响到 i 最终给 R 方造成的威胁率。值得注意的是,根据在 3.2.2 节对 $OP(i)$ 的定义,$OP(i)$ 的第一个元素 $op_0 = \emptyset$,表示没有作战环覆盖 i,则 op_0 不降低 B 的装备 i 造成的威胁,即对节点 i 的影响为 0。

因此,可以将式(3-2)中的 $g(x_j(t))$ 改写为 $g(op_j(t))$,表示在 t 时刻作战环 op_j 对抗 i 时降低的 i 的威胁率。显然,$g(op_j(t))$ 值越大,代表作战环 op_j 对抗 w 的效果越好,降低的威胁率越多。同时,可以用 $a_{ij}(t)$ 表示作战环 op_j 在 t 时刻是否覆盖目标节点 i,如果覆盖目标节点 i,则 $a_{ij}(t)=1$;反之,则 $a_{ij}(t)=0$。由于作战环起到对抗目标 i 的作用,也就是说相对节点 i 在 t 时刻的威胁率而言,起到了"反作用"。因此,可令式(3-2)中的耦合强度 $c=-1$。

除此之外,当有多个作战环覆盖目标 i 时,不同作战环的对抗效果不一定可以直接叠加。例如,可能是由对抗效果最好的作战环决定,也可能是由多个作战环对抗效果加权决定。因此,把式(3-2)中 $\sum_{j=0}^{n} a_{ij}(t) g(op_j, t)$ 内的求和符号"$\sum$"用运算符"$\cup$"代替,表示 n 个作战环的综合对抗效果,即将

$\sum_{j=0}^{n} a_{ij}(t)g(\mathrm{op}_j,t)$ 改写为 $\bigcup_{j=0}^{n} a_{ij}(t)g(\mathrm{op}_j,t)$。

综合以上分析，可以在复杂动态网络模型的基础上，提出作战体系的动态网络模型：

$$\dot{x}_i(t) = f(x_i(t)) - \bigcup_{j=0}^{n} a_{ij}(t)g(\mathrm{op}_j,t) \tag{3-3}$$

式中：$\dot{x}_i(t)$ 为装备 i 在 t 时刻给对方造成的威胁率；$f(x_i(t))$ 为装备 i 在 t 时刻的初始威胁率，即不考虑对方对抗的情况下的威胁率；$g(\mathrm{op}_j,t)$ 为覆盖装备 i 的作战环 op_j 在 t 时刻降低的威胁率；$a_{ij}(t)$ 则表示作战环 op_j 在 t 时刻是否覆盖目标装备 i。

值得注意的是，式（3-3）中，如果装备 i 属于 B 方装备，即 $i \in W$，则 $\dot{x}_i(t)$ 表示 B 方的装备 i 在 t 时刻对 R 方造成的威胁率；反之，如果装备 i 属于 R 方装备，即 $i \in M$，则 $\dot{x}_i(t)$ 表示 R 方的装备 i 对在 t 时刻对 B 造成的威胁率。

分析式（3-3）可知，作战体系的网络模型会受 R 和 B 双方装备发展的影响。具体而言，相对于 B 方而言 B 方发展的装备不同、装备的列装时间 $\tau_w \in \tau_W(w \in W)$ 不同，不同时刻对 R 方造成的威胁率也不同，B 方发展的装备越先进，则 $f(x_i(t))$ 会越大；B 方的装备列装时间越早，就可以在更早的时刻对 R 方造成威胁，相对于 R 方而言也是如此。同时，作战体系的网络模型还受体系结构的影响。具体而言，R 方的武器装备体系内的装备配合越默契，覆盖 B 方的装备（目标节点）的作战环就会越多，即作战环集合 $OP(w)(w \in W)$ 中包含的作战环就越多。除此之外，如果考虑装备性能随时间的变化，比如装备随时间推移导致性能退化或通过技术改进后性能得到提升，那么体系的网络模型还会受装备性能变化的影响，不过本章暂不考虑装备性能随时间变化的情况。

综上所述，用式（3-3）表示的作战体系的网络模型能够反映 R 和 B 双方装备发展以及装备配合关系对模型的影响，其中配合关系包括了新装备与现有装备的配合以及新装备之间的配合。在后续章节将详细介绍如何基于体系的网络化模型建立武器装备体系发展的模型并优化武器装备体系发展方案。

3.4 本章小结

本章主要研究了武器装备体系的网络化建模方法，即通过作战环将武器装备体系抽象为网络模型，从而为后面的装备体系发展规划方法奠定基础。主要工作包括：①根据 OODA 理论对作战过程的描述，揭示了作战过程中会存在作战环这一规律,并给出了作战环的定义及数学模型。②提出了体系的网络化描述建模一般求解过程,解释了将装备体系抽象为网络模型并对网络进行优化进而得到武器装备体系发展方案的过程,为后面的建模与优化提供了思路。③提出了一种新的体系的动态网络模型,该模型可以刻画武器装备体系发展方案和装备配合关系对体系的影响,从而为后面的体系发展的建模与优化提供了模型基础。本章作战环和体系网络模型是后面几章不同条件下武器装备体系发展模型的理论基础。

第 4 章　面向重点目标的体系发展规划建模与优化

本章在体系的动态网络模型的基础上建立面向重点目标的体系发展模型并利用优化算法对模型进行求解。这里的"重点目标"是指 B 方（对方）发展的某一个对 R 方（我方）具有重大威胁的武器装备。主要讨论当这种情况发生时 R 方该如何制定武器装备体系发展方案来应对重点目标产生的威胁。首先将武器装备体系发展问题进行描述，从体系发展方案优化的角度分析该问题的决策变量和优化目标；其次对体系的动态网络模型进行细化和深入分析，分别建立确定信息条件下的体系发展模型和不确定信息条件下的体系发展模型，两者的主要区别在于 R 方能否获取 B 方未来装备的准确列装时间；然后利用优化算法对建立的体系发展模型进行求解；最后通过示例验证模型和求解算法的可行性。

4.1　问题描述与建模

4.1.1　武器装备发展问题描述

武器装备体系的发展规划是一项复杂的系统工程，需要统筹各类装备的型号选择、发展时间安排和建设经费分配，决定众多武器装备的未来发展方向、规模结构和作战水平。实施装备发展规划过程中，决策者不可避免地面对各种"选择"问题，而面对日益复杂和不确定的多种挑战，军队及其决策者们在进行"选择"时处于进退两难的境地：一方面，在预算紧缩的环境下不可能不加选择地发展大量甚至重复的武器装备系统；另一方面，又必须根据多样化且变化的需求选择合适的武器装备类型进行发展，使其能够适用于更大范围的可能场景从而在未来的战争中能够取得战略优势、克敌制胜。

目前，武器装备发展规划面临以下问题难以解决：①军事技术的高速发展导致决策方可供选择的武器装备类型、型号越来越多，决策过程中面临可选方案选择空间大；②武器装备体系的规模日趋庞大，难以从全局的角度获取装备发展的需求；③安全环境的日趋复杂对武器装备体系的要求日益增多，导致决策目标多等问题。

该问题可简单描述为：现有红（Red）、蓝（Blue）双方各自发展新的武器装备，相互对抗。假设对抗时间为 $[0,T]$，R 方为了应对 B 方即将发展的新装备造成的威胁，需要制定武器装备体系发展路线图，对有限的资金 C 进行分配。具体地讲，R 方需要根据 B 方的装备发展情况，决定在何时开始、投入多少资金、发展何种装备。R 方的目标是使 B 方在 $[0,T]$ 时间段内造成的累积威胁最低。图 4.1 是一个 R 方发展装备过程中受到的威胁率变化图，横坐标代表时间，纵坐标代表 B 方对 R 方的威胁率，深色圆点代表 R 方的装备列装，浅色圆点代表 B 方的装备列装。从图 4.1 中可以看出，当 B 方的新装备列装后，B 方对 R 方的威胁率会上升，然后威胁会按照该威胁率随时间累积一段时间。当 R 方发展出的新装备对抗 B 方时，B 方造成的威胁率会降低，然后 B 方又会发展新的装备来提高威胁率。也就是说，威胁率会随着 R 方和 B 方的新装备的列装而动态变化，且威胁会随着时间累积。对于 R 方来说，需要从 R 方可选择发展的装备集合中选择最合适的装备并发展。如图 4.1 所示，R 方从 1~9 个可选装备中选择发展装备 1、装备 3、装备 5 和装备 7，并且 R 方发展

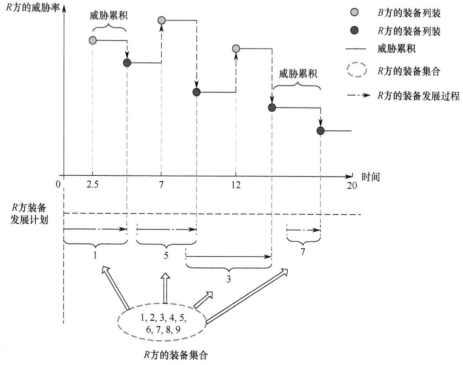

图 4.1　装备发展过程中的威胁率变化示意图（见彩图）

装备需要耗费一定的时间，只有当新装备发展完成后，威胁率才会随之改变。总之，R方需要根据B方的装备发展情况选择最合适的装备对抗B方，并且需要合理安排发展计划，使装备尽早列装从而尽早降低B方造成的威胁率，从而使威胁随时间累积的值达到最低。

（1）不失一般性，假设对抗时间T足够大。

（2）B方也可以不止包含一个国家或组织，凡是R方需要对抗的，都可以化为B方。

因此，武器装备体系发展方案规划问题可转变为：在现有的武器装备体系上，R方该如何利用有限的资金，发展新的武器装备，形成新的武器装备体系，使B方在特定时间段内造成的累积威胁最小。

面向重点目标的体系发展规划是指针对B方某个具有重大威胁的武器装备w时，R方如何利用有限的资金资源，在现有武器装备体系基础上，通过装备体系内装备之间的配合来对抗重点装备w，使得B的装备w在特定时间段内造成的累积威胁最小。

面向重点目标的体系发展问题在实际的军事对抗中十分常见，如当对方有航空母舰，而由于资金和技术的限制己方短时期内又无力发展航空母舰时，往往会选择发展可行的其他装备，通过多种装备之间的配合来完成对航空母舰的对抗，从而降低航空母舰对己方的威胁。

对于R方来讲，在决策过程中难点在于如何根据现有武器装备体系的基础上合理安排新武器装备发展计划，使得在对抗的过程中武器装备体系的整体效能最优。显然，R方可以在资金和时间允许的范围之内制定任何发展方案，而R方可供选择发展的装备集合M数量越多，可选装备发展方案数目也就越多。下面首先介绍面向重点目标的体系发展规划问题的决策变量与优化目标函数。

4.1.2 决策变量与优化目标

4.1.2.1 决策变量

在制定武器装备体系发展方案的过程中，R方具体需要考虑以下三个问题。

（1）选择需要发展的装备集合。对于R方来讲，可供选择发展的武器装备很多，R方的装备集合M中，可选装备集合可表示为$M'=\{m|m\in M, t_m > 0\}$（t_m表示装备m的列装时间）。若R方选择发展新装备m，则网络模型中$v_m \in G$；若R方不选择发展m，则$v_m \notin G$。

（2）确定需要发展的装备的开始发展时间。B方对R方造成的累积威胁会随着时间推移逐步增大，为了能够尽量降低累积威胁值，R 方需要尽快地完成新的装备来对抗 B 方的威胁。假设 R 方选择发展三个新装备，如果 R 方发展的三个装备的资金是在 $t=0$ 时一次性到位，则 R 方的最优选择肯定是所有装备都在 $t=0$ 时开始研制，这样可以最快的使新装备完成，从而对抗 B 方的威胁；如果 R 方的资金不是一次性到位，而是分批次投入。由于每批次投入的费用有限，R 方需要考虑三个装备的发展的先后顺序。因此，装备的开始研制时间也是 R 方重要的决策变量。

（3）确定在需要发展的装备上投入的资源。由于装备的发展时间会受到投入的费用的影响，在确定将要发展的装备 $m \in M'$ 后，还需要确定在 m 上投入多少费用 c_m。现实情况中，装备的发展时间和投入费用之间会有以下关系：①投入的费用越多，发展时间越短；②当投入的费用低于某个阈值时，装备无法被发展成功；③当投入费用逐步增多时，费用的边际效应会递减，即当费用增多时，装备发展时间的降低速度会减缓；④装备发展时间会存在一个最短时间，即无论投入多少费用，发展时间都不会少于最小时间。

鉴于以上分析的时间与费用之间关系的特点，可以用 $t_m = a_m/c_m$ 表示装备 m 的发展时间和投入在 m 上的费用 c_m 之间的关系。其中，a_m 为常数表示装备 m 的发展难度，t_m 为装备 m 的发展时间，c_m 表示在装备 m 上投入的费用。显然，c_m 与 t_m 成反比关系，满足上述性质①。用 $\check{C}_m$ 表示发展装备 m 所需的最低费用，$\hat{t}_m$ 表示装备 m 的最短发展时间，则可以得到

$$t_m = \begin{cases} \infty, & c_m < \check{C}_m \\ \dfrac{a_m}{c_m}, & \check{C}_m \leq c_m \leq \hat{C}_m \\ \hat{t}_m, & c_m > \hat{C}_m \end{cases} \tag{4-1}$$

图 4.2（a）是式（4-1）的函数图形。值得注意的是，$\hat{C}_m$ 是根据最短发展时间所计算出来的最高发展费用，当投入的资金高于 $\hat{C}_m$，对缩短发展装备 m 的时间没有作用，即当投入的费用 $c_m > \hat{C}_m$ 时，发展时间仍然为 $\hat{t}_m$。用 $c_m < \check{C}_m$，$t_m = \infty$ 表示当投入的费用低于 $\check{C}_m$ 时装备 m 不能被完成。如果 $\check{C}_m < c_m \leq \hat{C}_m$，根据式（4-1）可知，研制时间 t_m 由发展难度系数 a_m 和投入费用 c_m 决定。另外，如果 $a_m = 0$，则 $t_m = 0$，表示 m 是 R 方已有的装备，不要发展。

用 $t_m = a_m/c_m$ 表示装备的发展时间和投入费用之间的关系虽然较为简单，并且这种关系在实际中都是通过历史数据的学习或者专家经验给出的。然而，这个不是本模型的关键因素，所以可用式（4-1）表示这种关系。事实上，很

多满足边际递减效应的函数都可以用来描述费用和装备发展时间之间的关系，如图4.2（b）所示的逻辑函数（Logistic Function）。

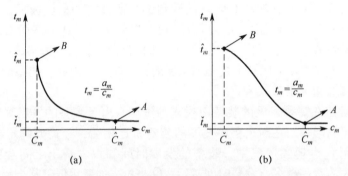

图4.2 装备 m 的发展时间与投入资源的关系
(a) 反比例关系；(b) 逻辑函数。

通过以上的分析可知，R 方在做决策时主要需要考虑三个决策变量，即装备的选择、装备开始发展时间以及投入的装备发展费用。可以用二元组 $[c_m, t'_m]$ 表示一个装备的投入费用和开始发展时间，其中，c_m 表示投入发展装备 m 的费用，t'_m 表示装备 m 的开始发展时间，若 $c_m=0$，则表示不发展装备 m。那么，可以用 $\pi^W = \{[c_m, t'_m] \mid m \in M, a_m > 0, c_m > 0\}$ 表示 R 方针对 B 方的装备集合 W 的武器装备体系发展方案，也就是 R 方的武器装备体系发展规划问题的决策变量。显然，如果 $c_m = 0$，则 $[c_m, t'_m] \notin \pi^W$，表示 R 方不选择发展装备 m。在面向重点装备的体系发展问题中，由于只考虑 B 方的一个装备 w，因此 $\pi^W = \pi^w$，即为面向重点装备的体系发展问题的决策变量。

如果用式（4-1）表示资金与装备研制时间之间的关系，则 c_m 是一个连续变量，也意味着 t_m 也将是一个连续变量。因此，这是一个组合优化和连续变量优化的混合问题，这也意味着解空间会非常的庞大，在4.4节将重点介绍如何求解这种问题的最优解。

4.1.2.2 优化目标函数

在武器装备体系发展问题中，发展武器装备的目的不同，体系优化的目标函数也不同。在4.3.3节体系的动态网络模型分析中，采用了 B 方的装备节点对 R 方的威胁率作为节点的状态，即威胁率会随着时间动态变化，而且在考虑双方对抗的条件下，R 和 B 双方发展武器装备的目的也是为了使对方造成的威胁最低。根据已有研究关于威胁率的定义，威胁率表示 B 方对 R 方单位时间内造成的经济、政治、外交以及军事等各方面造成的损失的综合。目前，关于威胁评估的方法很多，一般采用定性评估方法和定性定量结合方法。其中，定性评估方法主要包括层次分析法、专家打分法、两两比较法；定性定量结合方法方法主要包括利用模糊数学理论的模糊多属性排序方法、灰色关联方法、最大隶属度函数法等。这些威胁评估的方法基本上都需要相关专家的参与，利用专家的经验进行评估。本书不将威胁率的评估作为研究重点，并假设威胁率可以通过专家评估和计算得到，并且是一固定数值。因此，可以采用以色列学者 Golany 提出的"累积威胁"，即威胁率在时间上的累积程度，作为优化的目标函数。

令 G^* 为 R 方与 B 方构成的初始体系网络，即包含了 R 方所有装备（现有装备和所有可选择发展的装备）以及 B 方的装备；令 G 为 R 方确定装备体系发展方案后最终形成的体系网络，网络 G 中包含了 R 方已有装备和新发展的装备。如图4.3所示，方形框 "□" 代表 B 方装备，即 R 方需要对抗的目标；实线圆框 "○" 代表 R 方已有的装备，虚线圆框 "○" 代表 R 方待发展的装备。其中，图4.3（a）表示初始的网络 G^*，图4.3（b）表示 R 方决定发展装备4和装备6后最终得到的体系网络 G。

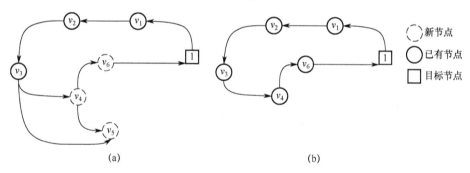

图 4.3 面向重点装备的体系网络示意图
(a) 初始体系网络 G^*；(b) 最终形成的体系网络 G。

值得注意的是，最终形成的网络 G 包含了每个节点的加入时间，一个动态的体系网络，只有当时刻 t 推进到 v_i 的加入时间（装备 i 的完成时间）后，节点 i 才能加入网络 G。

显然，当 R 方的装备发展方案确定后，就可以得到 R 方决定选择发展的装备以及每个装备的列装时间，如果 B 方的装备发展方案对 R 方来说是已知的，那么可以通过 G^* 得到最终的体系网络 G，G^*、π^W 和 G 之间的关系可表示为

$$G = \Phi(\pi^W, G^*) \tag{4-2}$$

由于 R 方最终的体系网络 G 是一个动态网络，那么可以采用3.3.3节的动态网络模型式（3-3）表示 G，即

$$\dot{x}_i(t) = f(x_i(t)) - \bigcup_{j=0}^{n} a_{ij}(t) g(\mathrm{op}_j, t), \ v_i \in G \tag{4-3}$$

显然，式（4-3）中，当 G 确定后，G 中的节点和每个节点的加入时间就会确定，进而对抗装备 i 的每个作战环集合 $OP(i) = \{op_0, op_1, op_2, \cdots, op_n\}$ 也可以确定，并且可以确定每个作战环 $op_j \in OP(i)$ 的形成时间，进而判断 t 时刻作战环 op_j 可否覆盖目标 i 的参数 $a_{ij}(t)$ 也随之确定。

对于式（4-3），如果 $i \in W$，则表示 B 方的装备 i 在 t 时刻对 R 方产生的威胁率，而装备 i 产生的累积威胁则为威胁率 $\dot{x}_i(t)$ 在时间 $[0, T]$ 上的累积。因此，根据 R 方的装备发展方案 π^w 得到 $G = \Phi(\pi^W, G^*)$ 后，如果令 $D(G, w)$ 表示在 $[0, T]$ 时间段内 B 方的装备 w 对 R 方造成的累积威胁，则根据式（4-3）可以得到式（4-4）。

$$\begin{cases} D(G, w) = \int_0^T \dot{x}_w(t)\,\mathrm{d}t \\ G = \Phi(\pi^W, G^*) \end{cases} \quad (4\text{-}4)$$

从式（4-4）中可以看出，累积威胁 $D(G, w)$ 是关于 G 的函数，而 G 又是关于 π^w 和 G^* 的函数，而初始体系网络 G^* 对 R 方来说属于已知变量，因此 $D(G, w)$ 本质上是关于 π^w 的函数，即

$$D(G, w) = D(\Phi(\pi^w, G^*), w) = H(\pi^w) \quad (4\text{-}5)$$

式中，$D(G, w) = H(\pi^w)$ 即为面向重点目标的武器装备体系发展问题的目标函数。由于 R 方的装备发展目标是使累积威胁 $D(G, w)$ 最小，因此发展方案优化的目标和约束条件可以分别表示如下。

① 优化目标：

$$\min H(\pi^w) = \min D(G, w) \quad (4\text{-}6)$$

② 约束条件：

$$\begin{cases} \sum c_m \leq C \\ t'_m + \dfrac{a_m}{c_m} < T \\ [c_m, t'_m] \in \pi^w \end{cases} \quad (4\text{-}7)$$

式中：C 为 R 方的总预算；$t'_m + a_m/c_m < T$ 为装备 m 要在对抗结束前列装；优化的目标是找到一个最优方案 π^* 使得累积威胁 $D(G, w)$ 最小。下面会进一步讨论目标函数 $D(G, w)$ 的具体形式。

4.2 确定信息条件下的体系发展规划模型

确定信息是指 R 方能够通过情报或者专家评估等方式获取 B 方装备 w 的准确列装时间 τ_w，也就是说 τ_w 对于 R 方来说是一个确定的值。R 方可以根据

τ_w 制定装备发展方案来降低 w 造成的累积威胁。本节首先进一步讨论式（4-3）中每个参数的具体表达形式；然后讨论有效的发展方案应该具备的性质以便降低解的空间范围；最后给出确定信息条件下的武器装备体系发展问题的优化模型。

4.2.1 威胁率与威胁累积

下面具体讨论式（4-3）中参数及运算的表达形式，即初始威胁率 $f(x_i(t))$、对抗效果的运算 $\cup$ 以及作战环判定参数 $a_{ij}(t)$。

4.2.1.1 初始威胁率 $f(x_i(t))$

式（4-3）中，对于 B 方的装备 w，$f(x_w(t))$ 表示装备 w 在 t 时刻的初始威胁率，即在对方没有对抗措施的条件下的威胁率。显然，当 $t < \tau_w$，即 w 列装之前，$f(x_w(t)) = 0$；如果不考虑装备的性能随时间的变化，那么可以认为 $f(x_i(t))$ 在 w 列装后是常数，并记为 $d_{\varnothing}^w$。其中，$\varnothing$ 表示 R 方没有对抗措施，可以将 $d_{\varnothing}^w$ 简单记为 d^w，则 $f(x_w(t))$ 可以表示为

$$f(x_w(t)) = \begin{cases} 0, & 0 \leq t < \tau_w \\ d^w, & \tau_w \leq t \end{cases} \tag{4-8}$$

同时，如果不考虑装备的性能随时间的变化，那么可以认为作战环 $\mathrm{op}_j \in \mathrm{OP}(w)$ 中的装备都列装后，op_j 降低目标 w 的威胁率的程度也是固定不变的。令 ρ_j 为作战环 op_j 形成后降低的威胁率，t_{op_j} 为作战环 op_j 的完成时间，则当 $t_{\mathrm{op}_j} \leq t$ 时，$g(\mathrm{op}_j, t) = \rho_j$，$g(\mathrm{op}_j, t)$ 可以表示为

$$g(\mathrm{op}_j, t) = \begin{cases} 0, & 0 \leq t \leq t_{\mathrm{op}_j} \\ \rho_j, & t_{\mathrm{op}_j} \leq t \end{cases} \tag{4-9}$$

图 4.4 是 R 方对抗 w 时作战环形成后威胁率变化的示意图，图中 w 在 $t = 2.5$ 时列装，给 R 造成的初始威胁率为 d^w，在 R 方形成对抗 w 的作战环前，威胁按照威胁率 d^w 累积。R 方通过发展新装备先后形成了两个对抗 w 的作战环，即 op_1 和 op_2，且作战环形成的时间分别为 t_{op_1} 和 t_{op_2}。那么，当作战环 op_1 在 $t = t_{\mathrm{op}_1}$ 时列装后，会对抗 w 进而降低 w 造成的部分威胁率，而降低的这部分威胁率即为式（4-3）中的 $g(\mathrm{op}_j, t)$（$j=1$）。随后，在 $t = t_{\mathrm{op}_2}$ 时，作战环 op_2 形成，也会起到降低 w 的威胁率的作用，降低的部分威胁率即为 $g(\mathrm{op}_2, t)$。

下面讨论威胁如何在时间区间内累积的问题，仍然以图 4.4 为例。在图 4.4 中，根据式（4-8）可知，在 w 列装之前（$0 \leq t < \tau_w$），w 对 R 方没有威胁，按照威胁率等于 0 在时间区间 $[0, \tau_w)$ 内累积；当 w 列装后作战环 op_1

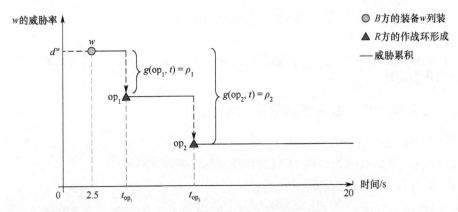

图 4.4　作战环形成后威胁率变化示意图

形成之前（$\tau_w \leqslant t < t_{op_1}$）按照威胁率等于 d^w 在时间区间 $[\tau_w, t_{op_1}]$ 累积。当 $t_{op_1} \leqslant t < t_{op_2}$ 时，即在作战环 op_1 形成而 op_2 尚未形成期间，R 方的体系网络 G 中有且仅有 op_1 一个作战环。显然，威胁则按照降低后的威胁率 $d^w_{op_1}(t) = d^w - g(op_1, t) = d^w - \rho_1$ 在时间区间 $[t_{op_1}, t_{op_2}]$ 内累积。然而，当 $t_{op_2} \leqslant t \leqslant 20$ 时，会出现作战环 op_1 和 op_2 同时存在的情况，那么该按照哪个威胁率在时间区间内累积呢？其实，该问题的本质是多个作战环的对抗效果如何运算的问题，下面对这个问题具体讨论。

4.2.1.2　对抗效果的运算

由于 op_2 比 op_1 更有效，能够降低更多的威胁率，即 $g(op_2, t) > g(op_1, t)$，所以继续按照威胁率 $d^w_{op_1}(t) = d^w - g(op_1, t)$ 累积显然是不合理的。那么，有三种方式可以处理：① 按照最有效的作战环降低后的威胁率累积，即按照威胁率 $d^w_{op_2}(t) = d^w - g(op_2, t)$ 进行累积；② 按照多个作战环共同降低的威胁率累积，即按照威胁率 $d^w_{op_2}(t) = d^w - g(op_1, t) - g(op_2, t)$ 进行累积；③ 加权累积，给每个作战环赋予一个权重，再加权处理威胁率，即按照威胁率 $d^w_{op_2}(t) = d^w - p_1 \cdot g(op_1, t) - p_2 \cdot g(op_2, t)$ 累积，其中 p_1 和 p_2 分别代表作战环 op_1 和作战环 op_2 的权重。

上述三种方式中，方式②和方式③本质上是相同的，即认为多个作战环的降低威胁率的效果能够叠加；而方式①则认为多个作战环降低威胁率的效果不能叠加。这里采用方式①处理多个作战环同时覆盖一个目标时的威胁率取值问题，即认为多个作战环的降低威胁率的效果是不能叠加的。

虽然当多个作战环覆盖同一个目标时能够起到冗余备份的作用，即当最有效的作战环失效时可以采用效果次之的作战环进行对抗。在实际的作战过程中，虽然理论上同时有多个作战环覆盖同一个目标，但是这些作战环在实际的使用过程中可能并不能同时发挥作用，只能选其中一个，那么这种情况下决策者会选择最有效的作战环对抗目标。例如，1 枚导弹理论上可以接受指挥所 A 和指挥所 B 的指挥，那么理论上作战体系中可能同时会有两个作战环。然而，在作战的过程中一旦这枚导弹接受指挥所 A 指挥发射出去后，就不能再接受指挥所 B 的指挥，二者只能取其一，类似于这种现象在实际的作战过程中非常常见。因此，不少学者在面对多个装备可以对抗同一个目标的情况时，都认为对抗效果由最有效的装备决定。因此，我们可以将式（4-3）中的 $\cup$ 定义为"取最大值的"运算：

$$\bigcup_{j=0}^{n} a_{ij}(t)g(\mathrm{op}_j,t) = \max_{0 \leq j \leq n}[a_{ij}(t)g(\mathrm{op}_j,t)] = \xi_n(t) \tag{4-10}$$

式中，为了方便运算，将 $\max_{0 \leq j \leq n}[a_{ij}(t)g(\mathrm{op}_j,t)]$ 简单记为 $\xi_n(t)$。显然，若 $n=0$，则 $\max_{0 \leq j \leq n}[a_{ij}(t)g(\mathrm{op}_j,t)] = \xi_n(t) = 0$，表示 R 方始终没有任何作战环对抗目标 i。

于是，根据方式①，在图 3.4 中，当 $t_{\mathrm{op}_2} \leq t \leq 20$ 时，威胁按照威胁率 $d_{\mathrm{op}_2}^w(t) = d^w - \max\{a_{w1}g(\mathrm{op}_1,t), a_{w1}g(\mathrm{op}_2,t)\} = d^w - \rho_2$ 进行累积。在整个对抗过程中，威胁率按照图 4.4 中"黑色实线"在时间区间 $[0,T]$ 内累积。由于威胁率由当前最有效的作战环决定，因而如果出现图 4.5 的情况，即 R 方依次形成作战环 op_1 和 op_2 抗 w 后，在 $t=t_{\mathrm{op}_3}$ 时刻又形成了作战环 op_3。但是，op_3 对威胁率的降低程度不如之前形成的作战环 op_2，那么在时间区间 $[t_{\mathrm{op}_3}, T]$ 内，威胁率依然按照 op_2 降低后的威胁率累积，即 $d_{\mathrm{op}_3}^w(t) = d^w - \max\{a_{w1}g(\mathrm{op}_1,t), a_{w2}g(\mathrm{op}_2,t), a_{w3}g(\mathrm{op}_3,t)\} = d^w - \rho_2$。

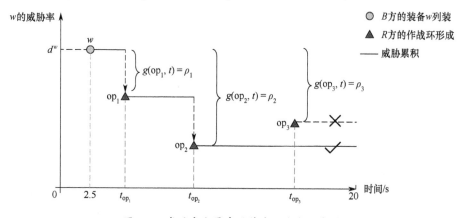

图 4.5 威胁率由最有效作战环决定示意图

4.2.1.3 作战环判定参数 $a_{ij}(t)$

在式 (4-3) 中，$a_{ij}(t)$ 用来判定在 t 时刻作战环 op_j 是否覆盖目标 i。显然，对于覆盖目标节点 i 的任意作战环 $\mathrm{op}_j \in \mathrm{OP}(i)$，当 $t \geq t_{\mathrm{op}_j}$ 时，$a_{ij}(t) = 1$；当 $0 \leq t < t_{\mathrm{op}_j}$ 时，$a_{ij}(t) = 0$，则可用下式表示，即

$$a_{ij}(t) = \begin{cases} 0, & 0 \leq t \leq t_{\mathrm{op}_j} \\ 1, & t \geq t_{\mathrm{op}_j} \end{cases} \tag{4-11}$$

式中：t_{op_j} 为作战环 op_j 的最终形成时间，显然 t_{op_j} 由作战环 op_j 包含的所有装备中最后一个列装的装备决定，即

$$t_{\mathrm{op}_j} = \max\{t_m | v_m \in \mathrm{op}_j\} \tag{4-12}$$

由于式 (4-12) 中 v_m 可能是 R 方的装备，也可能是 w，所以 t_{op} 既可能由作战环 op 中 R 方的装备列装时间决定，也可能由 B 方的装备 w 的列装时间决定。令 $\eta_j = \max\{t_m | v_m \in \mathrm{op}_j, m \in M\}$ 表示作战环 op_j 中 R 方的装备中最后列装的装备的完成时间，则可以进一步将式 (4-12) 写为

$$t_{\mathrm{op}_j} = \begin{cases} \tau_w, & \eta_j \leq \tau_w \\ \eta_j, & \tau_w < \eta_j \end{cases} \tag{4-13}$$

值得注意的是，对抗目标 i 的作战环 $\mathrm{op}_j \in \mathrm{OP}(i)$ 内包含了 R 方不准备发展的装备 m，则 $t_m = \infty$，于是 $t_{\mathrm{op}_j} = \infty$，那么 $a_{ij}(t) = 0$，$t \in [0, T]$，即作战环 op_j 永远无法形成。

综合对初始威胁率 $f(x_i(t))$、对抗效果的运算 $\cup$ 以及作战环判定参数 $a_{ij}(t)$ 的分析，可以将式 (4-8)~式 (4-11) 代入累积威胁表达式 (4-3)，得出比式 (4-3) 更加具体的表达形式，即

$$\begin{aligned} D(G,w) &= \int_0^T \dot{x}_w(t)\mathrm{d}t \\ &= \int_0^T \left(f(x_w(t)) - \bigcup_{j=0}^n a_{wj}(t) g(\mathrm{op}_j, t) \right) \mathrm{d}t \\ &= \int_0^T f(x_w(t))\mathrm{d}t - \int_0^T \xi_n(t)\mathrm{d}t \\ &= d^w(T - \tau_w) - \sum_{k=1}^{n-1} \left(\int_{t_{\mathrm{op}_k}}^{t_{\mathrm{op}_{k+1}}} \xi_k(t)\mathrm{d}t \right) - \int_{t_{\mathrm{op}_n}}^T \xi_n(t)\mathrm{d}t \\ &= d^w(T - \tau_w) - \sum_{k=1}^{n-1} (t_{\mathrm{op}_{k+1}} - t_{\mathrm{op}_k}) \max_{0 \leq j \leq n} \rho_j - (T - t_{\mathrm{op}_n}) \max_{0 \leq j \leq n} \rho_j \\ &= \sum_{k=1}^{n-1} \left[(t_{\mathrm{op}_{k+1}} - t_{\mathrm{op}_k})(d^w - \max_{0 \leq j \leq n} \rho_j) \right] - (T - t_{\mathrm{op}_n})(d^w - \max_{0 \leq j \leq n} \rho_j) + (t_{\mathrm{op}_1} - \tau_w)d^w \end{aligned}$$

$$\tag{4-14}$$

为了将式 (4-14) 简化,可以令 $T = t_{op_{n+1}}$ 且 $\tau_w = t_{op_0}$,进而可以把式 (4-14) 写为

$$D(G,w) = \sum_{k=0}^{n} \left[(t_{op_{k+1}} - t_{op_k})(d^w - \max_{0 \le j \le k} \rho_j) \right] \tag{4-15}$$

以图 4.5 为例,根据式 (4-14),图中 B 方的装备 w 对 R 方在 $[0, T]$ 内造成的总的累积值为

$$\begin{aligned}D(G,w) &= \sum_{k=0}^{3} \left[(t_{op_{k+1}} - t_{op_k})(d^w - \max_{0 \le j \le k} \rho_j) \right] \\ &= (t_{op_1} - 2.5)d^w + (t_{op_2} - t_{op_1})(d^w - \rho_1) + (20 - t_{op_2})(d^w - \rho_2)\end{aligned} \tag{4-16}$$

式 (4-15) 即为面向重点目标的武器装备体系发展问题的目标函数,问题的关键在于如何在满足费用、时间等约束条件的前提下得到最优解。下面将讨论最优解应该具备的性质,从而降低解空间范围。

4.2.2 有效体系网络设计的性质

先以最简单的情况开始,假设装备 w 的列装时间 τ_w 可以被 R 准确获取,并且 R 方的所有预算全部都在时间 $t=0$ 时到位。假设在每个装备的投资也都在 $t=0$ 时可以决定。由于 R 方的所有预算全部都在时间 $t=0$ 时到位,所以选择发展的装备都可以在 $t=0$ 时开始发展,即 $i_m = 0, \forall [c_m, i_m] \in \pi^w$。

图 4.6 是一个面向重点目标的体系网络示意图,图中 w 是 B 方的装备,虚线圆形节点"◯"表示候选装备,实线圆形节点"○"表示 R 方已有的装备,带箭头"→"的连接线表示装备之间的关系。图 4.6 所示的网络里一共有四个作战环,分别是:$op_1 = (w, v_5, v_7, v_4)$;$op_2 = (w, v_9, v_1, v_2, v_7, v_4)$;$op_3 = (w, v_9, v_1, v_2, v_5, v_7, v_4)$;$op_4 = (w, v_6, v_4)$。

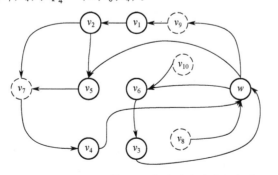

图 4.6 体系网络设计示意图

然而，只有作战环 op_4 是 R 方已有的作战环，即不包含任何新发展的装备。其他作战环都需要 R 方发展待选装备后才能形成。例如，如果 R 方发展装备 7，则作战环 op_1 将在装备 7 列装后形成并有效对抗 w 产生的威胁。也就是说，网络 G^* 中哪些作战环最终可以形成取决于 R 方选择发展哪些新装备。换言之，一旦 R 方的发展方案 π^w 确定，则可以通过 $G = \Phi(\pi^w, G^*)$ 确定最终的体系网络 G 的具体结构。进一步讲，如果投资方案 π^w 确定后得到的网络 G 不合理，那么发展方案一定不是最优方案，也就是说可以通过判断网络 G 是否合理来推断发展方案 π^w 是否合理。这里，将合理的体系网络 G 称为有效设计的体系网络。

下面讨论作为一个有效设计的体系网络应该具备的性质。根据前面的讨论，R 方的装备都是通过装备之间配合构成作战环的方式来对抗 B 的装备。换言之，R 方的装备只有被包含在作战环里才能够起到对抗 B 的作用，否则属于无效的装备。因此，可以得到有效设计的体系网络的第一个性质，如性质 4.2.1 所示。如果最终形成的体系网络中 R 方的某个新发展的装备没有包含在作战环中，那么该网络肯定不是一个合理的体系网络，因为 R 方发展了某个无用的装备。

性质 4.2.1 如果 $[c_m, i_m] \in \pi^w$，则装备 m 必须被包含在一个作战环中，即 $\text{OP}(v_m) \neq \varnothing$。

将对抗 w 的作战环集合 $\text{OP}(w)$ 中的所有作战环按照最终形成时间排序，即 $t_{\text{op}_{\|\text{OP}(w)\|}} \geq \cdots \geq t_{\text{op}_2} \geq t_{\text{op}_1} \geq t_{\text{op}_0} = 0$。显然，在对抗 w 的过程中，如果已经有一个非常有效的作战环 op_i，那么再构造一个比 op_i 对抗效果更弱的作战环 op_{i+1}，即 $t_{\text{op}_i} < t_{\text{op}_{i+1}}$ 且 $\rho_i > \rho_{i+1}$，则 $\max_{0 \leq j \leq i} \rho_j = \max_{0 \leq j \leq i+1} \rho_j$，根据式(3-15)可知，$\sum_{k=0}^{i}[(t_{\text{op}_{k+1}} - t_{\text{op}_k})(d^w - \max_{0 \leq j \leq k}\rho_j)] = \sum_{k=0}^{i+1}[(t_{\text{op}_{k+1}} - t_{\text{op}_k})(d^w - \max_{0 \leq j \leq k}\rho_j)]$，那么 op_{i+1} 对于降低 w 的威胁没有任何作用，也就是说属于无效的作战环。

当多个作战环同时形成时，比如 $d^w_{\text{op}_i} < d^w_{\text{op}_j}$，$t_{\text{op}_i} < t_{\text{op}_j}$，则 $d^w_{\text{op}_j} \Delta t_{\text{op}_j} = 0$，这意味着某个时刻的 w 产生的威胁率是由当前时刻对抗 w 最有效的作战环决定的。

性质 4.2.1 可以表达为性质 4.2.2，因此可以认为，有效设计的体系网络应该同时满足性质 4.2.1 和性质 4.2.2。

性质 4.2.2 $\text{OP}(w)$ 是对抗 w 的作战环集合，如果 $0 \leq t_{\text{op}_j} < t_{\text{op}_i}$，那么：$\rho_i < \rho_j; \text{op}_i, \text{op}_j \in \text{OP}(w)$。

下面讨论如何将性质 4.2.1 和性质 4.2.2 转化为约束条件，并根据问题的目标函数，在考虑费用和时间约束的前提下，建立面向重点目标的武器装备体系发展问题的优化模型。

4.2.3 优化模型

在式（4-15）中，$d^w - \max\limits_{0 \leqslant j \leqslant k} \rho_j$ 表示 w 的初始威胁率减去作战环 op_k 形成后降低的威胁率，即 w 在作战环 op_k 形成后对 R 方造成的威胁率。因此，$d^w - \max\limits_{0 \leqslant j \leqslant k} \rho_j$ 可以进一步写为

$$d^w_{\mathrm{op}_k} = d^w - \max\limits_{0 \leqslant j \leqslant k} \rho_j \tag{4-17}$$

式中：$d^w_{\mathrm{op}_k}$ 为对抗 w 的作战环 op_k 列装后，w 对 R 方单位时间内造成的损失，即 w 对 R 造成的威胁率。

如果 R 方没有可以对抗目标 w 的作战环，则 w 对 R 产生的威胁率为 $d^w_\varnothing = d^w \geqslant 0$。将作战环按照 $d^w_{\mathrm{op}_i}$ 排序，即 $d^w_{\mathrm{op}_0} \geqslant d^w_{\mathrm{op}_1} \geqslant d^w_{\mathrm{op}_2} \geqslant \cdots \geqslant d^w_{\mathrm{op}_n}$。作为有效设计的体系网络 G，根据性质 4.2.2，应该满足 $0 = t_{\mathrm{op}_0} \leqslant t_{\mathrm{op}_1} \leqslant t_{\mathrm{op}_2} \leqslant t_{\mathrm{op}_3} \leqslant \cdots \leqslant t_{\mathrm{op}_n} \leqslant T$，其中 T 表示双方对抗结束的时间。也就是说，对于有效设计的体系网络 G，后形成的作战环对抗 w 的效果一定要比之前形成的作战环有效，根据这一性质，可得

$$\rho_k = \max\limits_{0 \leqslant j \leqslant k} \rho_j \tag{4-18}$$

将式（4-18）代入式（4-17），可得

$$d^w_{\mathrm{op}_k} = d^w - \rho_k \tag{4-19}$$

同时，由于有效设计的体系网络满足性质 4.2.2。因此，目标函数中 $(t_{\mathrm{op}_{k+1}} - t_{\mathrm{op}_k})$ 则可以表示从作战环 op_k 形成到下一个作战环 op_{k+1} 形成之间的时间间隔，也就是作战环 op_k 作为最有效作战环的持续时间，可以将这个持续时间记为 Δt_{op_i}，即

$$\Delta t_{\mathrm{op}_i} = t_{\mathrm{op}_{k+1}} - t_{\mathrm{op}_k} \tag{4-20}$$

式中，如果 $k=0$，则 Δt_{op_0} 表示从双方对抗开始直到第一个作战环的出现时间段，由于 $t_{\mathrm{op}_0} = 0$ 且 $t_{\mathrm{op}_{n+1}} = T$，所以可以进一步将式（4-20）改写为

$$\Delta t_{\mathrm{op}_i} = \begin{cases} t_{\mathrm{op}_k}, & k = 0 \\ t_{\mathrm{op}_{k+1}} - t_{\mathrm{op}_k}, & 0 < k < n \\ T - t_{\mathrm{op}_k}, & k = n \end{cases} \tag{4-21}$$

将式（4-19）和式（4-20）代入目标函数式（4-15），可以得到面向重点目标的武器装备体系发展问题的最终的目标函数，即

$$\begin{cases} D(G, w) = \sum\limits_{\mathrm{op}_k \in \mathrm{OP}(w)} d^w_{\mathrm{op}_k} \Delta t_{\mathrm{op}_k} \\ G = \Phi(\pi^w, G^*) \end{cases} \tag{4-22}$$

同时，作为有效设计的网络 G 需要满足性质4.2.1，即 R 方选择发展的装备必须包含在作战环中，作为模型求解的约束条件可以将性质4.2.1写为

$$f(v_m,w,<)=f(w,v_m,<)=1, \forall [c_m,i_m]\in\pi^w \quad (4-23)$$

此外，作为有效设计的网络 G 需要满足性质4.2.2，即网络 G 中后形成的作战环要比先形成的作战环更有效，作为模型求解的约束条件可以将性质4.2.2写为

$$(t_{op_i}-t_{op_j})\cdot(d^w_{op_i}-d^w_{op_j})\leq 0, \forall op_i, op_j\in OP(w) \quad (4-24)$$

另外，作为可行的装备体系发展方案 π^w 还必须满足费用约束，即

$$\sum_{c_m\in\pi^w}c_m\leq C \quad (4-25)$$

综上所述，面向重点目标的武器装备体系发展问题的优化模型可以表示如下。
（1）优化目标为

$$\begin{cases}\min D(G,w)=\min\sum_{op_i\in OP(w)}d^w_{op_i}\Delta t_{op_i}\\ G=\Phi(\pi^w,G^*)\end{cases} \quad (4-26)$$

（2）约束条件为

$$\begin{cases}f(v_m,w,<)=f(w,v_m,<)=1\\ (t_{op_i}-t_{op_j})\cdot(d^w_{op_i}-d^w_{op_j})\leq 0, \forall op_i, op_j\in OP(w)\\ \sum c_m\leq C\\ \check{C}\leq c_m\leq \hat{C}\\ \dfrac{a_m}{t_m}\leq T\\ \forall [c_m,i_m]\in\pi^w\end{cases} \quad (4-27)$$

在约束条件中，$\check{C}\leq c_m\leq\hat{C}$ 表示装备 m 的费用不超过最高费用且不低于最低要求的费用；$\dfrac{a_m}{t_m}\leq T$ 表示 R 方选择发展的装备需要在对抗结束前完成列装。

显然，上述优化模型是一个非线性的、组合优化和连续变量优化的混合问题，这也意味着解空间会非常的庞大。

4.3 不确定信息条件下的体系发展规划模型

本节将讨论不确定信息条件下的 R 方的装备体系发展决策问题。不确定信息是相对于确定信息而言的，意思是无法获取有关 B 方装备列装时间的准确信

息，但是却又不是完全没有任何信息，能够通过一些手段获取部分相关信息。本节重点讨论在这种情况下，R 方该如何根据获取的部分信息进行装备体系发展的决策活动。

4.3.1 不确定信息的表示

假设 R 方的情报机构由于技术水平等各种因素的限制，无法获取 B 方的装备 w 的准确列装时间，然而却可以根据其他信息推测出 B 方的装备列装的时间范围。R 方预测出的 w 列装的时间范围用 $s_w = [\check{s}_w, \hat{s}_w]$ 表示，其中 $\check{s}_w$ 和 $\hat{s}_w$ 分别表示预测出的装备 w 列装的最早时间和最晚时间。显然，$0 \leq \check{s}_w \leq \hat{s}_w \leq T$。

可以用 $\varrho_w = \dfrac{\hat{s}_w - \check{s}_w}{T}$ 粗略的衡量对 w 列装时间预测的不确定程度，ϱ_w 越大，则表示对 w 列装时间预测的不确定性越大。反之，则表示预测的时间不确定性较小。详细地讲，如果 R 方对 w 的列装时间完全不确定，则 $\varrho_w = 1$，即 $\check{s}_w = 0$，且 $\hat{s}_w = T$；反之，如果 R 方对 w 的列装时间完全确定，则 $\varrho_w = 0$，即 $\check{s}_w = \hat{s}_w$。

其实，区间变量经常被用来表示在决策过程中信息的不确定性。在确定信息条件下的武器装备体系发展模型中，用 τ_W 来表示装备 w 的完成时间，τ_W 对 R 方来说是一个确定的时间变量。然而，在不确定信息条件下的武器装备体系发展模型中，τ_W 对 R 方来说是一个区间范围内的随机变量，可以是区间 $[\check{s}_w, \hat{s}_w]$ 上的任意值。

在实际的工程中，通常用 Beta 表示对工程项目的完成时间的预测。武器装备的研制过程可以当作一种特殊的工程项目。因此，这里也可以用 Beta 分布表示对装备完成时间的预测。可以假设 τ_W 服从 s_W 时间区间上的参数为 α_W，β_W 的分布，即 $\tau_W \sim \text{Beta}(\alpha_W, \beta_W)$，并且 $\check{s}_w \leq \tau_w \leq \hat{s}_w$。$\text{Beta}(\alpha_W, \beta_W)$ 的概率密度函数表示为

$$f(x; \alpha_W, \beta_W) = \frac{1}{B(\alpha_W, \beta_W)} x^{\alpha_W - 1}(1 - x)^{\beta_W - 1} \tag{4-28}$$

式中：$x = (\tau_w - \check{s}_w)/(\hat{s}_w - \check{s}_w)$。

4.3.2 优化模型

根据 4.2.3 节确定信息条件下的体系发展模型中累积威胁的计算公式（4.26）可知，如果 w 在 $t = \tau_w$ 时刻列装，则 w 对 R 方造成的累积威胁为 $\sum\limits_{\text{op}_i \in \text{OP}(w)} d_{\text{op}_i}^w \cdot \Delta t_{\text{op}_i}$。事实上，$\Delta t_{\text{op}_i}$ 是有关 τ_w 的函数，只是 τ_w 在确定信息条件下

的模型中，R方可以认为 τ_w 是一个不变的常数。然而，在不确定信息条件下的模型中，τ_w 不再当作常数处理，τ_w 对R方来说是一个随机变量。因此，需要将 Δt_{op_i} 替换为

$$\Delta t_{op_i}(\tau_w) = \begin{cases} 0, & \eta_{i-1} \leq \eta_i < \tau_w \\ \eta_i - \tau_w, & \eta_{i-1} \leq \tau_w < \eta_i \\ \eta_i - \eta_{i-1}, & \tau_w < \eta_{i-1} \leq \eta_i \end{cases} \quad (4-29)$$

类似地，w 造成的累积威胁 $D(G,w)$ 也是有关 τ_w 的函数，可以表示为

$$D(G,w,\tau_w) = \sum_{op_i \in O\hat{P}(w)} d^w_{op_i} \cdot \Delta t_{op_{i+1}}(\tau_w) \quad (4-30)$$

假设 w 会在时间区间 $s_w = [\check{s}_w, \hat{s}_w]$ 上完成，则 w 产生的累积威胁值的期望可以表示为

$$\overline{D(G,w)} = \int_{\hat{s}_w}^{\check{s}_w} f(\tau_w) \cdot D(G,w,\tau_w) \cdot d_{\tau_w} \quad (4-31)$$

式中，$f(\tau_w)$ 是 Beta 分布 $B(\alpha_w, \beta_w)$ 在区间 $s_w = [\check{s}_w, \hat{s}_w]$ 上的概率密度函数。

将式（4-30）代入式（4-31），可得：

$$\begin{aligned}\overline{D(G^w)} &= \int_{\hat{s}_w}^{\check{s}_w} f(\tau_w) \cdot \sum_{op_i \in O\hat{P}(w)} d^w_{op_i} \cdot \Delta t_{op_{i+1}}(\tau_w) \cdot d_{\tau_w} \\ &= \sum_{op_i \in O\hat{P}(w)} d^w_{op_i} \cdot \int_{\hat{s}_w}^{\check{s}_w} f(\tau_w) \cdot \Delta t_{op_{i+1}}(\tau_w) \cdot d_{\tau_w} \\ &= \sum_{op_i \in O\hat{P}(w)} d^w_{op_i} \cdot \overline{\Delta t_{op_{i+1}}} \end{aligned} \quad (4-32)$$

式中，$\overline{\Delta t_{op_{i+1}}}$ 可以看作是 w 列装的期望时间，可表示为

$$\overline{\Delta t_{op_{i+1}}} = \int_{\hat{s}_w}^{\check{s}_w} f(\tau_w) \cdot \Delta t_{op_{i+1}}(\tau_w) \cdot d_{\tau w} \quad (4-33)$$

显然，$\overline{\Delta t_{op_{i+1}}}$ 是一个分段积分。令 $\check{\gamma}_w = \max\{\check{s}_w, \eta_{i-1}\}$ 且 $\hat{\gamma}_w = \min\{\hat{s}_w, \eta_i\}$，则 $\overline{\Delta t_{op_{i+1}}}$ 可以进一步写为

$$\overline{\Delta t_{op_{i+1}}} = \begin{cases} 0, & \eta_{i-1} \leq \eta_i < \check{s}_w \\ \int_{\check{s}_w}^{\check{\gamma}_w}(\eta_i - \eta_{i-1})d_{\tau_w} + \int_{\check{\gamma}_w}^{\hat{\gamma}_w}(\eta_i - \tau_w)d_{\tau_w}, & \eta_{i-1} \leq \hat{s}_w, \eta_i \geq \check{s}_w \\ \eta_i - \eta_{i-1}, & \check{s}_w < \hat{s}_w < \eta_{i-1} \leq \eta_i \end{cases} \quad (4-34)$$

式中，当 $\eta_{i-1} \leq \hat{s}_w$ 且 $\eta_i \geq \check{s}_w$ 时，$\overline{\Delta t_{op_{i+1}}}$ 可以进一步写为

$$\overline{\Delta t_{\mathrm{op}_{i+1}}} = [I_{\hat{\gamma}_w}(\alpha_w,\beta_w) - I_{\check{s}_w}(\alpha_w,\beta_w)][\eta_i - \eta_{i-1}] +$$

$$\eta_i[I_{\hat{\gamma}_w}(\alpha_w,\beta_w) - I_{\check{\gamma}_w}(\alpha_w,\beta_w)] - \check{s}_w[I_{\mu_w}(\alpha_w,\beta_w) - I_{\lambda_w}(\alpha_w,\beta_w)] -$$

$$\frac{(\hat{s}_w - \check{s}_w)\alpha_w}{\alpha_w + \beta_w}[I_{\mu_w}(\alpha_w,\beta_w) - I_{\lambda_w}(\alpha_w,\beta_w)] \quad (4\text{-}35)$$

式中：$\mu_w = (\hat{\gamma}_w - \check{\gamma}_w)/(\hat{s}_w - \check{s}_w)$ 并且 $\lambda_w = (\check{\gamma}_w - \check{s}_w)/(\hat{s}_w - \check{s}_w)$。

式（4-31）中的 $\overline{D(G,w)}$ 即为 B 方的装备 w 在对抗过程中对 R 方造成的累积威胁值的期望。因此，不确定信息条件下的面向重点目标的武器装备体系发展问题的优化模型可以表示如下。

（1）优化目标为

$$\begin{cases} \min \overline{D(G,w)} = \min \sum\limits_{\mathrm{op}_i \in \mathrm{OP}(w)} d_{\mathrm{op}_i}^w \cdot \overline{\Delta t_{\mathrm{op}_{i+1}}} \\ G = \Phi(\pi^w, G^*) \end{cases} \quad (4\text{-}36)$$

（2）约束条件为

$$\begin{cases} f(v_m, w, <) = f(w, v_m, <) = 1 \\ (t_{\mathrm{op}_i} - t_{\mathrm{op}_j}) \cdot (d_{\mathrm{op}_i}^w - d_{\mathrm{op}_j}^w) \leq 0, \forall \, \mathrm{op}_i, \mathrm{op}_j \in \mathrm{OP}(w) \\ \sum c_m \leq C \\ \check{C} \leq c_m \leq \hat{C} \\ \dfrac{a_m}{t_m} \leq T \\ \forall [c_m, t_m] \in \pi^w \end{cases} \quad (4\text{-}37)$$

与确定信息条件下的模型相同，模型中前两个约束条件是为了确保所设计的网络分别满足性质 4.2.1 和性质 4.2.2；第三个约束条件是为了在每个装备上投资的资金总额不超过总预算。

4.4　基于 CMA-ES 的体系发展方案优化

在上述两种模型中，R 方对新装备的资源分配是带有上界和下界的连续变量，开始研制时间也是连续变量。因此，这是一个带约束条件的连续变量优化问题，且可行方案的数目不可穷举，应用传统算法很难求解出最优解。CMA-ES（Covariance Matrix Adaptation Evolution Strategy）算法对于处理带有连续变量的优化问题非常高效，因此采用 CMA-ES 算法来对问题进行求解。采用

CMA-ES 对本问题求解的关键在于如何处理边界问题以及如何避免局部最优的问题。

4.4.1 CMA-ES 算法

在许多的优化问题中，由于不可微或者优化问题具有黑盒特性，不能使用基于梯度的传统优化算法来求解。因此，启发式算法在这种问题上就能展现出非常好的使用价值。在众多的启发式算法中，演化算法（Evolutionary Algorithms，EA）是其中非常重要的一类，它不需要优化目标的领域知识，只要可以计算目标函数的适应度。换言之，也就是只要对于目标函数来说，一个输入可以得到一个输出就足矣。其中，演化策略（Evolution Strategies，ES）是演化算法中非常受欢迎的一种算法，它是一种基于适应和自然进化思想的随机优化技术，一般使用某种概率分布进行采样。

在众多基于进化策略的算法中，CMA-ES 是当前最成功、受到的关注最多的算法。CMA-ES 中算法变异是通过多元高斯分布（Multivariate Gaussian Distribution，MGD）产生的，选择（Selection）和重组（Recombination）算子与经典的进化算法相同。CMA-ES 算法基于极大似然（Maximum-likelihood）的原则通过自适应协方差矩阵（Covariance Matrix Adaptation，GMA）机制来调整协方差矩阵进而调整更新和变异的概率。此外，CMA-ES 算法采用了两个用来积累历史搜索信息的进化路径（Evolution Paths，EP）调整下一步的搜索方向和步长。

（1）初始化。根据目标函数对参数进行初始化，包括：初始步长、维度、协方差矩阵、均值和搜索区间等等，并根据初始化的参数生成初始种群。

（2）采样操作。使用高斯分布采样新样本，这些样本即为演化算法中的种群。具体的采样公式为

$$x_k^{(g+1)} = m^{(g)} + \delta^{(g)} N(0, C^{(g)}) \tag{4-38}$$

式中：x_k^{g+1} 为第 $g+1$ 代种群的第 k 个个体；$m^{(g)}$ 为第 g 代种群分布的均值；$\delta^{(g)}$ 为第 g 代种群分布的步长；$C^{(g)}$ 为第 g 代种群分布的协方差矩阵且满足：

$$C^{(g)} = B^{(g)} (D^{(g)})^2 (B^{(g)}) \tag{4-39}$$

式中：$B^{(g)}$ 为正交矩阵；$B^{(g)}$ 列向量是 $C^{(g)}$ 的单位长度的特征向量；$D^{(g)}$ 为对角阵，其对角元素是 $C^{(g)}$ 的特征值的平方根，与 $B^{(g)}$ 的各个列向量相对应。

（3）竞争和选择。CMA-ES 算法采用的竞争和选择策略是 (μ, λ) 策略，该策略是从第 g 代种群分布的 λ 个个体中，竞争选择出最优的 μ 个个体。这 μ 个个体称为第 g 代分布的最优子群，将作为下一代分布的父本。个体的好坏是通过个体的适应度值来衡量的，适应度值需要通过适应度函数来对个体进行计算得到。

(4) 重组。重组是指由第 g 代的最优子群来"繁殖"生成第 $g+1$ 代分布中的个体。具体来说，首先使用第 g 代最优子种群中的个体的信息更新算法的策略参数，这些参数包括步长 σ、协方差矩阵 C 和均值 m；然后再根据这些参数通过突变操作来生成下一代分布中的个体。

均值 m 的更新公式为

$$m^{(g+1)} = \sum_{i=1}^{\mu} \omega_i x_{i:\lambda}^{(g+1)} \tag{4-40}$$

式中：ω_i 为设定的权重；$x_{i:\lambda}^{(g+1)}$ 为第 $g+1$ 代种群的 λ 个个体中第 i 个最优个体，即下一代的突变中心点 $m^{(g+1)}$ 为父代最优子群中个体的加权平均值。

协方差矩阵 C 的更新公式为

$$C \leftarrow (1-c_{\text{cov}})C + \frac{c_{\text{cov}}}{\mu_{\text{cov}}}(\boldsymbol{p}_c \boldsymbol{p}_c^{\text{T}} + \delta(h_\delta)C) + c_{\text{cov}}\left(1 - \frac{1}{\mu_{\text{cov}}}\right)\sum_1^{\mu}\omega_i \boldsymbol{y}_{i:\lambda}\boldsymbol{y}_{i:\lambda}^{\text{T}} \tag{4-41}$$

其中

$$y_{i:\lambda}^{(g+1)} = (x_{i:\lambda}^{(g+1)} - m^{(g)})/\sigma^{(g)} \tag{4-42}$$

步长 σ 的更新公式为

$$\sigma = \sigma \exp\left(\frac{c_\sigma}{d_\sigma}\left(\frac{\|\boldsymbol{p}_\sigma\|}{E\|N(0,I)\|} - 1\right)\right) \tag{4-43}$$

式中：c_σ 为步长控制的学习率；c_{cov} 为协方差矩阵的学习率，且 $c_{\text{cov}} \leq 1$，当 $c_{\text{cov}} = 1$ 时，没有初始信息被保留下来，当 $c_{\text{cov}} = 0$ 时，没有学习发生；d_σ 为步长更新的阻尼系数；$\boldsymbol{p}_c$ 和 $\boldsymbol{p}_\sigma$ 为协方差矩阵和步长的进化路径，进化路径可以表示为一系列连续子步之和。

$\boldsymbol{p}_c$ 和 $\boldsymbol{p}_\sigma$ 的公式分别为

$$\boldsymbol{p}_c = (1-c_c)\boldsymbol{p}_c + h_\sigma \sqrt{c_c(2-c_c)\mu_{\text{eff}}}\, y_\omega \tag{4-44}$$

$$\boldsymbol{p}_\sigma = (1-c_\sigma)\boldsymbol{p}_\sigma + h_\sigma \sqrt{c_\sigma(2-c_\sigma)\mu_{\text{eff}}}\, C^{\frac{1}{2}} y_\omega \tag{4-45}$$

式中：$y_\omega = \sum_1^{\mu} \omega_i y_{i:\lambda}$；$c_c$ 为协方差矩阵更新的学习率；当 $\boldsymbol{p}_\sigma$ 较大时 h_σ 可以使 $\boldsymbol{p}_c$ 更新停顿，从而避免 C 过快的增长；$u_{\text{eff}} = \left(\sum_{i=1}^{\mu}\omega_i^2\right)^{-1}$ 为方差影响选择集。

更新了策略参数之后算法进入下一轮循环，即到了采样操作，生成下一代种群。通过反复迭代，群体进化逐渐趋向最优解。

4.4.2 约束处理机制

在演化计算领域，有很多比较成熟的约束条件处理方法，其中最常用的包括惩罚函数（penalty function）、修补（repairing）法、死亡惩罚（deathpenalty）、可行性不变操作（feasibility preserving operators）以及多目标（multi-objective）方法等，这些方法的适用范围及优缺点可以参考有关文献。通过比较这些约束处理方法，这里采用了 Oymen 等提出的动态适应度更新模式技术（dynamic fitness update scheme technique）处理这些约束，就是令违反约束条件越多的非可行解排在种群中越靠后的位置。

假设 R 方可选的新装备数目为 Q，由于在发展方案 π^w 中，对于 $\forall [c_m, t'_m] \in \pi^w, t'_m = 0$，所以可以用向量 $\boldsymbol{C}_m = (c_m)_{m=1}^{Q}$ 来表示 R 方的资源分配计划。根据式（4-27）可知，每个变量 $c_m \in \boldsymbol{C}^w$ 都有一个上界和下界，即 $\check{C}_m \leq c_m \leq \hat{C}_m$。同时，R 方也可以选择不发展装备 m，即 $c_m = 0, c_m \notin \boldsymbol{C}^w$。因此，每个 c_m 的可行域范围是一个连续区间加上点 0。除此之外，每个资金分配方案的资金总额不能超过总预算，所以 $\sum_{m=1}^{Q} c_m \leq C$。

令 $C_0^w = \varnothing$，表示 R 方不发展任何新装备，则 $G_0 = \Phi(C_0^w, G^*)$ 且 $D_0 = D(G_0, w)$ 则表示 R 方不发展任何新装备的情况下 B 方对 R 方造成的累积威胁。显然，如果 $\exists c_m > 0, c_m \in \boldsymbol{C}^w, G = \Phi(\boldsymbol{C}^w, G^*)$，则 $D_0 \geq D(G, w)$。

当变量 c_m 超过上界或者下界，或者违反其他约束时，向量 $\boldsymbol{C}^w$ 就不是一个可行解。根据动态适应度更新模式，当一个解 $\boldsymbol{C}^w$ 不是可行解时，应该给这个解一个惩罚，使得 $D(G, w) > D_0$，从而保证在种群中不可行解总是排在可行解的后面。

然而，这里还有一个问题就是如何处理点 0。如果当变量值非常接近 0 时不做处理则包含这个变量的解会被认为是非可行解，也就是说解中的变量永远无法取到 0。所以当一个变量 c_m 非常接近 0 却远远小于下界 $\check{C}_m$ 时，即 $c_m - 0 \ll \hat{C}_m - c_m$，可以令 $c_m = 0$，表示 R 方不会选择发展装备 m。因此，在约束处理过程中，用 $\mathrm{mb} = \min\{\check{C}_m | m = 1, 2, 3, \cdots, Q\}$ 表示向量 $\boldsymbol{C}^w$ 中所有变量的最小下界，$\mathrm{mb} \times \mathrm{per}$ 表示将变量 $c_m \in \boldsymbol{C}^w$ 强制归零的范围，其中 per 是一个调节系数，取值范围为 $[0,1]$，取值越小，强制归零越强。当 $c_m < \mathrm{mb}$ 时，令 $c_m = 0$，并将 c_m 从向量 $\boldsymbol{C}^w$ 中移除。

同时，可以用 k 记录发展方案 w 违反约束的次数，如果 $k = 0$，则表示 $\boldsymbol{C}^w$ 没有违反任何约束条件，是一个可行解；否则，表示 $\boldsymbol{C}^w$ 违反了其中的约束条件，是非可行解。显然，k 越大，表示违反约束的次数越多。从 4.3.2 节优化模型中的约束条件集合（式（4-37））可以看出，优化模型总共有五类约束条件，即①投资在新装备 $m \in M'$ 上的费用 c_m 不能超过最低要求的费用或者最高费用；②所有新发展装备的费用之和不能超过 R 方的总预算 C；③新装备

$m \in M'$ 必须在对抗结束前完成；④所有新发展装备必须包含在作战环中；⑤根据投资方案得到的体系网络 G 后形成的作战环要比之前形成的作战环对抗效果更好。对于一个体系发展方案 π^w，每违反上述五类约束条件中的任意一个，则 $k = k + 1$，那么 w 违反的约束越多，则 k 的值越大，从而可以通过 k 值的大小判断体系发展方案 w 违反约束条件的次数。因此，可以根据按照如图 4.7 所示的流程进行约束条件处理。

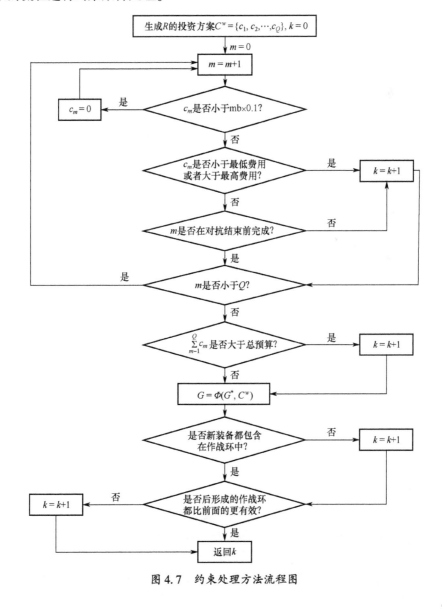

图 4.7 约束处理方法流程图

4.4.3 优化方案

在 CMA-ES 算法中,一般使用多元高斯随机变量对解向量进行编译。算法的选择算子与交叉算子与经典进化策略算法相同。CMA-ES 算法利用统计估计的方法合理地调整协方差矩阵,使得重新产生所选中的变异的概率大大提升。该算法进而对演化过程中的历史信息累积,得到一条进化路径(evolution rath)。根据这条进化路径的属性,算法适应性地调整变异步长。

CMA-ES 对待解决问题的应用如以下步骤:首先,在可行解区域内均匀地初始化解向量,即 R 方的装备体系发展方案 C_0^w,并且初始化所有 CMA-ES 的内部参数(一般为定值);其次,在算法的每次迭代中,对这个初始解(亲代个体)C_0^w 进行多次高斯变异来得到一个由候选解组成的装备体系发展方案总体/种群 $\{C_1^w, C_2^w, \cdots, C_\lambda^w\}$ 利用定义好的目标函数式(4-36),计算每个候选解 $C_i^w (i=1,2,\cdots,\lambda)$ 的可行度/目标函数值 D_i^w,并根据约束处理方法(算法 A.1)计算发展方案 C_i^w 的 k 值,得到发展方案 C_i^w 的最终适应度(fitness)$D_i^w = D_i^w + k$,再依据 D_i^w 值的大小对候选体系发展方案集合 $\{C_1^w, C_2^w, \cdots, C_\lambda^w\}$ 中的发展方案排序。

由于面向重点目标的装备体系发展方案优化的目标是使 B 方造成的累积威胁最小,即目标函数值越小越好。因此,$D_i^w = D_i^w + k$ 的值越大,在体系发展方案集合中排序越靠后。在所有的候选体系发展方案中,只有排序最靠前的一些体系发展方案会被选择(所选的解得数目为用户定义)。进而,算法重组(交叉)所选择的体系发展方案来生成一个新的候选体系发展方案,作为下一次迭代的亲代个体。算法将迭代这些操作直到满足算法的终止条件。

同时,为了避免计算的过程中搜索陷入局部最优,对 CMA-ES 采用了增加种群规模的重启机制。具体地讲,就是当优化算法执行完毕后,增加装备体系发展方案总体/种群 $\{C_1^w, C_2^w, \cdots, C_\lambda^w\}$ 内发展方案的个数,然后重新执行优化过程。一般而言,在满足下面条件中任意一项时可以重启。

(1)最后 $10 + [30n/\lambda]$ 代种群的最优解的适应度都相同,或者这些适应度和最新一代的所有解的适应度波动范围均低于 Tolfun $= 10^{-12}$;

(2)在所有坐标的正态分布的标准偏差和在所有部分 σp_c(p_c 的计算方法见式(4.44))值都小于 TolX $= 10^{-12} \sigma^{(0)}$;

(3)在 C^g 的主轴方向添加一个 0.1 的标准差向量后,未能改变 $m^{(g)}$;

(4)在每个坐标添加一个 0.2 的标准差向量后,未能改变 $m^{(g)}$;

(5)协方差矩阵的条件数超过了 10^{14}。

重启机制中一般将算法重启次数设为三次,即增加种群规模三次。因此,结合约束处理方法和重启机制，可以在 CMA-ES 算法的基础上设计面向重点目标的体系发展方案优化算法。

4.5 示例介绍

为了验证前面提出的面向重点目标的武器装备体系发展模型以及利用 CMA-ES 算法进行模型求解的有效性，本节将构造一个示例对模型和优化方法进行验证。由于确定信息条件下的武器装备体系发展问题可以看作是不确定信息条件下的武器装备体系发展问题的一个特例，因此本节只构造不确定信息条件下的体系发展问题的示例。首先，将介绍示例中参数的生成方式并根据设置的参数构建一个武器装备体系网络；然后，利用 CMA-ES 算法对示例中的装备体系发展方案进行优化。此外，为了分析 R 方的总预算对体系发展方案的影响，对 R 方的总预算进行调整，每次增加 R 方的总预算的 5%，一共增加 10 次，并且利用基于 CMA-ES 的优化方法对不同总预算下的体系发展方案进行优化。

4.5.1 参数设置

假设 R 方在对抗 B 方的装备 1 的过程中有五个已有装备可以使用，分别为两个 S（侦察）类实体，两个 D（决策）类实体和一个 I（打击）类实体。为了对抗 B 方的装备 1 造成的威胁，R 方有一些候选新装备可以发展，包括两个侦察（S）类实体，一个 D 类实体以及两个 I 类实体。这些装备节点（R 方和 B 方）之间的连接规则如下：①T 类实体（B 方的装备 1）只能与 S 类实体相连；②S 类实体只能和 S 类实体或者 D 类实体相连；③D 类实体只能和 D 类实体或者 I 类实体相连；④I 类实体只能和 T 类实体相连。这些节点之间的具体的连接关系如表 4.1 所列。

表 4.1 节点之间的连接关系

B 方的装备		R 方的装备			
节点名称	可连接节点	节点名称	可连接节点	节点名称	可连接节点
1	S_1、S_3、S_4	S_1	D_2、S_2	S_3	D_2、S_1
		S_2	D_1	S_4	D_1、D_3
		D_1	D_3、I_1、I_2	D_3	I_1、I_3
		D_2	D_1	I_2	1
		I_1	1	I_3	1

表 4.1 中，S_1、S_2、D_1、D_2 和 I_1 是 R 方已有的装备，S_3、S_4、D_3、I_2 和 I_3 是 R 方可选择发展的新装备。根据表 4.1 中的节点连接关系，可以得到体系网络 G^* 的网络结构图，如图 4.8 所示。虽然网络 G^* 中只有 11 个节点，节点之间的连接关系也非常简单，每个节点最多与 3 个节点相连，一般只与 1~2 个节点相连，但是网络 G^* 却有很多作战环存在。通过找环算法，可以从网络 G^* 中找到 26 个作战环，其中 2 个作战环是不包含任何 R 方的新装备，即为 R 方本来已经有的作战环，另外 24 个作战环是 R 方通过发展新装备可能形成的作战环，也就意味着 R 方通过发展新装备最多可以增加 24 种对抗 B 方的装备 1 的方式，每个作战环具体包含的节点如表 4.2 所列。

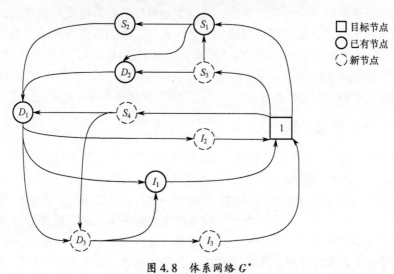

图 4.8 体系网络 G^*

表 4.2 网络 G^* 中包含的作战环

编号	作战环节点序列	d_{op}^w
1	$T_1 \mapsto S_1 \mapsto S_2 \mapsto D_1 \mapsto I_1 \mapsto T_1$	52.57
2	$T_1 \mapsto S_1 \mapsto D_2 \mapsto D_1 \mapsto I_1 \mapsto T_1$	49.58
3	$T_1 \mapsto S_4 \mapsto D_1 \mapsto I_1 \mapsto T_1$	46.14
4	$T_1 \mapsto S_4 \mapsto D_1 \mapsto I_2 \mapsto T_1$	45.21
5	$T_1 \mapsto S_4 \mapsto D_3 \mapsto I_3 \mapsto T_1$	43.35
6	$T_1 \mapsto S_4 \mapsto D_3 \mapsto I_1 \mapsto T_1$	38.99
7	$T_1 \mapsto S_4 \mapsto D_1 \mapsto D_3 \mapsto I_3 \mapsto T_1$	37.28
8	$T_1 \mapsto S_4 \mapsto D_1 \mapsto D_3 \mapsto I_1 \mapsto T_1$	35.93

续表

编　号	作战环节点序列	d_{op}^w
9	$T_1 \mapsto S_3 \mapsto D_2 \mapsto D_1 \mapsto I_1 \mapsto T_1$	34.04
10	$T_1 \mapsto S_3 \mapsto D_2 \mapsto D_1 \mapsto I_2 \mapsto T_1$	33.70
11	$T_1 \mapsto S_1 \mapsto S_2 \mapsto D_1 \mapsto I_2 \mapsto T_1$	32.35
12	$T_1 \mapsto S_1 \mapsto D_2 \mapsto D_1 \mapsto I_2 \mapsto T_1$	28.97
13	$T_1 \mapsto S_3 \mapsto S_1 \mapsto D_2 \mapsto D_1 \mapsto I_2 \mapsto T_1$	27.27
14	$T_1 \mapsto S_3 \mapsto D_2 \mapsto D_1 \mapsto D_3 \mapsto I_1 \mapsto T_1$	25.64
15	$T_1 \mapsto S_3 \mapsto D_2 \mapsto D_1 \mapsto D_3 \mapsto I_3 \mapsto T_1$	25.22
16	$T_1 \mapsto S_1 \mapsto S_2 \mapsto D_1 \mapsto D_3 \mapsto I_3 \mapsto T_1$	24.56
17	$T_1 \mapsto S_3 \mapsto S_1 \mapsto S_2 \mapsto D_1 \mapsto I_1 \mapsto T_1$	23.80
18	$T_1 \mapsto S_1 \mapsto D_2 \mapsto D_1 \mapsto D_3 \mapsto I_3 \mapsto T_1$	23.07
19	$T_1 \mapsto S_1 \mapsto D_2 \mapsto D_1 \mapsto D_3 \mapsto I_1 \mapsto T_1$	22.80
20	$T_1 \mapsto S_3 \mapsto S_1 \mapsto D_2 \mapsto D_1 \mapsto I_1 \mapsto T_1$	20.89
21	$T_1 \mapsto S_1 \mapsto S_2 \mapsto D_1 \mapsto D_3 \mapsto I_1 \mapsto T_1$	20.53
22	$T_1 \mapsto S_3 \mapsto S_1 \mapsto S_2 \mapsto D_1 \mapsto I_2 \mapsto T_1$	18.87
23	$T_1 \mapsto S_3 \mapsto S_1 \mapsto D_2 \mapsto D_1 \mapsto D_3 \mapsto I_1 \mapsto T_1$	18.43
24	$T_1 \mapsto S_3 \mapsto S_1 \mapsto D_2 \mapsto D_1 \mapsto D_3 \mapsto I_3 \mapsto T_1$	17.17
25	$T_1 \mapsto S_3 \mapsto S_1 \mapsto S_2 \mapsto D_1 \mapsto D_3 \mapsto I_3 \mapsto T_1$	17.00
26	$T_1 \mapsto S_3 \mapsto S_1 \mapsto S_2 \mapsto D_1 \mapsto D_3 \mapsto I_1 \mapsto T_1$	16.00

　　下面设置 R 方装备相关的参数，包括每个待选新装备 m 的发展难度系数 a_m、最低费用 $\check{C}_m$ 以及最高费用 $\hat{C}_m$。在本示例中，采用从正态分布中随机采样的方式设置 a_m、$\check{C}_m$ 和 $\hat{C}_m$，正态分布的参数设置为 $\mu=10$ 和 $\sigma=20$，并且对于任意的 $m \in M'$ 满足 $\check{C}_m \leq \hat{C}_m$。每个装备的参数 a_m、$\check{C}_m$ 和 $\hat{C}_m$ 的具体参数如表 4.3 所列。通过表 4.3 可以看出，每个装备的发展难度系数 a_m 差别很大，代表了现实中不同装备的发展难度具有一定的差距。此外，每个装备的发展要求的最低费用和最高费用差距也非常大。

　　每个作战环加入后威胁率参数 d_{op}^w 采用从截断的正态分布中随机采样的方式设置，其中，正态分布的参数设置为 $\mu=20$ 和 $\sigma=15$。在设置威胁率参数的值的过程中，假设越有效的作战环对应越低的威胁率，即如果作战环 op_i 不仅包含了作战环 op_j 中的所有节点还包含了额外的节点，则意味着额外的节点起

到了加强作战环 op_i 的作用。因此，在设置参数时，将 $d_{op_i}^w$ 设置为比 $d_{op_j}^w$ 更小的值。每个作战环形成后的威胁率参数 d_{op}^w 如表 4.2 所列。

表 4.3 新装备的参数设置

装 备 名 称	发展难度系数 a_m	最低费用 $\check{C}_m \leq \hat{C}_m$	最高费用 $\hat{C}_m$
S_3	60	18.44	41.86
S_4	37	11.11	27.96
D_4	30	10.36	28.26
I_2	91	15.18	25.54
I_3	58	13.35	25.54

假设 R 方预测 B 方的装备 1 在 [0,5] 年内列装，并在区间 [0,5] 上服从 $\alpha=2$ 和 $\beta=3$ 的 Beta 分布。R 方的总预算设置为 $\sum_{m \in M}(\check{C}_m + \hat{C}_m)/2 = 108.80$。

4.5.2 计算结果

根据示例中的参数设置，从表 4.2 中可以看出，R 方在发展新装备前已经有两个作战环，即 $op_1 = (1, S_1, D_1, I_1)$ 和 $op_2 = (1, S_1, D_2, D_1, I_1)$，且形成后 B 方的威胁率分别为 $d_{op_1}^1 = 52.57$ 和 $d_{op_2}^1 = 49.58$。如果 R 方不发展任何新的装备，即 R 方的体系发展方案为 $\pi_0^1 = \phi$，根据式(4.36)计算可得，在时间区间 [0, 20] 内 B 方对 R 方造成的累积威胁为 $D_0 = 644.49$。

利用 4.4.3 节提出的优化方法对 R 方的体系发展方案进行优化，寻找 R 方的最优体系发展方案 π^* 并计算最优体系发展方案下的累积威胁 $D^*(G, w)$，$G = \Phi(\pi^*)$。为了更加直观地显示方案优化的效果，利用 $\varepsilon = D^*(G, w)/D_0$ 表示发展新装备后累积威胁降低的比例。显然，ε 值越小，表示 R 方的体系发展方案越好。

由于启发式算法在计算的过程中具有一定的随机性，比如会受到初始解的影响或者种群变异的影响等，因此启发式算法单独运行一次得到的最优解并不能反映算法的稳定性，进而也无法验证优化结果的可信度。为了验证算法的稳定性以及优化结果的可信度，将优化算法独立运行 1000 次，并记录每次运算得到的最优解（发展方案），从而可以得到 1000 个最优解。将这 1000 个最优解进行排序，得到 1000 个最优解中的最优解、最差解以及中位数对应的解，体系发展方案与威胁值 ε 和总费用如表 4.4 所列。

表4.4 体系发展方案与威胁值 ε 和总费用

方案名称	体系发展方案 π/亿元					相对累积威胁值 ε	总费用/亿元
	S_3	S_4	D_3	I_2	I_3		
初始方案	0	0	0	0	0	1	0
最差方案	41.86	22.85	0	25.54	0	0.3897	90.25
中位数对应方案	41.86	17.07	28.26	0	21.25	0.3257	108.44
最优方案	41.86	16.57	28.26	0	13.52	0.3257	100.15

通过表4.4可以看出，在1000次运算中，得到的 R 方的最优体系发展方案是分别在新装备 S_3、S_4、D_3、I_2 和 I_3 上投入资金41.86亿元、16.51亿元、28.26亿元、0亿元和13.52亿元，使用该方案可以使 B 方造成的累积威胁值为初始威胁的32.57%（$\varepsilon = D^*(G,w)/D_0 = 0.3257$）。根据 R 方的装备发展方案以及对 B 方的装备列装时间的预测，可以绘制出 R 和 B 双方的装备发展路线图，如图4.9所示。通过图4.9可以看出，R 方的装备都在 $t=0$ 时刻开始发展，且装备 S_3、S_4、D_3 和 I_3 分别在时刻 $t=1.4$、$t=2.2$、$t=1.1$ 和 $t=4.3$ 时列装，装备 I_2 不发展，B 方的装备1会在时间区间 [0,5]（年）内完成。值得注意的是，由于在本示例中，假设 R 方的所有经费是一次性拨放且都在 $t=0$ 时刻所有装备都可以开始发展。在后面的模型中，我们将专门讨论经费分多次拨放的情况，这种情况下，R 由于受到分次拨放经费的限制，将不能使所有的装备都在 $t=0$ 时刻开始发展。

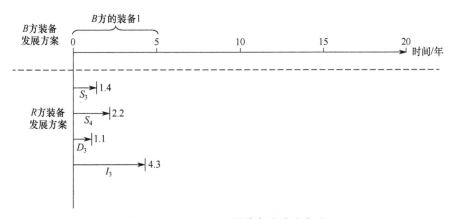

图4.9 R 和 B 双方的装备发展路线图

同时，比较表4.4中的不同发展方案的区别，可以发现1000次运算得到的结果中，中位数对应的发展方案得到的相对威胁值与最优解对应的相对威胁值相等，相对威胁值都等于 0.3257，这说明在 1000 次运算过程中，每次运算得到的发展方案都非常接近最优方案，进而从一定程度上反映了优化算法的稳定性。除此之外，可以对表 4.4 中的最优发展方案和最差发展方案进行比较，会发现两者的区别主要在于最差发展方案中 R 方不发展新装备 D_3，而在最优发展方案以及中位数对应的发展方案中，R 方都选择了发展装备 D_3。通过对网络 G^*（图 4.8）中每个新的装备参与的作战环数量进行统计可知，R 方的新装备 D_3 参与了最多的作战环（14 个作战环），其次是装备 S_3，参与了 12 个作战环，具体每个新装备参与作战环的数量如图 4.10 所示。也就是说，装备 D_3 的列装可以形成更多的作战环，最差方案中 R 方不发展装备 D_3，会导致至少 14 个作战环无法形成。

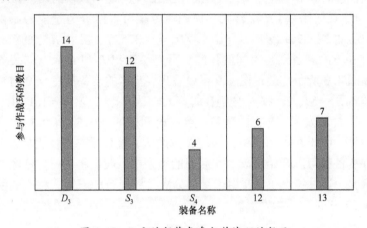

图 4.10 R 方的新装备参与作战环的数目

因此可以推断，R 方在制定武器装备发展方案时，应该优先选择发展被多个作战环覆盖的装备，这从一定程度上反映了装备的配合关系对装备发展规划的影响。我们将在后面的其他模型和试验中进一步验证这一推断。

4.5.3　总预算对优化结果影响分析

总预算是影响装备发展规划的重要因素，下面重点分析 R 方的总预算 C 对制定武器装备体系发展方案的影响，依然将总预算设置为 $C = \sum_{m \in M}(\check{C}_m + \hat{C}_m)/2 = 108.80$。为了分析总预算变化对 R 方制定武器装备体系发展方案的影响，然后降低 R 方的总预算，每次降低 10%，一共降低 9 次，即最小预算将为初始总预算的 10%。将每种预算条件下的武器装备体系发展问题当作一个算例，总共可以得到 10 个算例。将每个算例按照总预算的大小，从小到大依次编为1~10，即算例1中的总预算最小，算例10中的总预算最大。

利用4.4.3节提出的优化方法对每个算例中的体系发展方案进行优化，每个算例依然独立运行优化算法1000次。对10个算例计算，得到每个算例的最优解对应的相对累积威胁值如表4.5所列。在表4.5中，从最小威胁值看，从算例1到算例10，随着总预算的逐步增加，最优解对应的最小威胁值依次降低；从算例7开始最小威胁值下降为0.3257，并且一直持续到算例10。

表4.5 10个算例的计算结果

算例编号	总预算/亿元	最大威胁值	中 位 数	最小威胁值
1	10.9	0.4141	0.4436	0.4436
2	21.8	0.9306	0.4208	0.4129
3	32.6	0.9306	0.4194	0.3445
4	43.5	0.9306	0.4166	0.3319
5	54.4	0.9306	0.4166	0.3277
6	65.3	0.5843	0.3340	0.3260
7	76.2	0.4213	0.3285	0.3257
8	87.0	0.4141	0.3263	0.3257
9	97.9	0.4141	0.3257	0.3257
10	108.8	0.3806	0.3257	0.3257

然而，正如上面所述，启发式算法在计算的过程中存在一定的随机性，单次运算得到的最优解不一定每次都能够取到，因而并不能准确的反应优化的效果。启发式算法一般需要反复运算多次（本示例中运算1000次），并通过多次运算结果的中位数观察优化算法的优化效率，因为大量反复运算得到的中位数比最优解更能反映优化效率。一般而言，启发式算法重复运算的次数越多，中位数越能够反映优化算法的真实效率。因此，我们观察10个算例的中位数随总预算的变化情况，进而分析总预算对优化效果结果的影响。通过表4.5可以看出，随着总预算的逐步增加，威胁值的中位数也依次降低。这说明预算的提高确实可以起到降低B方造成的累积威胁的作用，这与预想相符。

同时，为了分析优化算法的稳定性，可以将每个算例的1000次运算结果绘制成盒图（boxplot map），进而观察每个算例的1000次运行结果的分布情况，如图4.11所示。图4.11中红色的横线表示算例中每组数据（1000次运算结果得到的数据集合）的中位数值，从图4.11可以看出：①随着预算增加，中位数确实在依次降低；②中位数普遍更加靠近下四分位数（Q_1），如算例8、算例9和算例10的中位数、下四分位数以及最小值甚至重合在一起，这表示1000次运算结果的大部分解都集中在最小值附近，说明算法的求解效果比较好；③上、下四分位数之间的距离普遍较短，有的几乎重合在一起，这说明求解效果的波动小，即算法的稳定性较好；④当总预算增加到一定的程度时，累积总威胁不再降低，如图中算例8、算例9和算例10的中位数基本上接近一致，这说明虽然总预算增大可以起到降低累积威胁的作用，但并不会使累积威胁持续降低。

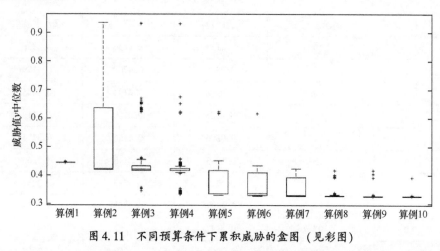

图4.11 不同预算条件下累积威胁的盒图（见彩图）

综上所述，本节通过构造面向重点目标的武器装备体系发展问题的示例，演示了通过对该问题进行建模和求解，进而得到 R 方的武器装备体系发展路线图的过程，验证了模型和求解算法的可行性。同时，通过改变 R 方总预算的大小，分析了总预算对降低 B 方造成的累积威胁的影响，即总预算提高可以起到降低累积威胁的作用。此外，通过对 10 个算例多次重复运算结果的分析、讨论，验证了基于 CMA-ES 的优化算法求解该问题的有效性。

4.6 本章小结

本章在第3章的基础上，主要研究面向重点目标的武器装备体系发展建模与优化问题。主要工作包括：①阐述了体系发展问题，分析了面向重点目标的武器装备体系发展问题的目标函数和决策变量；②解释了威胁的概念，并提出了有效设计的体系网络应该满足的两个性质，这两个性质在模型中转化为了两个约束条件，可以很大程度上减小体系发展方案优化时的解空间范围；③提出了确定信息条件下武器装备体系发展问题的优化模型，并结合实际情况深入分析，进一步提出了不确定信息条件下武器装备体系发展问题的优化模型，使模型更加符合实际情况；④提出了基于 CMA-ES 的体系发展方案优化方法；⑤通过构造面向重点目标的武器装备体系发展问题的示例，演示了对该问题进行建模和求解的过程，验证了模型和求解算法的可行性和有效性，并分析了总预算对降低累积威胁的影响。

第5章 面向多目标的武器装备体系发展规划

面向重点目标的体系发展问题的模型由于只针对 B 方的一个武器装备，相对比较简单。本章将在面向重点目标的模型的基础上，对体系发展问题的模型进行扩展，重点讨论体系发展规划过程中的多目标问题，即 R 方需要同时对抗 B 方的多个装备造成的威胁。首先，将分析阐述面向多目标的体系发展模型与面向重点目标的发展模型的区别；其次，将从费用是否存在时间约束的角度对装备体系发展问题进行讨论，分别建立"不考虑时间预算约束的体系发展规划模型"与"含时间预算约束的体系发展规划模型"，后者是对前者的进一步扩展，从而使模型更加贴近实际。

5.1 多个目标之间的冲突问题

与面向重点目标的武器装备体系发展问题不同，在面向多目标的体系发展问题中 B 方将会发展一系列装备，而不仅仅是一个装备。为了降低 B 方产生的威胁程度，R 方需要发展一系列新的装备来对抗 B 方的多个装备。这个问题也可以在第4章的基础上，转化为一个带约束的网络设计问题。

5.1.1 面向多目标规划问题的数学描述

假设 B 方将要发展多个武器装备，而且这些装备不全都在 $t=0$ 时刻列装。令 $W=\{1,2,3,\cdots,\|W\|\}$ 表示 B 方的装备集合。用 $S_w=\{s_w \mid w \in W\}$ 表示 R 方对 B 方的每个装备完成时间的预测。

认为 R 方只能获得不确定信息，即 R 方只能够通过部分信息预测出 B 方每个装备列装的时间区间范围。令 $s_w = [\check{s}_w, \hat{s}_w]$ 表示 R 方预测的 B 方的装备 $w \in W$ 的列装时间区间范围，其中 $\check{s}_w$ 和 $\hat{s}_w$ 分别表示预测的 w 的最早完成时间和最晚完成时间。R 方需要根据获取的有关 W 的信息制定武器装备体系发展方案。图 5.1 是一个面向多目标的武器装备体系网络示意图，图中三个方框表示 B 方的装备，即 R 方需要对抗的武器装备。

根据 4.2.3 节的式（4-36）可知，$\overline{D(G,w)}$ 为 B 的装备 w 对 R 方产生的累积威胁值的期望。我们假设 B 方不同武器装备造成的累积威胁可以累加，则

在双方对抗的过程中 B 方的所有武器装备产生的总的威胁可以表示为

$$\overline{D(G,W)} = \sum_{w \in W} \overline{D(G,w)} \tag{5-1}$$

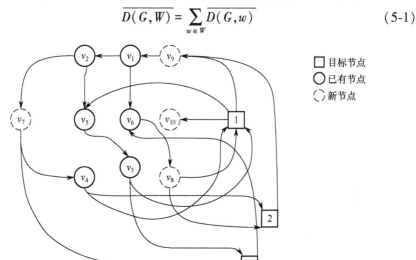

图 5.1　面向多目标的武器装备体系网络示意图

5.1.2　不同目标间的冲突

在面向重点目标的体系发展问题的模型中，分析讨论了有效设计的体系网络应该满足两个性质，即性质 4.2.1 和性质 4.2.2。下面讨论面向多目标的体系网络是否也满足类似的性质。

面向重点目标的体系网络需要满足性质 4.2.1，即要求 R 方新发展的装备都必须包含在对抗 w 的作战环里。对于面向多目标的体系网络，也应当满足类似的性质，即任何 R 方的新发展必须至少被包含在对抗目标的作战环里，否则该装备对于降低 B 方产生的威胁没有任何作用，可以被认为是无效的装备。例如，图 5.1 中的节点 v_{10} 没有被包含在任何作战环中，对于降低 B 的三个装备产生的威胁没有任何作用，因此属于无效装备。因而，在面向多目标的体系发展问题中，有效设计的体系网络应当满足性质 5.1.1。

性质 5.1.1　如果 $c_m > 0$，则 $\exists w \in W$ 使得 $f(m,w,<) = 1$。

同时，在面向重点目标的体系网络中，作为一个有效设计的体系网络应当满足性质 4.2.2，即后形成的作战环应该比之前形成的作战环在对抗 B 方的装备时更有效。详细地讲，就是在对抗目标 w 时，对于任何一个作战环 op_i，op_j $\in \mathrm{OP}(w)$，如果 $0 \leqslant t_{op_i} \leqslant t_{op_j}$，则 $d_{op_i} \geqslant d_{op_j}$。然而，我们会发现面向多目标的体系网络并不满足性质 4.2.2。

根据作战环概念的阐述可知，由于装备信息化程度的提高，装备之间的连通性越来越强，经常会出现多个作战环相交于同一个装备或同一链路的现象，正是由于作战环的这种易相交叉的特性才构成了体系网络。那么，当 R 方发展一个新装备的时候，新装备的加入非常有可能导致多个作战环同时构成，且这些作战环覆盖了 B 方的不同目标。

以图 5.1 为例，如果 R 方完成了装备 7 和装备 9 的研制并列装完成，则可以形成一个更有效的作战环 $op_i = (2, v_9, v_1, v_2, v_7, v_4)$ 来对抗 B 方的装备 1。然而，与此同时，R 方的装备 7 和装备 9 的列装同时会导致对抗 B 方装备 2 的作战环 $op_j = (2, v_9, v_1, v_2, v_7, v_4)$ 产生。如果在之前形成的体系网络中，已经包含了比作战环 op_j 对抗 B 方的装备 2 更有效的作战环 op_k，则 op_j 相对于 op_k 而言就是没有作用的。因此，设计的体系网络对于 B 方的装备 1 来讲，是一个有效设计的体系网络，但是对于 B 方的装备 2 则不是一个有效设计的网络。这就意味着，在面向多目标的体系发展问题时，目标与目标之间会存在冲突。这些冲突产生的原因则是由于节点容易同时被不同作战环覆盖导致的。

事实上，由于作战环的易相交叉的特性，在设计体系网络时目标与目标之间的冲突是无法避免的，并且随着装备之间连通性的增强，这种冲突会越发的常见。然而，虽然无法消除目标与目标之间的冲突，但是可以识别在这些冲突中，哪些是可以接受的冲突以及哪些是可以避免的冲突。下面将具体介绍可接受冲突的识别方法以及如何避免不必要的目标间的冲突。

5.2 冲突的识别

5.2.1 可接受冲突的特征

在分析包含多个目标的体系网络中可接受冲突的特征前，首先定义有效作战环（useful operation loop）与无效作战环（useless operation loop）的概念。B 方装备 $w \in W$ 的作战环集合中 $OP(w)$，如果一个作战环 $op_i (w \in op_i)$ 在形成之前已经存在一个更有效的作战环 $op_j (w \in op_j)$，则 op_i 属于对抗 w 的无效作战环，具体可以表示为定义 5.2.1。

定义 5.2.1 $OP(w)$ 表示覆盖 B 方装备 $w \in W$ 的作战环集合，对于任意一个作战环 $op_i \in OP(w)$，如果不存在任何一个作战环 $op_j \in OP(w)$ 使得 $(d^w_{op_j} - d^w_{op_i})(t_{op_j} - t_{op_i}) > 0$，则 op_i 是对抗 w 的有效作战环，否则 op_i 被称为对抗 w 的无效作战环。对抗 w 的无效作战环的集合记为 $\Omega(OP(w))$。

进一步分析可接受冲突的特点，仍然以图 5.1 为例。假设 R 方完成了装备

7 和装备 9，形成了作战环 $\text{op}_i = (2, v_9, v_1, v_2, v_7, v_4)$ 与 $\text{op}_j = (2, v_9, v_1, v_2, v_7, v_4)$，分别可以用来对抗 B 方装备 1 和装备 2。在 op_i 形成之间，体系网络中已经有对抗 B 方的装备 1 的作战环 $\text{op}_1 = (1, v_5, v_3)$。显然，$\text{op}_1$ 比 op_i 先形成，即 $t_{\text{op}_1} < t_{\text{op}_i}$。我们具体再分两种情况讨论。

（1）作战环 op_1 比 op_i 更有效。如果在对抗 B 方的装备 1 时，作战环 op_1 比 op_i 更有效，即 $d_{\text{op}_1}^1 < d_{\text{op}_i}^1$，那么对于对抗 B 方装备 1 而言，作战环 op_i 属于无效作战环；同时，如果体系网络 G 中已经包含了比作战环 op_j 对抗 B 方的装备 2 更有效的作战环 op_k，即 $t_{\text{op}_k} < t_{\text{op}_j}$ 且 $d_{\text{op}_k}^2 < d_{\text{op}_j}^2$。那么，对于对抗 B 方装备 2 而言，作战环 op_j 也属于无效作战环。由于 R 方的装备 7 和装备 9 也并没有包含在对抗 B 方装备 3 的作战环中，这就意味着 R 方的装备 7 和装备 9 的列装。对于对抗 B 方的三个装备 1、装备 2 和装备 3 都没有起到降低威胁的作用，因此可以认为 R 方的装备 7 和装备 9 的列装产生的作战环对于每个目标都是无效作战环。这种情况下，R 方的装备 7 和装备 9 的列装同时产生了覆盖不同目标的作战环，导致了目标间的冲突，但是这种冲突我们认为是不可接受的冲突。

（2）作战环 op_i 比 op_1 更有效。在图 5.1 中，如果在对抗 B 方的装备 1 时，作战环 op_i 比 op_j 更有效，即 $d_{\text{op}_i}^1 < d_{\text{op}_j}^1$，那么对于对抗 B 方的装备 1 而言，作战环 op_i 属于有效作战环。那么，虽然 R 方的装备 7 和装备 9 的列装同时产生了覆盖不同目标（B 方的装备 1 和装备 2）的作战环，导致了目标间的冲突，并且没有产生对抗 B 方的装备 2 的作战环。但是，由于 R 方的装备 7 和装备 9 的列装至少对于对抗 B 方的装备 1 是有效的，那么这种情况下产生的冲突我们认为是可以接受的冲突。

对比情况（1）和情况（2）可知，在都假设作战环对抗 B 方的装备 2 的前提下，两种情况的区别在于作战环 op_i 是否比 op_j 在对抗 B 方的装备 1 时更有效，即是否满足 $(d_{\text{op}_i}^1 - d_{\text{op}_j}^1)(t_{\text{op}_j} - t_{\text{op}_i}) > 0$。进一步讲，两者的区别其实在于 R 方发展新的装备形成新作战环是否至少在对抗其中某一个目标时比以前的作战环更有效，即相对于某个目标而言是有效作战环。因此，可以得出以下结论，即如果发展新装备形成的新作战环至少对于某个目标是有效作战环，那么发展新装备引起目标间的冲突是可接受的冲突，否则为不可接受的冲突。

下面讨论如何描述可接受冲突的性质，以方便在优化模型中将可接受冲突的特征转化为优化模型的约束条件。定义 5.2.1 描述了对抗每个目标时无效作战环的特征，用 $\Omega(w)$ 表示对抗 w 时无效作战环的集合，并且 $\Omega(w) = \bigcup_{w \in W} (\text{OP}(w))$。

显然，$\text{OP}(x) = \varnothing$ 意味着装备 x 没有被包含在任何一个作战环中，否则装

备 x 至少被包含在一个作战环中。在体系网络 G 中，如果所选的将要发展的装备 m 仅仅被包含在无效作战环中，即 $OP(x) \subseteq \Omega$，那么这个装备对于降低 B 产生的威胁没有任何意义。因此，作为一个有效设计的网络，网络中应该不存在仅仅包含在无效作战环中的装备，如性质 5.2.1 所述。

性质 5.2.1 对于每一个节点 $v_i \in G(V,E)$，$OP(v_i)$ 是包含节点 i 的作战环集合，并且 Ω 是无效作战环的集合。那么如果 $c_i > 0$，则 $OP(v_i) \not\subseteq \Omega$。

因此，面向多目标的体系网络设计应该同时满足性质 5.1.1 和性质 5.2.1。下面讨论如何将上述两个性质转化为优化模型的约束条件。

5.2.2 网络拆分的原则

体系网络 G 可以被拆分为一系列子网络，并且每个子网络只包含一个 B 方的装备。拆分成的子网络集合记为 $\{G^w | w \in W\}$，并且 $G = \underset{w \in W}{\cup} G^w$。如果每个子网络 $G^w \in G$ 都满足性质 4.2.1 和性质 4.2.2，则可以证明体系网络 G 一定满足性质 5.1.1 和性质 5.2.1，即定理 5.2.1，证明过程如下。

定理 5.2.1 如果 $\forall G^w \in G$ 满足性质 4.2.1 和性质 4.2.2，则 G 一定满足性质 5.2.1 和性质 5.1.1。

证明：①首先证明 G 满足性质 5.2.1。对于 $\forall v_i$，因为 $v_i \in G$ 且 $G = \underset{w \in W}{\cup} G^w$，则有 $\exists G^w \in G$，使得 $v_i \in G^w$。又因为 G^w 满足性质 4.2.2，有 G^w 中不存在无效的作战环，即 $OP(v_i) \not\subseteq \Omega$。所以对于 $\forall v_i \in G$，$\exists w \in W$ 使得 $OP(v_i) \not\subseteq \Omega$，即 G 满足性质 5.2.1。②下面证明 G 满足性质 5.1.1。对于 $\forall v_i$，因为 $v_i \in G$ 且 $G = \underset{w \in W}{\cup} G^w$，则有 $\exists G^w \in G$，使得 $v_i \in G^w$。又因为 G^w 满足性质 3.2.1，即 $OP(v_i) \neq \varnothing$，有 $f(v_i, w, <) = f(w, v_i, <) = 1$。所以对于 $\forall v_i \in G$，$\exists w \in W$ 使得 $f(v_i, w, <) = f(w, v_i, <) = 1$，即 G 满足性质 5.1.1。综上所述，G 同时满足性质 5.1.1 和性质 5.2.1。

通过定理 5.2.1 可知，如果一个网络 G 可以完全分解为一系列同时满足性质 4.2.1 和性质 4.2.2 的子网络，那么 G 中存在的冲突都是可以接受的冲突。然而，我们可以有很多种不同的分解方式得到子网络集合使得 $G = \underset{w \in W}{\cup} G^w$。以图 5.2 为例，图 5.2 描述了 R 方的装备和 B 方的两个装备之间的关系。假设 R 方选择发展装备 4、装备 5 和装备 6 来对抗 B 方产生的威胁，那么 R 方的资金分配计划为 $C^W = \{c_4, c_5, c_6\}$，从而可以根据资金分配方案得到体系网络 G。体系网络 G 可以有多种分解方案，比如可以将 G 分解成 $\{G^1, G^2\}$，两个子网络 G^1 和 G^2 中的作战环分别为 $OP(1) = \{(1, v_1, v_2, v_3, v_4, v_6)\}$ 和 $OP(2) = \{(2, v_1, v_2, v_3, v_5, v_2)\}$。那么，根据式（4.6）可知，$B$ 方对 R 方产生的总威胁为

$\overline{D(G,W)} = \overline{D(G^1)} + \overline{D(G^2)}$。

类似的，图 5.2 中体系网络 G 也可以分解为子网络 $\{G^{1'}, G^{2'}\}$，两个子网络 $G^{1'}$ 和 $G^{2'}$ 中的作战环集合分别为 $\mathrm{OP}'(1) = \{(1, v_1, v_2, v_3, v_4, v_6)\}$，$\mathrm{OP}'(2) = \{(2, v_1, v_2, v_3, v_5), (2, v_1, v_2, v_3, v_4, v_5)\}$。那么 B 方对 R 方产生的总威胁为 $\overline{D(G,W)} = \overline{D(G^{1'})} + \overline{D(G^{2'})}$。可以发现，虽然 $G = G^1 \cup G^2 = G^{1'} \cup G^{2'}$，但是子网络 $G^{2'}$ 中的作战环数目要多于子网络 G^2 中作战环的数目，所以 $\overline{D(G^1)} + \overline{D(G^2)} \geqslant \overline{D(G^{1'})} + \overline{D(G^{2'})}$。这就意味着同一个体系网络如果按照不同的分解方式进行分解会得到不同的子网络集合，进而计算得到的总威胁值也会不同。下面一节将讨论如何设置约束条件使拆分的网络计算出的总威胁值是唯一的。

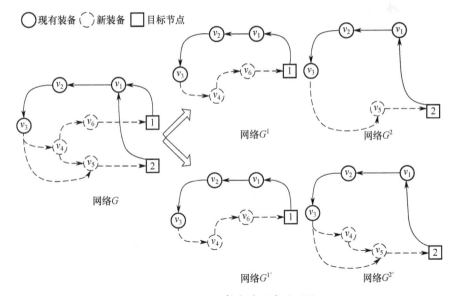

图 5.2 网络 G 拆分为两个子网络

事实上，在上面的两种不同的网络拆分方式计算出的总威胁值中，$\overline{D(G,W)} = \overline{D(G^{1'})} + \overline{D(G^{2'})}$ 是 G 对抗 B 方时 B 方产生的真实总威胁值，因为子网络 $G^{1'}$ 和子网络 $G^{2'}$ 各自包含了网络 G 中"最多"的作战环。这里的"最多"指的是，无论如何拆分网络 G，都无法得到两个子网络使其在同时满足性质 4.2.1 和性质 4.2.2 的前提下包含了比 $G^{1'}$ 和 $G^{2'}$ 更多的作战环。因此，当计算 B 方的多个装备产生的总威胁值时，需要将体系网络 G 拆分为一系列只包含一个目标的子网络。这些子网络在同时满足性质 4.2.2 和性质 4.2.1 的前提下，每个子网络应该包含了原网络 G 中针对该目标的最多的作战环，如性质 5.2.2 所述。

性质 5.2.2 G^w 是 G 的一个子网络，$\forall v_m \in G \forall$，如果 $f(v_m, w, <) = f(w, v_m, <) = 1$，则 $v_m \in G^w$。

性质 5.2.2 的意思是，在网络 G 中，如何有任何一个节点 v_m 被包含在覆盖目标 w 的作战环中，那么在将 G 拆分为子网络后，v_m 一定被包含在对抗 w 的子网络 G^w 中，即符合了上文中所述的包含"最多"最多作战环的描述。

5.3 优化模型

下面讨论如何根据上节提出的面向多目标的体系网络应该满足的各种性质，以建立面向多目标的体系发展规划问题的优化模型。本节依然将体系发展规划问题转化为约束网络的优化问题，从两个角度讨论：①不考虑时间预算约束，即 R 方的经费是在时刻 $t=0$ 时一次性到位，这种情况主要适用于短期体系发展规划；②含时间预算约束，即 R 方的总预算虽然是确定的，但是总经费需要分批次拨放，比如每五年拨放一次，这种情况主要适用于中长期的体系发展规划问题。

5.3.1 不考虑时间预算约束的体系发展规划模型

令 i_m 表示装备 m 的开始发展时间，$\hat{t}_m$ 表示装备 m 的最终列装时间，则 $\hat{t}_m = i_m + t_m$，其中 t_m 表示装备 m 的发展时间。在不考虑时间预算约束的情况下，R 方的经费是在时刻 $t=0$ 时一次性到位，那么就没有理由拒绝任何一个待发展的装备在 $t=0$ 时刻开始发展，即 $i_m = 0$，$\forall c_m > 0$。因此，每个待发展装备的列装时间 $\hat{t}_m$ 等于装备发展完成的时间，即 $\hat{t}_m = i_m + t_m = 0 + t_m = t_m$。

用 $C_M = \{c_m | c_m > 0, m \in M\}$，表示 R 方的装备投资方案。若 $c_m \in C_M$，则代表 R 方将要投入资金 c_m 发展装备 m。根据投资方案 C_M 可以得到最终的体系网络为

$$G = \Phi(C^{W, G^*}) \tag{5-2}$$

因此，面向多目标的武器装备体系发展问题的优化模型可以表示如下：

$$\min D(G, W) = \min \sum_{w \in W} \sum_{\text{op}_i \in \text{OP}(w)} d_{\text{op}_i}^w \overline{\Delta t_{\text{op}_i}} \tag{5-3}$$

$$f(v_m, w, <) = f(w, v_m, <) = 1, \forall v_m \in G^w \tag{5-4}$$

$$(t_{\text{op}_j} - t_{\text{op}_i}) \cdot (d_{\text{op}_j}^w - d_{\text{op}_i}^w) \leq 0, \forall \text{op}_i, \text{op}_j \in \text{OP}(w) \tag{5-5}$$

$$[f(v_m, w, <) = f(w, v_m, <) = 1] \Rightarrow [v_m \in G^w], \forall v_m \in G \tag{5-6}$$

$$\sum_{c_m \in C^w} c_m \leq C \tag{5-7}$$

$$\check{C}_m \leq c_m \leq \hat{C}_m \tag{5-8}$$
$$t_m \leq T, \forall c_m \in C^w \tag{5-9}$$

式（5-4）和式（5-5）可以使设计的体系网络分别满足性质4.2.1和性质4.2.2；式（5-6）确保每个子网络都包含了体系网络 G 中的最多的作战环，即性质5.2.2；式（5-7）是每个装备发展的费用约束，即不能低于最低费用也不能高于最高费用；式（5-8）代表总的费用约束，即选择发展的装备所花费的资金总额不能超过总预算；式（5-9）表示每个选择发展的装备都要在对抗时间结束前列装，否则属于无效装备。

5.3.2 含时间预算约束的体系发展规划模型

本节讨论另外一种资金约束情况，即含时间预算约束，R 方的总预算虽然是确定的，但是总经费需要分批次拨放，这种情况在实际的中长期的装备发展规划中更加常见，比如很多国家是五年做一次规划并拨放费用。仍然假设 B 方装备 $w \in W$ 在时间 $\tau_w \geq 0$ 时列装。假设在双方对抗的时间 T，预算的总资金分 H 次拨放给 R 方。将时间 T 划分为 H 个时间区间，即：$I_1 = [\overline{T}_1, T_1]$，$I_2 = [\overline{T}_2, T_2]$，$\cdots$，$I_H = [\overline{T}_H, T_H]$，其中对于每个时间区间 I_h （$1 \leq h \leq H$），$\overline{T}_1 < T_1$。值得注意的是，这些时间不一定是相交的，也就是说对于 $I_h = [\overline{T}_h, T_h]$ 和 $I_{h+1} = [\overline{T}_{h+1}, T_{h+1}]$，不一定满足 $\overline{T}_{h+1} \leq T_h$。

假设在时间 I_h 上的费用上限为记为 C^h，资金 C^h 到位的时间记为 $\underline{T}_h$。在实际的预算拨放过程中，会有两种情况，第一种情况是每个时间区间上的预算约束表示非常严格的资金流约束，在这种情况下，一个时间区间上未使用完的资金是不能用于下一个时间区间上的装备发展的，如美国等一些国家就采取的这种预算拨放方式，这种情况的预算应该满足

$$\sum_{i=1}^{H} C^h \leq C, \ h \in \{1, 2, \cdots, H\} \tag{5-10}$$

另一种情况则与之相反，代表了较为宽松的资金流约束，即一个时间区间上未使用完的资金可以用于下一个时间区间上的装备发展。在这种情况下，费用在时间点 $0 = T_1 < T_2 < \cdots < T_H < T_{H+1}$ 时拨放，那么每个时间区间则表示为 $I_h = [0, T_{h+1}]$（$h = 1, 2, \cdots, H$），这种情况下的预算应该满足

$$C^1 < C^2 < \cdots < C^H < C \tag{5-11}$$

而且 $[0, T_{H+1}]$ 上的预算代表了整个对抗时间内的总预算约束。

本节采用第一种情况的费用拨放方式，即每个时间区间上的费用若有剩余则不能用于下一个时间区间上的装备发展。在5.3.1节中，不考虑费用的时间

约束，所有资金都一次性拨放给 R 方，这种情况下 R 方选择的装备都在时间 $t=0$ 时刻开始发展。因此，每个装备的开始发展时间就不属于 R 方的决策变量。然而，在考虑费用的时间约束后，R 方除了考虑在每个装备上投入多少费用外，还需要考虑什么时间开始发展每个装备，因而每个装备的开始发展时间也属于 R 方的决策变量。

假设 R 方的装备 $m \in M$ 在 i_m 时刻投入资金 c_m 开始研制，而且在时间区间内资金是连续不中断的均匀的投入的，并且假设装备 m 一旦开始研制就不会因为其他原因会被中断。其实，这是一个比较合理的假设，因为一个项目一旦被中断过后再恢复的话会带来非常高的额外费用。因此，在装备 m 研制的时间范围 $[i_m, \hat{t}_m]$ 内，如果研制时间范围与预算时间区间相交，即 $[i_m, \hat{t}_m] \cap [T_h, T_{h+1}] \neq \varnothing$，那么装备 m 在预算时间区间 $[T_h, T_{h+1}]$ 内花费的总费用为 $c_m^h = c_m \cdot \dfrac{(\theta_m^h - \vartheta_m^h)}{t} = \dfrac{c_m^2 (\theta_m^h - \vartheta_m^h)}{a_m}$，其中 $\theta_m^h = \max\{i_m, T_{h+1}\}$，$\vartheta_m^h = \min\{i_m, T_{h+1}\}$；否则，$c_m^h = 0$，可表示为

$$c_m^h = \begin{cases} 0, [i_m, \hat{t}_m] \cap [T_h, T_{h+1}] = \varnothing \\ \dfrac{c_m^2 (\theta_m^h - \vartheta_m^h)}{a_m}, [i_m, \hat{t}_m] \cap [T_h, T_{h+1}] \neq \varnothing \end{cases} \tag{5-12}$$

由于在预算时间区间 $[T_h, T_{h+1}]$ 内，可能有多个装备同时在发展，且时间区间 $[T_h, T_{h+1}]$ 上所有在发展装备的总费用不能超过 C^h，则可以表示为

$$\sum_{m \in \widetilde{M}} c_m^h \leq C^h, \widetilde{M} = \{m | (c_m, i_m) \in \pi^W\} \tag{5-13}$$

作为一个有效的装备发展方案 π^W，对于任意的 $(c_m, i_m) \in \pi^W$，由于时间区间上的费用约束和总的费用约束，c_m 需要满足式（5-13）。同时，由于每个装备发展费用都有最低和最高费用要求，因此 c_m 需要满足式（5-14），而 m 的开始发展时间 i_m 需要满足式（5-15），即

$$\check{C}_m \leq c_m \leq \hat{C}_m, \forall (c_m, i_m) \in \pi^W \tag{5-14}$$

$$i_m + t_m < T \tag{5-15}$$

当 R 方的装备发展计划 π^W 确定后，体系网络 G 即可以确定，即 $G = \Phi(\pi^W, G^*)$。在满足性质 4.2.2、性质 4.2.1 和性质 5.2.2 的前提下，设计的体系网络 G 和装备发展计划 π^W 可以拆分为一系列子网络和子方案，它们之间的关系可表示为

$$G^W = \bigcup_{w \in W} G^W = \bigcup_{\pi^w \in \pi^W} \Phi(\pi^W, G^*) = \Phi\left(\bigcup_{\pi^w \in \pi^W}(\pi^w), G^*\right) = \Phi(\pi^W, G^*) \tag{5-16}$$

在不确定信息条件下，B 方的装备 w 对 R 方造成的总威胁值的期望可表示为

$$\overline{D(G^w)} = \sum_{\mathrm{op}_i \in \mathrm{OP}(w)} \overline{d_{\mathrm{op}_i}^w \Delta t_{\mathrm{op}_{i+1}}} \tag{5-17}$$

其中，$G = \Phi(\pi^W, G^*)$ 且 π^W 满足式（5-13）和式（5-14）和式（5-15）。

因此，在考虑时间预算约束的情况下，面向多目标的武器装备体系发展问题的优化模型可表示为

$$\min(D(G^W) = \sum_{w \in W} \overline{D(G^W)} = \sum_{w \in W} \sum_{\mathrm{op}_i \in \mathrm{OP}(w)} \overline{d_{\mathrm{op}_i}^W \cdot \Delta t_{\mathrm{op}_{i+1}}})$$

$$\begin{cases} \check{C}_m \leqslant c_m \leqslant \hat{C}_m \\ \sum c_m^h \leqslant C^h \\ i_m + t_m < T \\ f(v_m, w, <) = f(w, v_m, <) = 1, \forall v_m \in G^w \\ [f(v_m, w, <) = f(w, v_m, <) = 1] \Rightarrow [v_m \in G] \\ G^w = \Phi(\pi^W) \\ \forall (c_m, i_m) \in \pi^W \\ \forall w \in W, \forall \pi^w \in \pi^W \end{cases} \tag{5-18}$$

用向量 $\boldsymbol{T}^W = (i_m)_{m=1}^Q$ 表示 R 的装备发展计划，即每个装备的开始发展时间。由于每个装备都必须在对抗结束前完成，所以 $i_m + a_m/c_m < T$。同时，R 也可以选择不发展装备 m，则 $i_m = 0$。因此，每个 i_m 的可行域范围是一个发展时间的连续区间或者令其等于 0。

5.4 示例介绍

为了验证前面提出的面向多目标的武器装备体系发展模型以及利用 CMA-ES 算法进行模型求解的有效性，本章将构造一个示例来对模型和优化方法进行验证。首先，将介绍示例中参数的生成方式并根据设置的参数构建一个武器装备体系网络；然后，利用 CMA-ES 算法对示例中的装备体系发展方案进行优化。此外，为了分析 R 方的总预算拨放次数对体系发展方案的影响，对 R 方的总预算拨放次数进行调整，分别将总预算拨放次数设置一次、两次和四次，并且利用基于 CMA-ES 的优化方法分别对不同总预算下拨放次数条件下的体系发展方案进行优化。

5.4.1 参数设置

假设 B 方将在时间区间 [0,20] （年）内发展三个装备，即 $W=\{1,2,3\}$。经过 R 方的预测，B 方的装备 1、装备 2 和装备 3 分别在时间区间 [0,5] [3,9] 和 [10,17] （年）内列装，且在时间区间上服从 Beta(2,3) 的分布，如表 5.1 所列。

表 5.1　B 装备列装时间

B 的装备	最早列装时间/年	最晚列装时间/年	α_w	β_w
1	0	5	2	3
2	3	9	2	3
3	10	17	2	3

R 方在对抗 B 方的装备 $W=\{1,2,3\}$ 的过程中有五个已有装备可以使用，分别为两个 S（侦察）类实体，两个 D（决策）类实体和一个 I（打击）类实体。为了对抗 B 的装备 1、装备 2 和装备 3 造成的威胁，R 方有一些候选新装备可以发展，包括四个 S（侦察）类实体，两个 D（决策）类实体以及四个 I（打击）类实体。这些节点之间的具体的连接关系如表 5.2 所列。

表 5.2　节点之间的连接关系

B方的装备		R方的装备			
节点名称	可连接节点	节点名称	可连接节点	节点名称	可连接节点
1	S_1、S_3、S_4	S_1	D_2、S_2	S_3	D_2、S_1
2	S_1、S_2、S_5	S_2	D_1	S_4	D_1、D_3
3	S_3、S_5、S_6	D_1	D_3	D_3	I_1、I_3、I_4、I_5
		D_2		I_2	1、3
				I_3	1
				S_5	D_2、D_4、D_6
		I_1	I_2、I_3、I_4	S_6	D_1、D_4
				D_4	D_3、I_2
				I_4	3
				I_5	1、2

表 5.2 中，S_1、S_2、D_1、D_2 以及 I_1 是 R 方的已有装备，S_3、S_4、S_5、S_6、

D_3、D_4、I_2、I_3、I_4 和 I_5 是 R 方可选择发展的新装备。根据表 5.2 中的节点连接关系，可以得到体系网络 G^* 的网络结构图，如图 5.3 所示。虽然网络 G^* 中只有 18 个节点，每个节点最多与三个节点相连，一般只与 1~2 个节点相连，但是网络 G^* 中却有很多作战环存在。通过找环算法，我们可以从网络 G^* 中找到 82 个作战环，其中两个作战环是不包含任何 R 方的新装备，即为 R 方本来已经有的作战环，另外 80 个作战环是 R 方通过发展新装备可能形成的作战环，也就意味着 R 方通过发展新装备最多可以增加 80 种对抗 B 方的装备 1、装备 2 和装备 3 的方式，网络中覆盖各目标的作战环的具体数目，如表 5.3 所列。

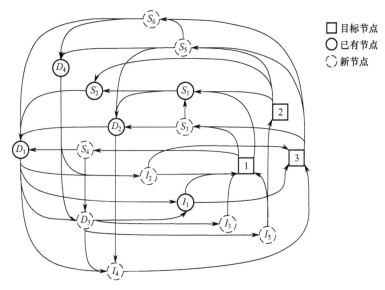

图 5.3 面向多目标的体系网络示例

表 5.3 网络中覆盖各目标的作战环数目

目标（B 方的装备）	已有作战环	新作战环	作战环总数
1	2	31	33
2	0	7	7
3	0	42	42
所有目标	2	80	82

下面设置 R 方装备相关的参数，包括每个待选新装备 m 的发展难度系数 a_m、最低费用 $\check{C}_m$ 以及最高费用 $\hat{C}_m$。在本示例中，采用从正态分布中随机采样

的方式设置 a_m、$\check{C}_m$ 和 $\hat{C}_m$，正态分布的参数设置为 $\mu=10$ 和 $\sigma=20$，并且对于任意的 $m \in M'$ 满足 $\check{C}_m \leqslant \hat{C}_m$。每个装备的参数 a_m、$\check{C}_m$ 和 $\hat{C}_m$ 的具体数值如表5.4所列。通过表5.4可以看出，每个装备的发展难度系数 a_m 差别很大，代表了现实中不同装备的发展难度具有一定的差距。此外，每个装备的发展要求的最低费用和最高费用差距也非常大。

表 5.4 新装备的参数设置

装备名称	发展难度系数 a_m	最低费用$\check{C}_m$/亿元	最高费用$\hat{C}_m$/亿元
S_5	12	7.14	29.04
S_5	58	14.55	59.28
S_5	190	3.81	59.28
S_5	109	12.71	68.62
S_5	53	6.45	68.62
S_5	189	5.31	31.81
S_5	160	5.31	38.09
S_5	32	6.50	38.09
S_5	70	3.72	37.86
S_5	36	2.08	30.94

每个作战环加入后威胁率参数 d_{op}^w 采用从截断的正态分布中随机采样的方式设置，其中，正态分布的参数设置为 $\mu=20$ 和 $\sigma=15$。在设置威胁率参数的值的过程中，假设越有效的作战环对应越低的威胁率，即如果作战环 op_i 不仅包含了作战环 op_j 中的所有节点还包含了额外的节点，则意味着额外的节点起到了加强作战环 op_i 的作用，因此，在设置参数时，将 $d_{\text{op}_i}^w$ 设置为比 $d_{\text{op}_j}^w$ 更小的值。

R 和 B 双方对抗时间设置为 $[0,20]$（年）。R 的总预算设置为 $\sum_{m \in M} \frac{\check{C}_m + \hat{C}_m}{2} = 264.60$ 并且总预算分四次等额拨放到位，分别在 $t=0$、$t=5$ 年、$t=10$ 年和 $t=15$ 年时到位经费 66.15 亿元，即四笔经费的使用范围分别是 $[0,5]$ $[5,10]$ $[10,15]$ 和 $[15,20]$（年）。

5.4.2 计算结果

根据示例中的参数设置，如果 R 方不发展任何新的装备，即 R 方的体系发展方案为 $\pi_0^1 = \{[0,0],[0,0],[0,0],[0,0],[0,0]\}$，从表4.3中可以看出，$R$ 方在发展新装备前已经有两个作战环，即 $\text{op}_1 = (1, S_1, D_1, I_1)$ 和 $\text{op}_2 = (1, S_1, D_2, D_1, I_1)$，且形成后 B 方的威胁率分别为 $d_{\text{op}_1}^1 = 52.57$ 和 $d_{\text{op}_2}^1 = 49.58$。根据式（5-18）计算可得，在时间区间 $[0, 20]$（年）内 B 方对 R 方造成的累积威胁为 $D_0 = 4864.37$。

利用提出的优化方法对 R 方的体系发展方案进行优化，寻找 R 方的最优体系发展方案 π^* 并计算最优体系发展方案下的累积威胁 $D^*(G, W)$，$G = \Phi(\pi^*)$。为了更加直观地显示方案优化的效果，利用 $\varepsilon = D^*(G, W)/D_0$ 表示发展新装备后累积威胁降低的比例。显然，ε 值越小，表示 R 方的体系发展方案越好。

为了验证算法的稳定性以及优化结果的可信度，依然将优化算法独立运行 1000 次，并记录每次运算得到的最优解（发展方案），从而可以得到 1000 个最优解。将这个 1000 最优解进行排序，得到 1000 个最优解中的最好的解、最差的解以及中位数对应的解，如表 5.5 所列。

表 5.5 体系发展方案

装备名称	装备体系发展方案 π							
	初始方案		最差方案		中位数方案		最优方案	
	费用	开始时间	费用/亿元	开始时间/年	费用/亿元	开始时间/年	费用/亿元	开始时间/年
S_3	0		27.95	18.7	16.04	17.9	7.14	0
S_4	0		39.75	9.9	57.80	13.6	28.31	18.0
S_5	0		0		14.10	1.2	41.60	3.3
S_6	0		32.41	15.9	45.72	16.5	13.81	0
D_3	0		62.51	4.4	26.27	4.7	22.48	0
D_4	0		0		0		31.42	5.0
I_2	0		22.51	7.2	27.69	0.7	33.74	15.2
I_3	0		25.41	8.8	17.07	3.9	7.36	10.8
I_4	0		0		7.10	4.8	11.00	5.0
I_5	0		3.35	5.0	5.82	2.1	12.45	0
累计威胁值 ε	1		0.822		0.47		0.28	

通过表 5.5 可以看出，在 1000 次运算中，得到的 R 方的最优体系发展方案是分别在新装备 S_3、S_4、S_5、S_6、D_3、D_4、I_2、I_3、I_4 和 I_5 上分别投入资源

7.14、28.31、41.60、13.81、22.48、31.42、33.74、7.36、11.00 和 12.45（亿元），其中，装备 S_3、S_6、D_5 和 I_5 都在 $t=0$ 时刻开始发展，装备 D_4 和 I_4 都在 $t=5.0$（年）开始发展，装备 S_4、S_5、I_2 和 I_3 分别在 $t=18.0$、$t=3.3$、$t=15.2$ 和 $t=10.8$（年）开始发展，使用该方案可以使 B 方造成的累积威胁值为初始威胁的 0.28%（$\varepsilon=0.28$）。

值得注意的是，由于在本示例中，R 的总费用是分批次拨放的，这种情况下，R 方由于受到分次拨放的经费的限制，将不能使所有的装备都在 $t=0$ 时刻开始发展，因此，R 方的装备发展顺序的安排就会变得尤为重要。将表 5.5 中的最优方案与最差方案、中位数方案进行对比可以发现，最优方案有一个显著特征，即有四个装备（S_3、S_6、D_5 和 I_5）都是在第一笔拨款刚到时（$t=0$）开始发展，有两个装备（D_4 和 I_4）是第二笔拨款刚到时（$t=0$）开始发展，也就是说 R 方的新装备开始发展时间都比较早，每笔拨款都利用的比较充分。

再观察最差发展方案，可以发现仅仅新装备 D_3 安排在 $t=4$ 年时开始发展，开始时间在第一笔预算时间范围内（[0,5] 年），由于在每笔预算时间范围内没有使用完的经费不能用于下一阶段，因此 [0,5] 年的经费没有得到充分利用，且最差发展方案中这种现象在其他预算时间范围内也都存在。由于每个时间区间范围内的预算都没有得到充分利用，所以最差方案中 R 方选择发展的装备也相对较少，S_5、D_4 和 I_4 装备都没有多余的经费发展。与最差方案相比，中位数方案在每笔预算时间范围内，都安排了开始发展新装备，但是开始发展的时间普遍较晚。例如，没有任何一个装备是在经费刚到位时立马开始发展，因而每笔经费的利用也不是非常充分。

通过最优方案、中位数方案、最差方案的对比，进一步验证了在含时间预算约束的体系发展规划中，新装备发展顺序是一个非常重要的考虑因素。那么，在体系发展规划中，哪些装备应该优先发展呢？在面向重点目标的体系发展规划示例分析中我们提出了一个推断，即应该优先发展同时参与多个作战环的新装备。那么该推断在面向多目标的体系发展规划中是否也存在呢？

通过对网络 G（图 5.3）中每个新的装备参与的作战环数量进行统计可以得到每个新装备参与作战环的数量，如图 5.4 所示。通过图 5.4 可以看出，网络中参与作战环最多的五个装备依次是 D_3、S_3、S_5、S_6、I_4，而在表 5.5 的最优发展方案中，这五个装备恰好被安排优先开始发展，这也进一步验证了同时参与多个作战环的新装备应该优先发展的结论，这从一定程度上反映了装备的配合关系对装备发展规划的影响。

根据 R 方的装备发展方案以及对 B 方的装备列装时间的预测，可以绘制出 R 方和 B 方双方的装备发展路线图，如图 5.5 所示，图中 R 方的装备按照其参与作战环的数目从上至下依次排列。通过图5.5可以看出B方的装备列装的时间区间以及R方的每个新装备的开始发展时间和列装时间。同时，通过图5.5也可以发现，R方的发展方案中排在上面的装备，即参与作战环多的装备，基本会被选择优先发展。

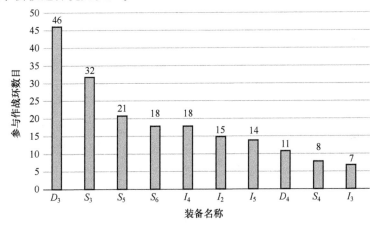

图5.4　R方和B方双方的装备发展路线图

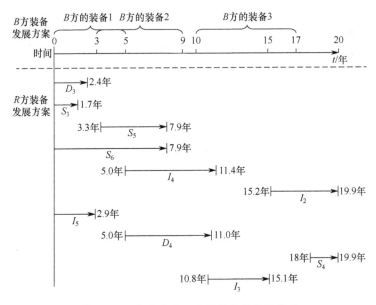

图5.5　R方和B方双方的装备发展路线图

R方的装备发展顺序之所以重要，是因为受到R方的总费用是分批次拨放的影响。下面将进一步分析费用拨放次数对累积威胁影响，对比费用分一次、

两次和四次拨放时 B 方对 R 方造成的累积威胁的变化情况。

5.4.3 费用拨放次数对累积威胁影响

依然将总预算设置为 $C = \sum_{m \in M}(\check{C}_m + \hat{C}_m)/2 = 264.60$，为了分析费用拨放次数变化对 R 方制定武器装备体系发展方案的影响，分别设置三个算例，算例 1 的总费用分一次拨放，即在 $t=0$ 时拨放，费用的有效时间为 $[0,20]$ 年；算例 2 的总费用分两次拨放，即分别在 $t=0$（年）和 $t=10$（年）时拨放 132.30，两笔预算的有效时间分别为 $[0,10]$ 年和 $[10,20]$ 年；算例 3 总费用分四次拨放，即分别在 $t=0$、$t=5$ 年、$t=10$ 年和 $t=15$ 年时拨放 66.15，4 笔预算的有效时间分别为 $[0,5]$ 年、$[5,10]$ 年、$[10,15]$ 年和 $[15,20]$ 年。三个算例中 R 方的总费用相同，且除了费用拨放次数不同外，其他条件都相同，每个算例的费用设置如表 5.6 所列。

表 5.6 每个算例的费用设置

算例	费用拨放次数	费用开始时间/年	费用结束时间/年	费用额/亿元	费用合计/亿元
1	1	0	20	264.60	264.60
2	2	0	10	132.30	264.60
		10	20	132.30	
3	4	0	5	66.15	264.60
		5	10	66.15	
		10	15	66.15	
		15	20	66.15	

利用 4.4.3 节提出的优化方法对每个算例中的体系发展规划方案进行优化，每个算例依然独立运行优化算法 1000 次。对三个算例计算，得到每个算例的最优解对应的相对累积威胁值如表 5.7 所列。在表 5.7 中，从算例 1 到算例 3，随着拨款次数的逐步增加，最优解对应的最小威胁值和中位数对应的威胁值都依次升高，这说明拨款次数越多，降低累积威胁的效果越差。

表 5.7 三个算例的计算结果

算例编号	拨款次数	中位数	最小威胁值
1	1	0.3133	0.2756
2	2	0.3204	0.2779
3	4	0.4700	0.2822

同时，将每个算例的 1000 次运算结果绘制成盒图（Boxplotmap），进而观察每个算例的 1000 次运行结果的分布情况，如图 5.6 所示。图 5.6 中矩形方框内的横线表示算例中每组数据（1000 次运算结果得到的数据集合）的中位数值，方框的长度代表上四分位数（Q_1）和下四分位数（Q_3）之间的距离，反映了解分布的范围。从图 5.6 可以看出，①随着拨款次数增加，中位数依次升高、最小值也依次升高；②拨款次数增加，四分位数（Q_1）和下四分位数（Q_3）之间的距离也随之增大，说明解的分布范围越来越广，波动性越来越大；③算例 1 和算例 2 的中位数更加接近最优解，然而算例 3 的中位数离最优解较远且更加接近上四分位数，这说明当拨款次数增加时优化算法会变得更加容易陷入局部最优。这是由于拨款次数增加后，约束条件也随之增多，优化过程中更加难以找到可行解且找到可行解后比较容易陷入局部最优。

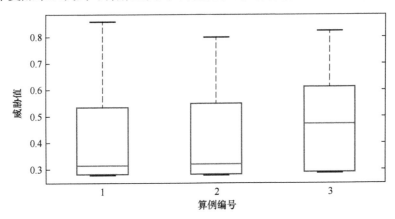

图 5.6 不同拨款次数条件下累积威胁的盒图

综上所述，本节通过构造面向多目标的武器装备体系发展规划示例，演示了通过对该问题进行建模和求解，进而得到 R 方的装备发展路线图的过程，验证了模型和求解算法的可行性。同时，通过改变 R 方总预算的拨款次数，分析了总预算拨款次数对降低 B 方造成的累积威胁的影响，即总预算拨款次数越多降低累积威胁的作用越差。

5.5　本章小结

本文在第 4 章面向单目标的体系发展规划模型的基础上，对武器装备体系发展模型进行了进一步的扩展，使对抗体系的范围由单个目标扩大为多个目标。主要工作包括：①阐述了面向多目标的体系发展规划问题，提出了面向多目标的体系发展规划的优化目标函数。②分析了面向多目标的体系网络中存在的冲突，并进一步提出了有效设计的面向多目标的体系网络应该具备的性质。③提出了将面向多目标的体系网络根据目标拆分为子网络后，每个子网络应该具备的性质，从而保证面向多目标的体系网络满足有效设计网络应该具备的性质。④将拆分后的子网络应该具备的性质转换为约束条件，在约束条件的基础上提出了面向多目标的体系发展规划的优化模型。⑤通过构造面向多目标的武器装备体系发展问题示例，演示了对该问题进行建模和求解的过程，验证了模型和求解算法的可行性和有效性，并分析了拨款次数对降低累积威胁的影响。

第 2 部分 参考文献

[1] 徐西孟. 基于 OODA 决策循环的主题发现技术的研究与设计 [D]. 山东：济南大学, 2011.
[2] 张明智, 马力, 季明. 网络化体系对抗 OODA 指挥循环时测建模及实验 [J]. 指挥与控制学报, 2015, 1 (1)：50-55.
[3] 谭跃进, 张小可, 杨克巍. 武器装备体系网络化描述与建模方法 [J]. 系统管理学报, 2012, 21 (6)：781-786.
[4] DELLER S, RABADI G, TOLK A, et al. Organizing for improved effectiveness in networked operations [J]. Plos One, 2012, 17 (1)：e46581-e46581.
[5] 金伟新. 体系对抗复杂网络建模与仿真 [M]. 北京：电子工业出版社, 2010.
[6] 李德毅, 王新政, 胡钢锋. 网络化战争与复杂网络 [J]. 中国军事科学, 2006, 19 (3)：111-119.
[7] 王斌, 谭东风, 凌云翔. 基于复杂网络的作战描述模型研究 [J]. 指挥控制与仿真, 2007, 29 (4)：12-16.
[8] 郭晓永. 复杂动态网络的自适应同步控制研究 [D]. 西安：西安电子科技大学, 2013.
[9] 赵明, 周涛, 陈关荣, 等. 复杂网络上动力系统同步的研究进展 Ⅱ——如何提高网络的同步能力 [J]. 物理学进展, 2008, 28 (1)：22-34.
[10] 周宇. 基于能力的武器装备组合规划问题与方法 [D]. 长沙：国防科学技术大学, 2013.
[11] 张强, 李建华, 沈迪, 等. 基于复杂网络的作战体系网络建模与优化研究 [J]. 系统工程与电子技术, 2015, 37 (5)：1066-1071.
[12] 周宇, 谭跃进, 姜江, 等. 面向能力需求的武器装备体系组合规划模型与算法 [J]. 系统工程理论与实践, 2013, 33 (3)：809-816.
[13] HANSON M L, SULLIVAN O, HARPER K A. On-line situation assessment for unmanned air vehicles [C]//Proceedings of the Fourteenth International Florida Artificial Intelligence Research Society Conference, 2001.
[14] 刘健, 王献锋, 聂成. 空袭目标威胁程度评估与排序 [J]. 系统工程理论与实践, 2001, 21 (2)：142-144.
[15] 陈超. 战争设计工程 [M]. 北京：科学出版社, 2009.
[16] BEYER H G, SCHWEFEL H P. Evolution strategies-a comprehensive introduction [J]. Natural Computing, 2002, 1 (1)：3-52.
[17] BÄCK T. Evolutionary Algorithms in theory and practice：Evolution strategies, evolutionary programming, genetic algorithms [M]. Oxford, UK：Oxford University Press, 1996.
[18] HANSEN N, OSTERMEIER A. Completely derandomized self-adaptation in evolution strategies [J]. Evol. Comput, 2001, 9 (2)：159-195.
[19] HANSEN N. The CMA evolution strategy：a tutorial [J]. Vu Le, 2010.
[20] MEZURAMONTES E, COELLO C A C. An empirical study about the usefulness of evolution strategies to

solve constrained optimization problems [J]. International Journal of General Systems. 2008, 39 (37): 443-473.

[21] PHOLDEE N, BUREERAT S. Comparative performance of meta-heuristic algorithms for mass minimisation of trusses with dynamic constraints [J]. Advances in Engineering Software. 2014, 75 (3): 1-13.

[22] MELO V V D, IACCA G. A modified covariance matrix adaptation evolution strategy with adaptive penalty function and restart for constrained optimization [J]. Expert Systems with Applications. 2014, 41 (16): 7077-7094.

[23] COELLO C A C. Theoretical and numerical constraint-handling techniques used with evolutionary algorithms: a survey of the state of the art [J]. Computer Methods in Applied Mechanics & Engineering. 2002, 191 (11): 1245-1287.

[24] COELLO C A C. treating constraints as objectives for singleobjective evolutionary optimization [J]. Engineering Optimization, 2000, 32 (3): 275-308.

[25] GOLANY B, KRESS M, PENN M, et al. Network optimization models for resource allocation in developing military countermeasures [J]. Operations Research, 2012, 60 (1): 48-63.

第 3 部分

面向能力差距的武器装备体系发展规划

第6章 面向能力差距的武器装备体系发展规划问题分析

6.1 能力差距相关概念

为了更好地应对可能存在的多种威胁，指导装备体系的建设发展，帮助顶层决策人员规划论证，军事强国都已经将"基于能力"的思想提上了日程，将思路转变为从满足各种能力需求的角度来指导建设未来武器装备体系的发展和规划。

"基于能力"的思想突出了"能力"作为核心要素的重要性。本部分内容研究的是面向能力差距的武器装备体系规划问题，因此本章节重点对能力、武器装备体系能力、武器装备体系能力需求、武器装备体系能力差距等相关概念进行阐述和分析。

定义6.1 能力（Capability）

能力，通常是指为完成某项特定的任务所具备的某种本领。

《辞海》中将能力分为了一般能力和特殊能力，并将其定义为完成某项活动所必需的个性的心理特征。

美国国防部体系结构框架（Department of Defense Architecture Framework，DoDAF）将能力定义为：在给定的标准和条件下，通过使用特定的方法和一定的方式，能够完成一组给定的任务，达到预期的理想效果的一种本领。

英国《MoD体系结构框架》1.0版中将能力定义为：能力是一种军事能力（Military Capability），是执行一个特殊作战过程的能力。并且在注释中特别强调出"军事能力"（Military Capability）和"装备能力"（Equipment Capability）的区别。装备能力和作战过程没有关系，而是指装备、系统或是体系所具有的能力。

美军《DoD体系结构框架》1.0版和《联合能力集成与开发制度手册》（JCIDS Manual，CJCSM 3170.01）中认为对能力的定义需要明确两点：能力的定义必须包含必要的属性以及对效力适当的评价方法（如时间、距离、结果、规模、完成的困难）；能力的定义应该容易认知，不能影响到决策过程和任务的执行；其定义应该详细到一定粒度，以便可以对能力的完成情况进行评估。

美军《DoD 军事术语词典》（DoD JP 1-02，2001）中将能力定义为"执行一个特殊作战过程的能力"，又补充能力可以理解为按照想定或作战意图的一系列作战活动，或是执行一系列作战活动需要的属性。

在《中国人民解放军军语》中将作战能力定义为：武装力量遂行作战任务的本领，由人员和武器装备的数量、质量、编制体制的科学化程度、组织指挥和管理的水平、各种保障勤务的能力等因素综合决定。

体系能力体现的是各利益相关人员对于体系构建与发展的一种期望和约束，其更多体现的是一种宏观、抽象、客观的描述。因此，体系能力是利益相关者对于体系完成特定战略使命的一种期望与约束，由各组分系统通过各种方式方法组合而成的体系在特定的条件下完成一组任务的效果的标准化描述，表现为体系所具备的"本领"或应具有的"潜力"。

体系能力随着体系研究的不断深入而引起研究人员的关注，根据研究角度的不同，存在两种理解。

（1）从系统已经具备的能力出发，即能力是系统完成某项任务的本领，而体系能力则由组分系统在互操作的过程中涌现产生，其注重的是对组分系统之间关系或者体系各种能力之间影响关系的分析，强调的是通过发现其关系的规律以优化体系组分系统的配比。

（2）从体系设计方期望系统具备的能力出发，即能力是系统可能完成某项任务的潜力，而体系能力是体系设计方对体系完成可能承担使命的一种期望，其注重的是体系满足组织未来的战略使命所应具备的能力并且这些能力可以适应在一定的时期内组织战略使命的变化，强调的是通过对能力满足战略使命的分析、明确体系的构成以及体系在一定的时期内的发展方案。

定义 6.2 武器装备体系能力（Weapon System-of-Systems Capability，WSoSC）

前面首先对武器装备体系做出了规范和解释。武器装备体系能力是用来描述特定的武器装备体系，在特定条件下完成一组任务可以达到的水平。本书认为，武器装备体系的能力描述的是武器装备体系静态的属性，反映一种"本领"或"潜力"。

概括说来，武器装备体系能力的特性包括以下几种。

（1）导向性。体系能力之于体系的构建与发展有着直接的导向作用，用户根据体系能力发展的要求选择相应的组分系统进行体系的集成，如果现有的系统协作无法实现目标能力则需要研制新的系统或者对现有的组分系统进行更新。

（2）涌现性。组分系统在协作完成体系的任务活动时连接在一起形成了新的行为或功能，这种能力是组分系统在互操作过程中所具备的，是一种自底向上的涌现行为，而单个的组分系统在执行时并不具备这种能力。

（3）复杂性。体系能力是为了应对高度不确定性的外部环境，与体系所承担的任务是一种复杂的多对多的关系，与通过互操作完成这些能力的组分系统之间也是一种复杂的多对多的关系，这种关联关系根据目标的变化而变化，并不是一成不变的。

（4）突变性。体系能力在执行任务过程中是一种非线性行为，对于相互协作完成特定任务的体系能力，控制某个组分系统参数的微小变化，就可能使体系能力发生突变，而且相同的体系能力在不同的环境中也可能产生突然变化。

（5）演化性。体系能力不仅要满足组织战略使命的要求，其发展还必须适应因组织外部环境变化所引起的战略使命的变化，因此体系能力将随着体系外部环境、目标等要素的变化而不断演化。

（6）层次性。体系能力的层次性有两种表示：一是从体系顶层设计的角度出发，根据战略目标的要求对体系能力进行自顶向下的逐级分解；二是从组分系统的涌现行为出发，由构成体系的组分系统自底向上涌现出不同层次的体系能力。

定义 6.3 武器装备体系能力需求（Weapon System-of-Systems Capability Requirement，WSoSCR）

武器装备需求是希望被发现识别的、存在于问题领域的一些属性特征，是武器装备作战应用中达到预期目标产生的结果。

"军事需求""作战需求""能力需求""用户需求""装备需求""功能需求""性能需求""技术需求"等装备需求相关的术语也是层出不穷，从不同的角度对武器装备需求进行诠释。

武器装备体系能力需求是指在给定条件下，能够完成某项任务所需要达到的某种能力状态或能力集合。

因为武器装备体系一般都是面向特定的作战任务和使命需求，因此武器装备体系能力需求也可以称为使命能力需求。

定义 6.4 武器装备体系能力差距（Weapon System-of-Systems Capability Gaps，WSoSCG）

在一定的标准和背景下，武器装备体系在完成某项特定的使命需求或作战任务时候，不能完全达到相应的武器装备体系能力需求，则可以认为该武器装备体系针对该项使命任务或针对某项能力需求存在一定的武器装备体系能力差距，简称为能力差距。

能力差距一般可以分为两种情况：一是武器装备体系根本不提供某项特定的能力；二是武器装备体系提供的该项能力不能完全满足对应的能力需求水平。能力差距也称能力缺口、能力间隙或能力缝隙。

定义 6.5 武器装备体系能力冗余（Weapon System-of-Systems Capability Redundancies，WSoSCD）

在一定的标准和背景下，武器装备体系在完成某项特定的使命需求或作战任务时，如果武器装备体系具备的某一项能力大大超出了完成使命任务所需要的对应的武器装备体系能力需求，则将这些超出的能力称为该武器装备体系的能力冗余（以下简称"能力冗余"）。

适度的能力冗余对于提高整个体系的抗毁性和鲁棒性具有一定的帮助。例如，假设一个武器装备体系中存在多种装备都可以提供预警侦察能力，当其中某类预警机耗损时，因为该体系中存在其他的装备也可以有效提供预警侦察能力，使得整个体系依然具备该项功能，这就使体系整体的抗毁性更强。但是，过度的能力冗余往往会造成一定的资源浪费，因此在对武器装备体系进行装备组合安排时候，要充分考虑到这一点。

本部分研究面向能力差距的武器装备体系发展规划问题，即是以武器装备体系为研究对象，以最大化满足武器装备体系的能力需求、缩短武器装备体系能力差距为准则，对规划期内的武器装备进行总体的规划，选取合适的装备并安排装备的发展时间，形成体系的规划方案，指导未来一定时间段内的武器装备体系的总体规划设计和发展建设。

6.2 武器装备体系发展规划问题定量化分析

武器装备体系发展规划是装备部门在进行武器选型及发展时所面临的重大问题。经过多年的发展，随着军事实力不断增强，同时装备数量、装备类型也越来越丰富，各装备在不同方面存在着各自的优势，另外装备之间也存在功能类似的情况。如今，面临的一个实际问题就是如何在给定的经费预算条件下，选择合适的装备安排发展。面对装备选择发展中存在的选择难、规划难的问题，必须将所要发展的装备放在体系背景下，以既定能力需求为评价标准，综合考虑装备与装备之间的协作关系，考虑装备对整体体系能力所造成的影响。

武器装备体系发展的最终目标也是最直接的目标就是要能够满足能力需

求，完成某一项军事任务，或对敌方目标实行打击并摧毁，所以武器装备体系能否达到给定的能力需求也成为体系能力的评价标准。假设通过仿真等手段，获取了装备体系的能力需求值。以现有武器装备体系能力为起点，以覆盖满足能力需求值为重点，要求尽可能地减少体系能力值与需求值之间的差距。那么，武器装备体系的发展规划问题则转变为了在考虑经费预算、装备发展费用、装备发展时间等约束的条件下，如何合理地选择装备并安排装备的发展顺序、允许最好的弥补能力差距的规划优化问题，如图6.1所示。

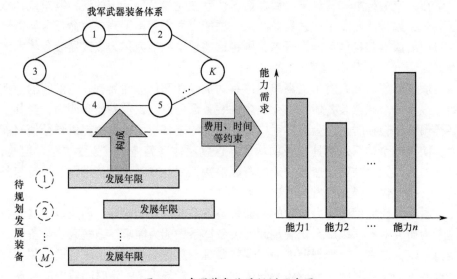

图6.1　武器装备体系规划示意图

对武器装备体系的评估和优化等进一步的研究工作主要是在定量的基础上开展的。本节主要对武器装备体系发展规划问题进行定量化描述，通过对问题的分析，将其转化为一个决策优化问题。主要涉及对能力需求的定量化描述、能力差距的定量化描述和发展方案生成的描述。

6.2.1　能力需求的定量化分析

为了解决武器装备体系的发展规划问题，需要坚持以问题为导向：首先对能力需求以及能力差距展开定量化的描述和分析；其次才能研究面向能力差距的武器装备体系规划方案的建模和求解。

研究能力需求形式化和定量化的描述，使其既能尽量反映客观实际情况，又能便于分析和建模，为武器装备体系的规划优化提供建模支撑。将能力需求以图形化形式展现，如图6.2所示。初步设想如下：假设共存在 $C_1 \sim C_n$ 项能力需求，考虑到能力需求的不确定性和演化性，在不同的时间段对能力的需求值也是不同的。图6.2展示了不同时刻不同能力属性的需求值，如图中第一个点表示在t_2时刻C_1项能力的需求值为a_1，其他依次类推。在实际建模和求解中，为了便于分析，会将各项能力需求值统一去量纲化。

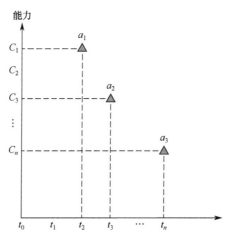

图6.2 能力需求定量化描述

本章不研究武器装备体系能力需求的获取问题，而是假设根据对应不同方向上的战略威胁和使命任务，通过一定的方法和流程，直接获取相应的能力需求，并将其作为武器装备体系规划问题建模的输入。

6.2.2 能力差距的定量化分析

当规划方案组成的武器装备体系提供的能力不能满足给定的能力需求时候，则认为该体系在对应的能力项上存在能力差距。能力差距分析是基于能力的体系评估的核心内容，是武器装备体系能力规划的基础。本章也通过对武器装备体系能力差距的研究，来衡量体系能力之间的优劣关系和权衡比较。

目前，能力差距分析方法主要有时间进度比较法、能力效果比较法、差距矩阵判断法和能力分解比价法。基于这四种方法，本章将能力指标差距定义为绝对能力指标差距，并结合能力指标对能力形成的贡献度，提出来相对能力指标差距的概念，并利用其进行能力差距分析。

表6.1展示了不同能力项上的绝对能力差距。其中，$\Delta_i = a_i - b_i (i=1,2,\cdots,n)$。当$\Delta_i \leq 0$时，说明该体系所提供的该项能力值完全满足能力需求。反之，当$\Delta_i > 0$时，说明体系在该项能力上存在着一定的能力差距。

表 6.1 绝对能力差距

属性	能力			
	C_1	C_2	…	C_n
能力需求值	a_1	a_2	…	a_n
体系能力值	b_1	b_2	…	b_n
能力差距	Δ_1	Δ_2	…	Δ_n

本章需要同时对不同年限不同能力进行规划比较，即对任意一个可行方案，应该同时比较不同方案在不同年限不同能力上的所有绝对能力差距。如表 6.2 所列，假设需要对 m 年内 n 项能力进行差距的比较，则会形成一个大小为 $n \times m$ 的能力差距矩阵，其中 $\Delta_{ij}(1 \leq i \leq n, 1 \leq j \leq m)$ 代表在第 i 项能力在第 j 年产生的相对能力差距值。每一项的能力差距的数值参考单年绝对能力差距的计算公式。

表 6.2 能力总体绝对差距列表

能力	年			
	1	2	…	m
C_1	Δ_{11}	Δ_{12}	…	Δ_{1m}
C_2	Δ_{21}	Δ_{22}	…	Δ_{2m}
⋮	⋮	⋮	⋱	⋮
C_n	Δ_{n1}	Δ_{n2}	…	Δ_{nm}

6.2.3 武器装备体系发展规划方案分析

最终生成的武器装备体系发展规划方案，是指在待发展装备的基础上选取合适的装备构成装备体系，同时规划安排这些装备的发展时间，即哪一年开始进入体系，哪一年退出体系，以及每个装备拟发展多少年，使得在未来一定的年限时间内，该装备体系能够最大化的满足各项能力需求，使得能力总体差距可以达到最小。

经过上述前提条件的讨论和变量的设定，武器装备体系发展规划方案生成问题中所涉及的主要研究对象已经具有各自的定量化表示，这种定量化表示有利于本章对问题进行精确的描述，从而为分析和解决问题奠定基础。

如图 6.3 所示，假设共有五个待选择装备，现需要对 5 年内的装备的发展进行规划论证。上述最优方案表示从五个待选装备中选取第 1、第 3 和第 5 个

第 6 章　面向能力差距的武器装备体系发展规划问题分析

装备进行发展。三个装备分别在第 2 年、第 1 年和第 3 年开始发展，发展时间长度都为 3 年。

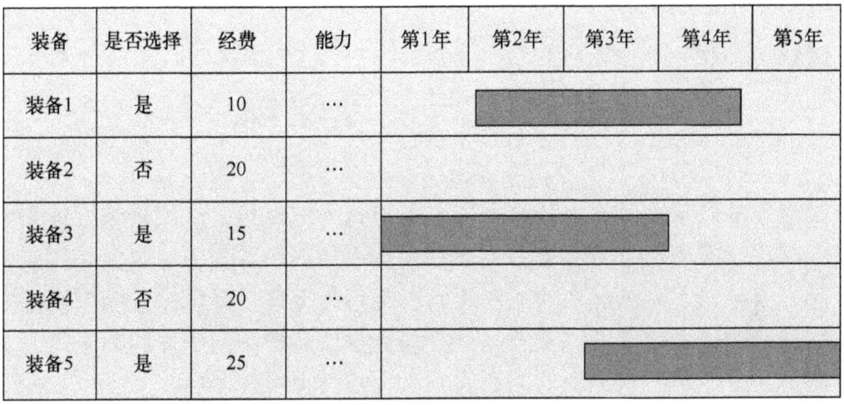

装备	是否选择	经费	能力	第1年	第2年	第3年	第4年	第5年
装备1	是	10	…					
装备2	否	20	…					
装备3	是	15	…					
装备4	否	20	…					
装备5	是	25	…					

图 6.3　最优武器装备体系发展规划方案示意图

6.3　本章小结

本章首先对武器装备体系发展规划问题中涉及的相关概念进行了解释和规范，包括能力、武器装备体系能力、武器装备体系能力需求、武器装备体系能力差距、武器装备体系能力冗余等基本概念；然后对武器装备体系发展规划问题进行了定量化的描述和分析，包括能力需求的定量化分析、能力差距的定量化分析和武器装备体系发展规划方案生成的描述。本章是这部分研究的理论基础，为第 7 章的建模分析作了良好的铺垫并提供理论支持。

第 7 章 面向能力差距的武器装备体系发展规划问题建模

武器装备体系发展规划问题是借鉴基于能力的思想,从武器装备体系能力出发,以覆盖满足能力需求值为目标,评价不同的武器装备组合发展构成的体系的能力值与能力需求值之间的差距,以此作为方案选择依据。同时武器装备体系的发展是受限条件下的发展,需要综合考虑多种制约条件和约束情况。

武器装备体系的发展规划问题转变为了在考虑经费预算、装备发展费用、装备的规划周期等多种不确定因素约束条件下,如何合理地从众多待发展的装备型号中选取装备,并安排装备发展顺序的优化问题,使得规划方案能够最大化地满足各项能力需求,弥补能力差距。该问题转变为了运筹学领域或管理决策领域的科学问题。因此,本章重点对模型中涉及的决策变量、目标函数、约束条件等进行讨论和设置。

7.1 武器装备体系发展规划问题描述

武器装备体系发展规划问题是进行武器选型和武器发展安排时所面临的重大的问题。随着科学技术的发展,装备的数量、型号、性能都有了很大的提升。随之而来的问题就是如何在年度经费预算给定的情况下,科学合理地从众多待发展的装备型号中选取合适的装备,构成武器装备体系,并科学安排装备的发展顺序和发展时间,以最大化满足武器装备体系能力需求为目标,形成未来一定时间段内的武器装备体系发展规划方案。

规划论证针对的是比较具体的问题,所以能力评估更加关注经费预算、装备发展时间等要素,评估对象、边界约束也非常清楚,因此具体结果中的量化内容会更准确,但评估的时效性、可信性要求也更高。

简单地说,武器装备体系发展规划问题就是在一个规划期 m 年内,在年度经费预算 $S_i(i=1,2,\cdots,m)$ 给定的情况下,如何从 M 个待发展的装备型号中选取 K 个武器装备,并合理地安排这 K 个装备的发展时间,以最大化满足 n 项能力需求。

假设获取了装备体系的能力需求值。以不同武器装备组合构成的体系能力

第 7 章 面向能力差距的武器装备体系发展规划问题建模

为切入点，以覆盖满足能力需求值为重点，计算体系能力值与需求值之间的差距，即为需要弥补的能力差距。武器装备体系的发展规划问题则转变为了在考虑经费预算、装备发展费用、装备发展时间等约束的条件下，如何合理地选择装备并安排装备的发展顺序，达到最小化能力差距的问题。

7.2 武器装备体系发展规划问题建模

本节结合待发展装备、各装备发展规划周期、年度费用预算等信息，明确模型中所涉及的决策变量、约束条件、目标函数等，建立武器装备体系发展规划模型，并通过对发展方案及相应约束条件的讨论，提出有效方案的概念。

7.2.1 决策变量分析

本节研究如何选取和设置决策变量，使其既能够反映武器装备体系论证和发展规划迫切需要回答的问题，又能够在基于能力的战略指导下，满足能力需求的影响程度最大，形成优化目标。关于模型中涉及的决策变量初步设想如下。

（1）装备型号选择位 X_i。根据所需要解决的现实问题，优化目标可以简单描述为从 M 项装备中选取 K 项装备进行规划发展，最大化满足 n 项能力需求。因此，首先定义的决策变量为装备的选择位，用 $X_i(i=1,2,\cdots,M)$ 表示。X_i 的取值为 0 和 1。当 X_i 为 1 时，代表选取该装备进行发展规划；当 X_i 为 0 时，代表不选取该装备进行发展规划。

（2）装备型号时间位 Y_i。安排装备在哪一年开始发展，即在哪一年开始进入武器装备体系中，对武器装备的体系能力有着直接的影响。因此，对于每一个待发展的装备，需要规划该装备进入体系开始发展的年限。这里，将装备型号时间位用 $Y_i(i=1,2,\cdots,M)$ 表示，Y_i 的取值必须在待规划的年限周期内。

（3）装备型号发展位 Z_i。对装备进行规划发展时候，不但要考虑装备在哪一年开始发展，同时需要考虑其发展几年。受装备自身能力属性以及外部客观环境的约束，有些装备可能会规划为长期发展，而有些能力较弱装备则规划很短的时间用来发展。这里，将装备型号发展位用 $Z_i(i=1,2,\cdots,M)$ 代替，与装备型号时间位相同，Z_i 的取值也必须在待规划的年限周期内。

不同类型的装备具备不同的能力，同时每一种装备具备一种以上能力。每一项能力指标可以由多种不同装备提供支持。在体系中，多种装备并存，组合发展。为了便于定性的计算以及模型的建立，本章做出如下几点合理的假设。

（1）装备类型和型号确定的某一个装备，都至少可以支持一种（含一种）以上的能力。如无人机既可以支撑侦察监视能力需求，也可以作为空中节点，支撑通信传输能力需求，还可以支撑对地打击能力需求。

（2）体系最优能力值。体系中存在着多种不同类型的装备。不同的装备可能提供某一项相同的能力。例如，空警2000和空警200H虽然为不同装备，但是都可以提供侦察预警这一项能力。对体系中某一项能力进行评估时，可能存在多个不同装备都具备该项能力。本章选取体系中所有装备中可以提供的最优值作为该体系在这项能力上所具备的水平，对于成本型的指标，越小越好；反之越大越好。

（3）暂时不考虑体系中装备的数量及相互影响关系。在一个武器装备体系中，必然会同时存在多个装备。有些特定的装备之间必然会相互影响，从而对装备、体系的能力产生影响和变化。本章暂不考虑体系中因为装备之间的相互关系而对装备和体系的能力变化所产生的影响。

7.2.2 目标函数分析

当获得某一个发展规划方案后，只有通过设定特定的目标函数才能评价其对所有能力需求综合的满足程度，才能实现不同装备规划方案之间的定量和优劣的比较。本部分的目标函数，借鉴了基于能力的思想，以能力差距最小化为准则。

另外，需要考虑总的能力需求包含多项子能力需求，而且相互之间不可替代，且不能简单叠加。同时，对武器装备体系的规划要考虑到规划期内即未来几年的不同的能力需求。

基于6.3.2节中相对能力差距的思路，对目标函数的构建和分析分为三步进行研究。

（1）研究单项能力差距。首先要对规划方案组合中的装备满足各单项能力需求的情况进行研究。结合实际情况，需要研究科学合理的方法，对能力差距进行定量的表示。参考表6.1，其中 $\Delta_i = a_i - b_i (i=1,2,\cdots,n)$。$\Delta_i \leq 0$ 时，说明该体系所提供的该项能力值完全满足能力需求，反之，$\Delta_i > 0$ 时，说明该体系在该项能力上存在能力差距。

（2）研究单年多项能力差距的总和。能力指标差距分析中还需要考虑不同能力指标对体系能力形成的贡献度，从而才能比较全面的度量能力指标的差距，比较方案之间的优劣。例如，所需能力和现有能力的某一对应能力指标的能力差距虽然可能很大，但由于该能力指标对能力形成的贡献度很低，两者综合之后，形成的能力指标差距就会显得不大了，甚至这一能力指标差距很小可以忽略。这里，将某年某一项能力的单项绝对能力差距用 Δ_{ij} 表示，而该项能力指标对总体体系能力形成的贡献度用 W_i 表示，即该项能力属性的权重，将该年所有绝对能力差距与对应贡献度乘积的和定义为该年的能力差距。上述不同能力指标的权重获取将在 7.3 节介绍。

(3) 研究不同规划方案多年多项能力差距的总和。由于该规划方案涉及对未来 m 年的 n 项能力需求进行一个总的比较和描述。因此，对一年中不同的能力差距进行聚合还不够，同时应该规划衡量 m 年所有的能力项与能力需求值之间的能力差距。本章需要对每一年不同的能力差距进行再次聚合，获得 m 年所有的能力差距，通过聚合形成一个总的能力差距，定义为相对能力差距。以此衡量该方案所构成的武器装备体系在未来一定时间内满足能力需求的程度，如表 7.1 所列。

表 7.1 某一规划方案的能力差距程度

能力	年限			
	1	2	⋯	m
$C_1(W_1)$	Δ_{11}	Δ_{12}	⋯	Δ_{1m}
$C_2(W_2)$	Δ_{21}	Δ_{22}	⋯	Δ_{2m}
⋮	⋮	⋮	⋱	⋮
$C_n(W_n)$	Δ_{n1}	Δ_{n2}	⋯	Δ_{nm}
$\Delta = \sum_{i=1}^{m} \sum_{j=1}^{n} w_i \Delta_{ij}$				

由表 7.1 可知，在 m 年的规划安排中，某一个规划方案满足能力需求的程度 Δ 即为所有年限的能力差距的总和。

特别值得强调说明的是，本章皆采用相对能力差距的思想，即上述求解的值单独存在时候并没有实际的意义，但是却可以较好地反映不同方案之间优劣情况和变化趋势，可以用来对不同的规划方案进行排序。本章采用的能力差距分析方法，对于提升武器装备的能力差距分析质量，增强武器装备军事需求论证的科学性和准确性，具有一定的实际指导意义。

7.2.3 约束条件分析

体系的受限发展和导向涌现是客观存在且具有实际意义的，基于能力的思路也强调能力的大小，强调装备的自身属性等约束条件，因此拟构建以下约束。

(1) 年度经费预算。根据各装备自身的规律，不同的武器装备研制发展过程中存在着不同的经费和保障需求，同时每年拟用来对武器装备进行研制发展的国防经费预算也是一定的。因此，对于未来一定时间内的体系发展来说，每一年都需要在不超过年度预算的情况下合理的规划不同型号装备的发展，使得总体能够最大程度的满足能力需求，消除能力差距。

目前，武器装备研制费随时间的分布主要符合以下三种模型：单峰威布尔分布模型、双峰威布尔分布模型以及生命周期曲线模型，如图7.1所示。

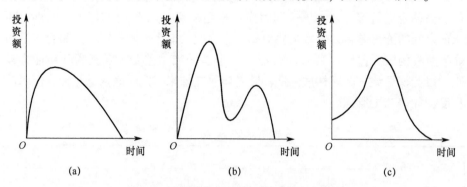

图 7.1 武器装备研制费用随时间分布模型

假设某型装备其投资分布规律服从生命周期曲线，该曲线模型为 $s = Ka^{Nt}b^{Nt}\ln a \ln b$。在具体计算时，参数 K、N、a、b 均为已知。因此，给定装备总的研制费用和装备发展时间 t 的条件下，即可以很好地利用上述模型曲线求出未来几年装备的研制费用需求值。

（2）装备的规划周期。本章重点研究如何在有限的时间、有限的经费下安排众多装备的发展和规划，因此不可忽视的一个制约因素就是时间的问题。所有装备的发展都应该在给定的规划期内进行。例如，拟考虑未来10年的一个装备体系的发展，如果安排一个装备从第11年开始发展，则显然是没有意义的。同时，对装备发展时间长度的安排也应该在一个规划周期内进行。例如，需要制定未来10年的一个武器装备体系发展规划方案，则对其中所有待选装备集合的规划安排也应该充分考虑10年以内的条件和因素。

（3）能力冗余和空白约束。为了避免产生的装备规划方案对某些能力的满足度超过了能力需求，而对其他能力的满足度又过小，因此需要合理规划装备的组合，避免能力满足冗余或空白现象。

7.3 基于模糊偏好关系的权重确定方法

权重的确定和分配是决策科学中的一项十分重要的研究内容。考虑到现实世界中信息的不确定性、难以量化等特定，本章采用基于模糊偏好关系的模糊AHP法获取能力属性的权重。首先，对相关的概念和理论进行解释说明。

7.3.1 模糊集

定义 7.1 三角模糊数。一个三角模糊数可以利用三元组 $\tilde{a}(a,b,c)$ 表示，如图 7.2 所示。

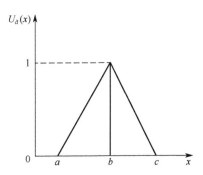

图 7.2 一个三角模糊数 $\tilde{a}(a,b,c)$ 的隶属度函数

不失一般性，一个三角模糊数 $\tilde{a}(a,b,c)$ 可以利用如下的隶属度函将其映射到区间 [0,1] 之内，即

$$y = \begin{cases} 0, & x \leq a \\ \dfrac{x-a}{b-a}, & a < x \leq b \\ \dfrac{c-x}{c-b}, & b < x \leq c \\ 0, & x > c \end{cases} \tag{7-1}$$

模糊运算。假设 $\tilde{a}_1(a_1,b_1,c_1)$ 和 $\tilde{a}_2(a_2,b_2,c_2)$ 都是实数，有关三角模糊数的数学运算法如下：

$$\begin{cases} \tilde{a}_1 + \tilde{a}_2 = (a_1+a_2, b_1+b_2, c_1+c_2) \\ \tilde{a}_1 - \tilde{a}_2 = (a_1-c_2, b_1-b_2, c_1-a_2) \\ \tilde{a}_1 \times \tilde{a}_2 = (a_1 \times a_2, b_1 \times b_2, c_1 \times c_2) \\ \tilde{a}_1 / \tilde{a}_2 = (a_1/c_2, b_1/b_2, c_1/a_2) \\ k \times \tilde{a}_1 = (k \times a_1, k \times b_1, k \times c_1) \end{cases} \tag{7-2}$$

定义 7.2 模糊偏好关系。假设具有 n 个待评价属性，利用一个 $n \times n$ 的矩阵 $\boldsymbol{P} = (p_{ij})$ 代表偏好关系，其中 $p_{ij} = \boldsymbol{P}(a_i, a_j)(i,j \in \{1,2,\cdots,n\})$。$p_{ij}$ 代表属性 i 相对于属性 j 的重要程度。如果 $p_{ij} = 1/2$，表示属性 i 和属性 j 之间无差别；如果 $p_{ij} = 1$，代表属性 i 完全优于属性 j；$p_{ij} > 1/2$ 则代表属性 i 优于属性 j。在这

种情况下，通常假设偏好关系矩阵 P 是互补的，即对于所有 $i,j \in \{1,2,\cdots,n\}$ 满足 $p_{ij} + p_{ji} = 1$。

定理 7.1 对于一个模糊语言判断矩阵 $P = (p_{ij})$，其中 $p_{ij} \in [0,1]$，如果 P 是互补的，则

$$p_{ij}^L + p_{ji}^R = 1 \tag{7-3}$$

$$p_{ij}^M + p_{ji}^M = 1 \tag{7-4}$$

$$p_{ij}^R + p_{ji}^L = 1 \tag{7-5}$$

假设 7.1 对于一个三角模糊语言判断矩阵，$P = (p_{ij}) = (p_{ij}^L, p_{ij}^M, p_{ij}^R)$，如果 P 具有一致性，且满足互补性，则

$$p_{ij}^L + p_{jk}^L + p_{ki}^R = \frac{3}{2}, \quad \forall i < j < k \tag{7-6}$$

$$p_{ij}^M + p_{jk}^M + p_{ki}^M = \frac{3}{2}, \quad \forall i < j < k \tag{7-7}$$

$$p_{ij}^R + p_{jk}^R + p_{ki}^L = \frac{3}{2}, \quad \forall i < j < k \tag{7-8}$$

$$p_{i(i+1)}^L + p_{(i+1)(i+2)}^L + \cdots + p_{(j-1)j}^L + p_{ji}^R = \frac{j-i+1}{2}, \quad \forall i < j \tag{7-9}$$

$$p_{i(i+1)}^M + p_{(i+1)(i+2)}^M + \cdots + p_{(j-1)j}^M + p_{ji}^M = \frac{j-i+1}{2}, \quad \forall i < j \tag{7-10}$$

$$p_{i(i+1)}^R + p_{(i+1)(i+2)}^R + \cdots + p_{(j-1)j}^R + p_{ji}^L = \frac{j-i+1}{2}, \quad \forall i < j \tag{7-11}$$

7.3.2 基于偏好关系的模糊层次分析法

模糊层次分析（AHP）法已经广泛应用于众多多属性决策问题中，它最大的好处在于更加贴近实际与人脑的思维，可以对现实生活中很多情形下的决策过程进行准确描述。

在已有的研究中，不同的学者将模糊 AHP 法应用到了不同的领域。然而，上述研究存在的一个很大的不足之处就是无法有效检验判断矩阵的一致性，而保证判断矩阵的一致性是获得比较合理结论的先决条件和重要前提。

在优先级排序上，已有大量的文献研究。获得一个稳定的排序结果，首先就需要保证模糊偏好关系的一致性。Herrara-Viedma 等在模糊偏好关系加性一致性性质的基础上，提出了一种构造一致性矩阵的方法。而 Wang 和 Chen 将上述性质与 AHP 法相结合提出了一种利用模糊语言偏好关系来构建判断矩阵

的方法，该方法有两个最大的特征：①它可以确保判断矩阵的一致性；②它仅仅需要进行 $n-1$ 次相互比较，而不是传统的 $n(n-1)/2$ 次。

该方法获取属性权重的步骤如下。

步骤1：建立层次结构。

步骤2：确定判断矩阵。

确定两两判断矩阵 $\tilde{P}$。其中 $\tilde{p}_{ij}$ 是模糊语言变量，其对应的三角模糊数可以反映决策者的偏好，其关系如表7.2和图7.3所示。

$$\tilde{P} = \begin{bmatrix} \tilde{p}_{11} & \tilde{p}_{12} & \cdots & \tilde{p}_{1n} \\ \tilde{p}_{21} & \tilde{p}_{22} & \cdots & \tilde{p}_{2n} \\ \vdots & \vdots & & \vdots \\ \tilde{p}_{n1} & \tilde{p}_{n2} & \cdots & \tilde{p}_{nn} \end{bmatrix} \tag{7-12}$$

表7.2 模糊语言评价指标

语言变量	三角模糊数
很不重要（Very Poor, VP）	(0,0,0.1)
不重要（Poor, P）	(0,0.1,0.3)
中等不重要（Medium Poor, MP）	(0.1,0.3,0.5)
中等（Medium, M）	(0.3,0.5,0.7)
中等重要（Medium Good, MG）	(0.5,0.7,0.9)
重要（Good, G）	(0.7,0.9,1.0)
非常重要（Very Good, VG）	(0.9,1.0,1.0)

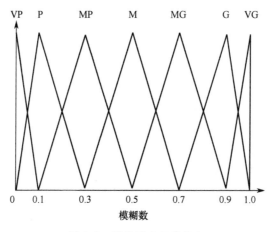

图7.3 模糊语言评价指标

步骤 3：分析模糊语言偏好关系。

经过两两比较，如果判断矩阵中元素的值不在 0~1 之间，那么要对其进行转化，将判断矩阵中所有元素通过式子 $f:[c,1+c] \to [0,1]$ 映射到区间 $[0,1]$ 中，其中 c 是判断矩阵所有元素中与区间 $[0,1]$ 的最大偏离量。$f(x^L)$、$f(x^M)$ 和 $f(x^R)$ 可表示为

$$f(x^L) = \frac{x^L + c}{1 + 2c} \tag{7-13}$$

$$f(x^M) = \frac{x^M + c}{1 + 2c} \tag{7-14}$$

$$f(x^R) = \frac{x^R + c}{1 + 2c} \tag{7-15}$$

步骤 4：计算属性权重。

属性权重可表示为

$$\tilde{w}_i = \frac{\tilde{g}_i}{\tilde{g}_1 + \cdots + \tilde{g}_n} \tag{7-16}$$

式中：$\tilde{g}_i$ 为第 i 行比较值的均值，计算公式为

$$\tilde{g}_i = \frac{1}{n}[\tilde{p}_{i1} + \tilde{p}_{i2} \cdots + \tilde{p}_{in}], \quad i = 1,2,\cdots,n \tag{7-17}$$

最终，归一化之后的权重值为

$$w_i = \frac{w_i^L + w_i^M + w_i^R}{3} \tag{7-18}$$

值得注意的是，对权重的归一化处理也存在很多的方法，这里仅对其进行加权平均。

7.4 本章小结

本章首先对面向能力差距的武器装备体系发展规划问题进行了描述和抽象；然后对该问题进行了数学建模，明确了模型中需要涉及的决策变量、目标函数和约束条件。同时，权重的确定也是该模型中必不可少的一个环节。考虑到现实中存在的一些评价指标难以量化、不确定性等特点，本部分采用基于模糊偏好关系的模糊 AHP 法确定能力属性的权重。该方法的好处在于它既可以有效保证判断矩阵的一致性，使结论真实可靠，而且又能使两两比较的次数更少。

第 8 章　面向能力差距的武器装备体系发展规划问题求解

前面章节对面向能力差距的武器装备体系发展规划问题进行了定性的描述和分析，接着对其进行了定量化的建模，将实际的问题抽象转化为了一系列的数学公式，明确了模型中的决策变量、约束条件，并设置了目标函数。本章主要阐述如何利用智能优化算法对上述模型进行求解，以及如何结合问题的特殊性对算法进行调整，较好地融入决策者的主观偏好，最终生成令决策者满意的解方案。

8.1　差分进化算法

差分进化算法是一种新兴的基于群体搜索的智能优化算法，结构简单且性能高效，具有较强的全局搜索能力，鲁棒性比较强，在科学研究和实际的工程项目中受到了越来越多的关注和应用。

8.1.1　基本思想

差分进化算法采用实数编码，其整体的架构形式类似于基本的遗传算法（Genetic Algorithm，GA）。差分进化最大的特点体现在变异操作上，也是区别于其他算法的主要步骤。它基于种群中个体之间的差异来不断修正已有的个体，从而产生新的个体向量。再利用新个体与原来的目标个体一对一地进行交叉融合，之后再对新个体与父代个体进行一一比较，择优选取个体保留下来进入下一代种群中，继续参加迭代演化。通过这种方式，可以有效保证每一代个体都比上一代个体要更加优秀，从而达到种群进化的目的，最终收敛于最优解。

8.1.2　算法特征

将差分进化算法与经典的遗传算法进行比较并将其主要区别和特征归纳如下：

（1）算法在不断进化寻优的过程中，不依赖于目标信息，不存在对目标函数的限定，而是直接对变量本身进行操作。

(2) 遗传算法通过轮盘赌策略选择个体进入下一代，而差分进化采用全民参与的机制，有利于维护种群的多样性。

(3) 差分进化的变异操作充分利用个体之间的差异，对种群中所有个体所有变量操作，有利于实现全局搜索。

(4) 差分进化算法的控制参数比较少，易于编程实现。在相同的迭代次数下，差分进化算法的效率更高，收敛得到的解的精度更高。

(5) 差分进化算法采用十进制进行编码，具有较好的通用性，也可以融合其他算法的优势，产生更加高效的混合算法。

8.1.3 算法步骤

差分进化算法采用实数进行编码，主要操作上与其他算法类似，包括选择、交叉和变异。只不过遗传算法按照先选择、再交叉然后变异的方式，而差分进化是先进行变异、再交叉然后再选择。其中选择操作同样采用贪婪法，交叉操作也基本上相同。不同之处在于差分进化的变异操作采用了差分策略，使得个体的变异方向受到种群中其他个体的影响，导致群体具有很好的分布，进而可以有效提高算法的搜索性能。主要操作流程如下。

步骤1：初始化种群。

首先要建立初始化种群。设初始化种群中存在 np 个个体，全部个体分量都利用下式随机产生，即

$$x_{i,j}(0) = \text{low} + \text{rand} \times (\text{up} - \text{low}) \tag{8-1}$$

式中：$x_{i,j}(0)$ 为初始种群中第 i 个个体的第 j 个分量的取值；up 和 low 分别为第 j 个分量取值范围的上界和下界，rand 为 0~1 之间的一个随机数。通过这种初始化的方式，可以保证每一位个体的合理性。

步骤2：变异操作。

变异操作是差分进化算法区别于其他算法的灵魂所在。差分进化的变异操作充分利用了种群中的个体信息，首先利用种群中任意两个个体向量之间的差异产生一个适当大小和方向上的变异增量，将该增量再与种群中的个体相结合产生一个新的个体。具体操作公式为

$$v_i(G+1) = x_{r_1}(G) + F(x_{r_2}(G) - x_{r_3}(G)) \tag{8-2}$$

式中：$v_i(G+1)$ 为变异过程之后得到的变异向量；而 $x_{r_1}(G)$、$x_{r_2}(G)$、$x_{r_3}(G)$ 为当代种群中随机选择的三个不同个体；F 为变异因子。

步骤3：交叉操作。

差分进化的交叉操作可以有选择的保留新、老个体，增加种群的多样性。具体的操作步骤为

$$u_{i,j}(G+1) = \begin{cases} v_{i,j}(G+1), & \mathrm{rand}l_{ij} \leqslant CR \text{ 或 } j = \mathrm{rand}(i) \\ x_{i,j}(G), & \mathrm{rand}l_{ij} > CR \text{ 或 } j \neq \mathrm{rand}(i) \end{cases} \quad (8-3)$$

式中：CR 为交叉因子；$\mathrm{rand}(i)$ 为 $[1,n]$ 之间的随机整数；$\mathrm{rand}l_{ij}$ 为 $[0,1]$ 间的随机小数。这种交叉方式可以保证 $u_i(G+1)$ 中至少有一个特征由 $v_i(G+1)$ 提供。

步骤4：越界处理。

进行完变异和交叉操作之后，种群中个体的一些编码位很有可能跳出了决策空间。对于这些跳出决策空间的个体，就需要对其进行越界处理，以保证种群中个体的科学性和有效性，继续参与进化。

步骤5：选择操作。

差分进化算法的选择操作是在变异、交叉之后的个体与目标个体之间进行的，主要采用"贪婪选择"策略——择优选取保留到新的种群中继续参加演化，否则将被淘汰。具体操作步骤为

$$x_i(G+1) = \begin{cases} u_i(G+1), & f(u_i(G+1)) < f(x_i(G)) \\ x_i(G), & \text{其他} \end{cases} \quad (8-4)$$

式中：$f(x_i(G))$ 为 G 代种群中第 i 个个体的适应度。

现将差分进化算法的基本流程如图8.1所示。

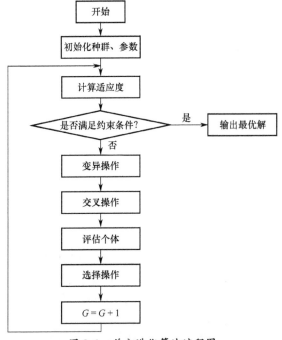

图8.1 差分进化算法流程图

8.2　模型求解与分析评价

武器装备体系的发展规划实际上是考虑了多个约束条件下的优化问题。该模型仅仅考虑待选装备数量的时候，对应规划问题的复杂度随着装备数目的增长而呈现指数型的增减，因此对应于一类经典的 NP-hard 问题——背包问题。在此基础上，还需要考虑年度经费预算、装备的规划周期、发展时间等约束变量。

差分进化算法是一种新兴的进化计算技术，变异操作的特殊性和生存竞争的选择机制，使算法具有更强的全局收敛能力，在非线性整数规划和离散组合优化问题中具有良好的应用性能。因此，本问题适合利用差分进化算法进行求解。

基于 8.1 节介绍的差分进化算法的优越性，本部分拟采用差分进化算法作为问题求解的基本方法，结合问题描述的实际情况，对算法做出改进。将不同方案中的武器装备组合构成的体系能力值与能力需求值相比较后的能力差距总和作为目标，构造适应度函数。很明显，此处目标函数越小越好。将不同规划方案中每一年装备的发展经费的总和超出当年经费预算的程度以及对装备发展时间的安排违反规划周期的程度总和作为该方案违反约束的程度。具体的步骤如下。

步骤1：初始化。

根据本问题的决策变量特点和取值类型，适合采用十进制编码。假设一共存在 M 个待发展装备，则生成一个长度为 $3 \times M$ 的个体，个体的编码形式如图 8.2 所示。

装备型号选择位	装备型号时间位	装备型号发展位
$X_1, X_2, \cdots, X_m, \cdots, X_M$	$Y_1, Y_2, \cdots, Y_m, \cdots, Y_M$	$Z_1, Z_2, \cdots, Z_m, \cdots, Z_M$

图 8.2　个体编码形式

其中，装备型号选择位采用 rand 方式生成 0~1 之间的随机数。当生成的数小于 0.5 时，认为该装备没有被选中，当生成数不小于 0.5 时，认为该装备被选中进行规划发展。该生成数对应的方案取值则分别为 0 和 1。

装备型号时间位和装备型号发展位采用差分进化的标准形式进行生成，参考式（8.1）。其中，low 为 1，分别表示装备最早在第一年开始发展，最少要发展 1 年，up 则为整个规划周期的上限值。假设对未来 10 年的武器装备体系发展进行规划，则 up 取值就等于 10。

因为装备型号时间位对应的是该装备进入体系中的年限，即该装备要在第几年进入体系中,装备型号发展位代表该装备至少发展几年,因此要对后 $2 \times M$ 位进行向下取整操作。通过上述方式一共产生 np 个个体。

步骤 2:构建适应度函数和罚函数。

分别计算这 np 个个体的适应度和违反约束的程度。适应度定义为不同年限体系的各项能力值与能力需求值之间的能力差距的聚合值,适应度越小则个体越优。而罚函数定义为规划发展的年度装备经费和超出经费预算的部分,同时还要考虑对装备发展时间的规划安排是否超出了规划周期。

步骤 3:评价初始种群。

依次计算种群中每个个体的适应度值和违反约束程度。当种群中存在不违反约束的个体时,即罚函数为 0,则选择个体适应度值最优的个体为当前全局最优解。当种群中所有个体都违反约束时候,即所有个体的罚函数都大于 0 时,则选择违反约束程度(罚函数)最小的个体作为当前全局最优解。

步骤 4:差分进化变异操作。

差分进化的变异操作形式多样,本部分主要采取以下三种变异算子对模型进行求解。其中,r_1、r_2 和 r_3 为当前种群中随机选择的三个相异个体,r 为当前个体,r_{gebest} 为目前的全局最优解,r' 为变异操作产生的新的临时个体,下一步将对其继续进行其他操作,即

$$r' = r_3 + \text{rand} \times (r_2 - r_1) \tag{8-5}$$

$$r' = r_{\text{gebest}} + \text{rand} \times (r_2 - r_1) \tag{8-6}$$

$$r' = r + \text{rand} \times (r_{\text{gebest}} - r_1) + \text{rand} \times (r_2 - r_1) \tag{8-7}$$

步骤 5:差分进化交叉操作。

为丰富种群多样性,在临时产生的个体和父代个体之间进行交叉操作,对个体向量的每一位都以一定的概率用父代个体进行代替。

步骤 6:越界处理。

进行过上述的变异和交叉操作后,有些个体的取值范围可能跳出决策空间,需要对其进行越界处理,具体的越界处理策略如图 8.3 所示[34]。如果个体对应的编码位跳出合理区间的范围在一个区间的长度以内时,则将其等距离地拉回映射到正常区间中。如果个体对应的编码位跳出合理区间范围大于一个区间长度的时候,则按照式 (8-1) 重新生成。$V_i(j)$ 表示个体 i 的第 j 位。

由于该规划问题的特殊性,对于一个有 M 个待选择的装备集合,每个个体的编码位长度为 $3 \times M$。前 M 位代表装备的选择规划位,后 $2 \times M$ 位分别代表对应装备型号时间位和装备型号发展位。如前面所述,前 M 位采用 rand 生成 0~1 之间的随机数。因此,对于前 M 位,本部分采取的越界处理操作如图 8.4 所示。

$$\text{if } V_i(j) \geq 2\text{range}_{\text{left}} - \text{range}_{\text{right}} \text{ \&\& } V_i(j) \leq \text{range}_{\text{left}}$$
$$V_i(j) = \text{range}_{\text{left}} + (\text{range}_{\text{left}} - V_i(j))$$
$$\text{elseif } V_i(j) \geq \text{range}_{\text{right}} \text{ \&\& } V_i(j) \leq 2 \times \text{range}_{\text{right}} - \text{range}_{\text{left}}$$
$$V_i(j) = \text{range}_{\text{right}} - (V_i(j) - \text{range}_{\text{right}})$$
$$\text{elseif } V_i(j) \leq 2 \times \text{range}_{\text{left}} - \text{range}_{\text{right}} \text{ \&\& } V_i(j) \geq 2 \times \text{range}_{\text{right}} - \text{range}_{\text{left}}$$
$$V_i(j) = \text{range}_{\text{left}} + \text{rand} \times (\text{range}_{\text{right}} - \text{range}_{\text{left}})$$
$$\text{else}$$
$$V_i(j) = V_i(j)$$

图 8.3 对称映射越界处理策略

$$\text{if } V_i(j) \geq -1 \text{ \&\& } V_i(j) \leq 0$$
$$V_i(j) = -V_i(j)$$
$$\text{elseif } V_i(j) \geq 1 \text{ \&\& } V_i(j) \leq 2$$
$$V_i(j) = 1 - (V_i(j) - 1)$$
$$\text{elseif } V_i(j) \leq -1 \text{ \&\& } V_i(j) \geq 2$$
$$V_i(j) = \text{rand}$$
$$\text{else}$$
$$V_i(j) = V_i(j)$$

图 8.4 装备型号选择位越界处理策略

对于后 $2 \times M$ 位，代表装备型号的时间位和发展位。因为本部分只规划 5 年之内的方案，因此如果该装备的时间位和发展位超出了该区间，则采取如图 8.5 所示的处理操作。

$$\text{if } V_i(j) < 1; V_i(j) = 1, j = M+1, M+2, \cdots, 3 \times M$$
$$\text{if } V_i(j) > 5; V_i(j) = 5, j = M+1, M+2, \cdots, 3 \times M$$

图 8.5 装备型号时间位和发展位越界处理策略

步骤 7：竞争生存操作。

用差分进化算法解决约束优化问题时，最广泛的处理约束的方法是惩罚函数法。这里采用竞争生存的思想直接比较两个个体优劣，也就是说对于两个给定的个体：①当它们都不违反约束的时候，通过比较它们的适应度值来进行个体之间优劣的判断；②当其中有一个解满足约束而另外一个解不满足约束的时候，显而易见满足约束的解一定要优于不满足约束的解；③当两个解方案都不满足约束的时候，则违反约束程度小的个体更优。这种处理机制更加科学有效，因为它避开了传统方法中面临的难以确定惩罚系数的困难。

竞争生存操作如图 8.6 所示。

第 8 章 面向能力差距的武器装备体系发展规划问题求解

```
if ( con( V_i ) == 0 ) & & ( con( X_i^t ) == 0 )
    if obj( V_i ) ≤ obj( X_i^t )
        X_i^{t+1} = V_i ;
    end
elseif ( con( V_i ) ≤ 0 ) & & ( con( X_i^t ) > 0 )
    X_i^{t+1} = V_i ;
elseif ( con( V_i ) > 0 ) & & ( con( X_i^t ) 0 )
    if con( V_i ) ≤ con( X_i^t )
        X_i^{t+1} = V_i ;
    end
end
```

图 8.6　竞争生存操作

图 8.6 中，$obj(\cdot)$ 和 $con(\cdot)$ 分别为个体对应的目标函数和约束违反度函数；X_i^t 和 X_i^{t+1} 分别表示当代和下一代种群个体。

步骤 8：演化迭代。

根据每一代中求出的全局最优解，判断是否达到要求的标准，如果是则记录相关的数据。同时判断是否已经达到预定的迭代次数，是则停止，否则转到步骤 3 继续演化。如果已经达到预定次数却仍没有达到满意解，则可以通过调整种群规模、迭代次数等参数，重新运算。

通过设置合适的控制参数，包括种群规模、迭代次数和终止条件，按照上述算法的流程步骤，通过不断比较不同方案之间的优劣关系，择优选择个体进行迭代，最终可以输出一个比较理想的解。

然而，实际的决策过程中，生成的最终方案可能并不符合决策者的喜好。因此，需要对方案进行一定的调整，融入决策者的主观偏好，协调装备发展的安排、进度等，然后重新生成方案，直至决策者满意为止。

下面，仍以一个 m 年规划期，M 个待发展装备的集合为例，现假设考虑到现实的需要，决策人员规定必须发展第 $i(i=1,2,\cdots,M)$ 个装备，则结合算法编码的特殊性，只需要在算法初始化的时候，将相应装备型号选择位的决策变量置为 1 即可，即 $X_i=1$。对于其他位的编码仍采用随机生成的方式。将这样生成的个体组成的种群不断演化迭代，最终输出的方案必可以保证第 i 个装备被选中进行发展。

假设决策人员规定第 $i(i=1,2,\cdots,M)$ 个装备必须在第 $j(j=1,2,\cdots,m)$ 年上马发展，则结合算法编码的特殊性，只需要在算法初始化时候，首先将第 i 个装备的选择位设为 1，即 $X_i=1$；其次要将第 i 个装备的时间位设为 j，即

$Y_i = j$。对于其他位的编码仍采用随机生成的方式。将这样生成的个体组成的种群不断演化迭代，最终输出的方案必可以保证第 i 个装备在第 j 年进行发展。

假设决策人员规定第 $i(i=1,2,\cdots,M)$ 个装备必须发展满 $k(k=1,2,\cdots,m)$ 年，则结合算法编码的特殊性，只需要在算法初始化时候，首先将第 i 个装备的选择位设为 1，即 $X_i = 1$；其次要将第 i 个装备的发展位设为 k，即 $Z_i = k$。需要注意的是，此时第 i 个装备的时间位取值范围缩减为 $[1, m-k+1]$。例如，在一个 10 年规划期内，规定某一型号装备必须发展 6 年，则该装备最迟应该在第 $10-6+1=5$ 年开始发展，否则其发展的时间长度达不到 6 年的要求。对于其他位的编码仍采用随机生成的方式。将这样生成的个体组成的种群不断演化迭代，最终输出的方案必可以保证第 i 个装备在 m 年的规划期内发展 k 年。

针对武器装备体系发展规划问题的建模与求解，由于差分进化算法编码的特殊性，可以较好地与决策人员的主观偏好相结合，对模型与算法的中间过程进行不断调整和优化，最终生成令决策者满意的解方案。

8.3 本章小结

本章首先对差分进化算法进行了简单的介绍，包括算法的基本思想，算法的特征以及算法的实施步骤。接着，将差分进化算法应用到了武器装备体系发展规划模型的求解之中。针对该规划模型的特点和特殊性，对算法中的编码、越界处理等操作进行了详细的说明，以保证算法的合理性和有效性。同时，由于算法编码的特殊性，可以较好地将决策者的主观偏好融入求解的过程中，协调装备之间的规模比例、进度安排等，生成满意的解方案。

第 9 章　实例研究

本章以某海域冲突为背景,首先对武器装备体系发展规划问题进行建模和分析;然后采用智能优化算法对模型进行求解,验证前几章内容所建模型的合理性以及算法求解的有效性。

9.1　案例描述

针对某海域冲突,现在假设需要考虑未来一定时间段内的武器装备体系的发展规划问题,以最大化满足体系能力需求为目标,缩短能力差距与不足,合理选取装备并规划装备的发展时间。

综合前面部分章节的论述,结合具体问题背景,现将相应的处理流程框架如图 9.1 如下。

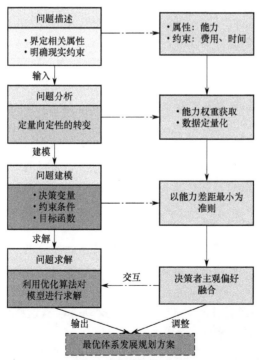

图 9.1　某海域背景下武器装备体系发展规划问题研究框架

（1）明确武器装备体系能力评价过程中需要考虑的能力属性，明确能力需求，明确年度经费预算、装备发展费用等约束条件，明确装备属性等信息。

（2）基于模糊偏好关系的模糊 AHP 法确定不同能力属性的权重。

（3）以能力差距最小为准则，将上述的信息转化为变量或参数，明确模型的决策变量、目标函数和约束条件，构建面向能力差距的武器装备体系发展规划模型。

（4）利用差分进化算法对模型进行求解，通过分析和比较不同方案下的目标函数来判定方案所构成的体系满足能力需求的程度，同时融入主观偏好，不断调整方案，形成武器装备体系发展规划路线图。

9.2　模型抽象与说明

针对某海域冲突的武器装备体系的能力需求，假设综合国内外战略环境，将武器装备的体系能力看作是由信息能力、打击能力、防护能力、机动能力和保障能力构成，五种基本能力按一定的方式共同实现应对一定的作战任务和对相关使命的支撑。

现假设有 10 个待发展的装备 $A_1, A_2, \cdots, A_{10}$，各类型装备名称分别为：驱逐舰 1、驱逐舰 2、战斗机 1、战斗机 2、战斗机 3、预警机 1、预警机 2、通信卫星、导弹 1、导弹 2。

装备的各项发展经费 $S_1, S_2, \cdots, S_{10}$，分别为 20 亿元、30 亿元、3 亿元、6 亿元、4 亿元、5 亿元、2 亿元、2 亿元、2 亿元和 1 亿元。考虑未来 5 年内的年度经费预算分别为 4.5 亿元、8.7 亿元、12 亿元、8.7 亿元和 8.7 亿元，五项能力属性分别记为 $C_1, C_2, \cdots, C_5$。

考虑未来可能面临的不同方向上的战略威胁，综合考虑武器装备体系能力需要在各战略方向上对典型作战任务的满足程度，同时考虑到不同能力需求随时间的演化性，并给出不同能力属性在未来 5 年内的需求值。其中，C_{ij} 代表第 i 项能力在第 j 年的需求值。装备的各项能力属性如表 9.1 所列，能力的需求列表如表 9.2 所列。

如上所述，装备的研制费用服从一定的分布曲线模型。在各装备总费用给定的情况下，可以计算得出装备从开始发展之后的每年经费需求值。考虑未来 5 年内的各装备需求，假设通过模型和对应公式计算得出 10 个装备从开始发展到未来 5 年内的经费需求分布如表 9.3 所列。根据这些约束条件和信息数据，可以方便下面的建模和分析。

表 9.1 装备的属性列表

装备类型	发展费用/亿元	能力				
		C_1 信息能力	C_2 打击能力	C_3 机动能力	C_4 防护能力	C_5 保障能力
A_1（驱逐舰 1）	20	5	8	7	7	5
A_2（驱逐舰 2）	30	6	9	10	8	5
A_3（战斗机 1）	3	2	7	7	5	2
A_4（战斗机 2）	6	2	8	8	6	2
A_5（战斗机 3）	4	4	9	8	9	2
A_6（预警机 1）	5	8	4	7	6	5
A_7（预警机 2）	2	7	2	6	5	4
A_8（通信卫星）	2	10	0	0	2	2
A_9（导弹 1）	2	0	10	4	2	2
A_{10}（导弹 2）	1	0	8	4	2	2

表 9.2 能力的需求列表

年限/年	1	2	3	4	5
C_1 信息能力	7	8	9	10	10
C_2 打击能力	7	7	8	9	10
C_3 机动能力	8	9	9	9	10
C_4 防护能力	6	7	9	8	10
C_5 保障能力	8	8	9	9	10

表 9.3 装备的研制经费需求分布

装备类型	总费用/亿元	未来 5 年内经费需求				
		1	2	3	4	5
A_1	20	2	4	6	4	4
A_2	30	3	6	9	6	6
A_3	3	0.3	0.6	0.9	0.6	0.6
A_4	6	0.6	1.2	1.8	1.2	1.2

续表

装备类型	总费用/亿元	未来5年内经费需求				
		1	2	3	4	5
A_5	4	0.4	0.8	1.2	0.8	0.8
A_6	5	0.5	1.0	1.5	1.0	1.0
A_7	2	0.2	0.4	0.6	0.4	0.4
A_8	2	0.2	0.4	0.6	0.4	0.4
A_9	2	0.2	0.4	0.6	0.4	0.4
A_{10}	1	0.1	0.2	0.3	0.2	0.2

9.3 基于模糊偏好关系确定权重

如9.1节所述,确定用于评价的能力属性有5个。假设经过征求专家意见和收集相关资料,对5个能力属性进行对比。利用上面所述的模糊AHP法,没有必要对5个能力属性进行$5×(5-1)/2=10$次两两比较,专家们仅仅需要利用表9.3中的语言变量进行$5-1=4$次比较,构建判断矩阵。经过仔细讨论,能力属性的关系矩阵如表9.4所列。

表9.4 关于能力属性的关系矩阵

能力	C_1	C_2	C_3	C_4	C_5
C_1		VP	*	*	*
C_2			P	*	*
C_3				G	*
C_4					M
C_5					

下面,将上述的语言变量转化为对应的模糊数。对于剩下的变量值,利用式(7-3)~式(7-11)进行计算。最终完整的判断矩阵如表9.5所列。

表9.5 模糊语言偏好判断矩阵

能力	C_1	C_2	C_3	C_4	C_5
C_1	(0.5,0.5,0.5)	(0.0,0.0,0.1)	(−0.5,−0.4,−0.1)	(−0.3,0.0,0.4)	(−0.5,0.0,0.6)
C_2	(0.9,1.0,1.0)	(0.5,0.5,0.5)	(0.0,0.1,0.3)	(0.2,0.5,0.8)	(0.0,0.5,1.0)

续表

能力	C_1	C_2	C_3	C_4	C_5
C_3	(1.1,1.4,1.5)	(0.7,0.9,1.0)	(0.5,0.5,0.5)	(0.7,0.9,1.0)	(0.5,0.9,1.2)
C_4	(0.6,1.0,1.3)	(0.2,0.5,0.8)	(0.0,0.1,0.3)	(0.5,0.5,0.5)	(0.3,0.5,0.7)
C_5	(0.4,1.0,1.5)	(0.0,0.5,1.0)	(−0.2,0.1,0.5)	(0.3,0.5,0.7)	(0.5,0.5,0.5)

观察表9.5,有些数值超出了区间[0,1],因此需要利用式(7-13)~式(7-15)将其重新映射到[0,1]中。值得提醒的是,转化的过程对其他的元素也都有影响。最终的计算结果如表9.6所列。以 $\tilde{p}_{12}=(0.0,0.0,0.1)$ 为例,通过

$$\begin{cases} f(x^L) = \dfrac{x^L + c}{1 + 2c} = \dfrac{0 + 1}{1 + 2 \times 1} = 0.33 \\ f(x^M) = \dfrac{x^M + c}{1 + 2c} = \dfrac{0 + 1}{1 + 2 \times 1} = 0.33 \\ f(x^R) = \dfrac{x^R + c}{1 + 2c} = \dfrac{0.1 + 1}{1 + 2 \times 1} = 0.37 \end{cases}$$

将其转化为 $\tilde{p}'_{12}=(0.33,0.33,0.37)$,其中 c 为关系矩阵所有元素中超出区间[0,1]的最大偏移量。

表9.6 将表9.5中的数据转化为最终的计算结果

能力	C_1	C_2	C_3	C_4	C_5
C_1	(0.5,0.5,0.5)	(0.33,0.33,0.37)	(0.17,0.2,0.3)	(0.23,0.33,0.47)	(0.17,0.33,0.53)
C_2	(0.63,0.67,0.67)	(0.5,0.5,0.5)	(0.33,0.37,0.43)	(0.4,0.5,0.6)	(0.33,0.5,0.67)
C_3	(0.7,0.8,0.83)	(0.57,0.63,0.67)	(0.5,0.5,0.5)	(0.57,0.63,0.67)	(0.5,0.63,0.73)
C_4	(0.53,0.67,0.77)	(0.4,0.5,0.6)	(0.33,0.37,0.43)	(0.5,0.5,0.5)	(0.43,0.5,0.57)
C_5	(0.47,0.67,0.83)	(0.33,0.5,0.67)	(0.27,0.37,0.5)	(0.43,0.5,0.57)	(0.5,0.5,0.5)

这里,利用式(7-16)~式(7-17)计算5个能力属性的综合权重。利用归一化的方法,通过式(7-18),最终的能力属性权重如表9.7所列。

表9.7 能力属性权重

能力	模糊权重	归一化权重
C_1	(0.097,0.135,0.204)	0.1453
C_2	(0.152,0.203,0.27)	0.2083

续表

能　　力	模 糊 权 重	归一化权重
C_3	(0.198,0.255,0.32)	0.2577
C_4	(0.15,0.2,0.269)	0.2063
C_5	(0.139,0.203,0.289)	0.2103

以 C_1 能力为例，归一化权重的计算过程为

$$W_1 = \frac{W_1^L + W_1^M + W_1^R}{3} = \frac{0.097 + 0.135 + 0.204}{3} = 0.1453$$

9.4　建立模型

利用前面章节对面向能力差距的武器装备体系发展规划问题的分析描述，结合本章的具体实例背景，开展对该规划问题的建模和求解。这里，首先需要明确模型中涉及的决策变量、目标函数和约束条件。

9.4.1　决策变量

这里涉及 10 个待发展的装备，即 $M=10$。根据 7.2.1 节的分析，首先需要考虑的决策变量包括选择哪几个装备进行发展；然后还要对装备的时间位和发展位进行规划优化。因此，主要存在三类决策变量：装备型号的选择位、装备型号时间位和装备型号发展位。

（1）装备型号选择位：$X_1,X_2,\cdots,X_{10}$。$X_i = 0$ 代表选择或不选择该装备进行发展，$X_i = 1$ 代表选择该装备进行发展。

（2）装备型号时间位：$Y_1,Y_2,\cdots,Y_{10}$。Y_i 代表第 i 个装备进入体系进行发展的年限。值得注意的是，对装备发展年限的规划位应该在 5 年的规划期内，否则是没有意义的。

（3）装备型号发展位：$Z_1,Z_2,\cdots,Z_{10}$。Z_i 代表第 i 个装备进入体系进行发展的时间长度。值得注意的是，对装备发展年限的规划位也应该在 5 年的规划期内，即装备最多从第 1 年发展到第 5 年。

9.4.2　目标函数

对于每一个规划方案构成的武器装备体系，将它在未来 5 年内形成的体系能力值与能力需求值进行对比，产生的能力差距通过 $\Delta = \sum_{i=1}^{5}\sum_{j=1}^{5}w_i\Delta_{ij}$ 进行聚

合，形成目标函数。通过该能力差距进行不同方案之间优劣的比较，能力差距越小，则方案越优，如表 9.8 所列。

表 9.8 某一个规划方案的能力总体差距

能　力	年限/年				
	1	2	3	4	5
$C_1(W_1)$	Δ_{11}	Δ_{12}	Δ_{13}	Δ_{14}	Δ_{15}
$C_2(W_2)$	Δ_{21}	Δ_{22}	Δ_{23}	Δ_{24}	Δ_{25}
$C_3(W_3)$	Δ_{31}	Δ_{32}	Δ_{33}	Δ_{34}	Δ_{35}
$C_4(W_4)$	Δ_{41}	Δ_{42}	Δ_{43}	Δ_{44}	Δ_{45}
$C_5(W_5)$	Δ_{51}	Δ_{52}	Δ_{53}	Δ_{54}	Δ_{55}
目标函数	$\Delta = \sum_{i=1}^{5}\sum_{j=1}^{5} w_i \Delta_{ij}$				

应用 9.3 节的方法，利用模糊偏好关系的模糊 AHP 法对五大能力属性权重进行了赋值，得到 $W_1 = 0.1453$，$W_2 = 0.2083$，$W_3 = 0.2577$，$W_4 = 0.2063$，$W_5 = 0.2103$。

9.4.3 约束条件

1. 费用约束

已知每一项装备的发展研制费用都服从特定的分布模型，在装备总研制费用一定的情况下，该装备在不同年限所需研制经费则可以通过函数计算出来。

由于年度经费总预算也是一定的，并记为 $S_i(i=1,2,\cdots,5)$。因此，对于每一年新发展装备的费用与已经发展的装备对应年限的研制费用相加和不能超过该年度经费预算，即

$$\sum_{j=1}^{K} S_{M_j,\ i-Y_{M_j}+1} \leqslant S_i (i=1,2,\cdots,5)$$

式中：K 为被选上进行发展的装备数目；M_j 为被选上发展的装备对应第几位；i 为第几年；$S_{M_j,i-Y_{M_j}+1}$ 为第 M_j 个装备在第 i 年研制发展所需要的经费。该式整体表示 5 年中，每一年所有在研装备所需要的经费和不大于该年度对应的经费预算。

2. 规划周期约束

安排装备在哪一年开始发展，以及发展几年，都需要在给定的规划周期内进行考虑，否则没有任何意义。本章考虑未来 5 年的一个装备体系发展方案，

因此对装备相应的时间位和发展位取值也应该在 1~5 之间，故存在如下的约束：

$$1 \leqslant Y_i \leqslant 5 \text{ 且 } 1 \leqslant Z_i \leqslant 5, \ i = 1,2,\cdots,10 \tag{9-1}$$

上式表明，对于第 i 个装备，最早在第 1 年可以上马发展，最迟在第 5 年上马发展。装备发展的年限长度最短为 1 年，即从第 5 年开始发展，最长为 5 年，即从第 1 年开始发展，一直持续到规划期结束。同样对第 i 个装备的规划发展年限长度也不可能超过 5 年的规划区间。否则，它们的取值都是没有意义的。

9.5 差分进化算法求解与分析评价

利用差分进化算法对前面内容进行阐述分析，以及针对该规划模型的特殊性，参考 8.3 节对其中的一些处理流程和步骤进行详细的说明。

步骤 1：初始化。

根据本问题的决策变量取值类型，生成一个长度为 $3 \times 10 = 30$ 的个体，个体的编码形式如图 9.2 所示。

装备型号选择位	装备型号时间位	装备型号发展位
$X_1, X_2, \cdots, X_m, \cdots, X_{10}$	$Y_1, Y_2, \cdots, Y_m, \cdots, Y_{10}$	$Z_1, Z_2, \cdots, Z_m, \cdots, Z_{10}$

图 9.2 装备个体编码

图中，前 10 位装备型号选择位利用 Matlab 工具语言中的 rand 函数随机生成 0~1 之间的随机数。后 20 位装备型号时间位参考式（8-1）随机生成。其中，每个装备时间位和发展位对应取值的上、下限分别为 5 和 1。

步骤 2：构建适应度函数和罚函数。

每个个体的适应度函数通过 $\Delta = \sum_{i=1}^{5} \sum_{j=1}^{5} w_i \Delta_{ij}$ 进行计算，代表该方案产生的体系能力值与体系需求值之间的能力差距总和。Δ 越小则个体越优。

罚函数定义为

$$f = \sum_{i=1}^{5} \max \left(\sum_{j=1}^{K} S_{M_j, i-Y_{M_j}+1} - S_i, 0 \right) + \sum_{j=1}^{K} \left(\max(1 - Y_{M_j}, 0) \right.$$
$$\left. + \max(Y_{M_j} - 5, 0) + \max(1 - Z_{M_j}, 0) + \max(Z_{M_j} - 5, 0) \right)$$

式中：每一项代表超出规定范围的程度，如果不超出，则为 0。以第一项 $\max \left(\sum_{j=1}^{K} S_{M_j, i-Y_{M_j}+1} - S_i, 0 \right)$ 为例，当被选择的 K 个装备经费在第 i 年总研制费用超

出第 i 年经费预算 S_i 时候，则 $\max\left(\sum_{j=1}^{K} S_{M_j, i-Y_{M_j}+1} - S_i, 0\right) = \sum_{j=1}^{K} S_{M_j, i-Y_{M_j}+1} - S_i$，将超出经费预算的部分计算入罚函数当中。当被选择的 K 个装备经费总和不超过经费总预算时候，$\max\left(\sum_{j=1}^{K} S_{M_j, i-Y_{M_j}+1} - S_i, 0\right) = 0$，相应的罚函数项为 0，即未违反约束。同时需要对未来 5 年进行判断，并将违反约束的部分累加计入罚函数。对于装备型号时间位，前面已做出规范，允许其在第 1 年至第 5 年之间发展，因此 Y_i 的取值范围为 1~5 之间的整数。当第 M_j 个装备的时间位不在 1~5 之间时，将超出部分计算入罚函数 $\max(1-Y_{M_j}, 0) + \max(Y_{M_j}-5, 0)$。需要对所有 K 个选中装备进行判断，同样的道理也适用于装备型号时间发展位。剩下的依此类推，在此不一一赘述。

步骤 3：评价初始种群。

按照步骤 2 中的公式依次计算种群中的每个个体的适应度值和罚函数值。择优选取个体作为当前全局最优解。

步骤 4：差分进化变异操作。

分别采用式（8-5）~式（8-7）三种不同方式进行变异操作。

步骤 5：差分进化交叉操作。

以 CR = 0.2 的概率用父代个体中的每一位替换临时个体的对应位，以丰富种群中的个体，增加种群多样性。

步骤 6：越界处理。

参照 4.3 节中的越界处理策略，分别对每个个体编码的前 10 位和后 20 位进行检验。如果前 10 位超出 [0,1] 区间，或者后 20 超出 [1,5] 区间，则应该进行相应的处理。

步骤 7：竞争生存操作。

参照竞争生存策略，同时比较父代种群和临时种群对应个体的适应度值和罚函数值，择优选取个体形成新的种群。

步骤 8：演化迭代。

根据迭代演化的最优结果，判断是否符合期望，是则记录相关数据。同时需要判断是否达到迭代次数，是则停止迭代，否则转步骤 3 继续演化迭代。

9.5.1 不同演化算法对比

采用拥有基本变异算子的差分进化算法、具有随机权重的粒子群算法（Particle Swarm Optimization，PSO）和遗传算法同时对上述问题进行求解。求解算法的主要参数设置如下：种群的规模设置为 $N=100$，总的迭代次数设置为 max gen = 100。对上述三种算法分别运行 10 次，图 9.3 同时展示了三种算法对应的最好的进化曲线。

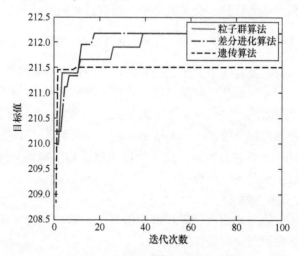

图 9.3　三种不同算法的进化曲线

目标函数中设置的适应度函数为规划方案所构成的武器装备体系的能力值与能力需求值之间的能力差距。显而易见，能力差距越小，则对应的规划方案越优。为了方便作图与理解，本部分用一个较大数值减去对应的能力差距值（保证结果是正数），作为规划方案的目标值，则对应的目标函数转变为越大越好。

从图 9.3 中可以看出，差分进化算法和粒子群算法最终收敛得到的目标函数值要明显的优于遗传算法。同时，对比差分进化算法和粒子群算法，虽然二者最终的目标函数值基本相等，但是差分进化算法以更快的速度收敛于满意解，它在第 20 代左右就可以收敛到稳定解，而粒子群算法在 40 代以后才能收敛于稳定解。

将三种不同算法独立运行 10 次的最终结果进行统计分析，见表 9.9。表中分别统计了 10 次运行结果中转化后的目标函数的最优值、最差值、平均值、中间值和方差。最优值可以反应输出方案的优劣情况，平均值可以反应算法整体的好坏、中间值可以从一定程度上反应算法收敛的速度，而方差则可以反应算法整体的稳定性。

由表 9.9 可知，除了方差，在其他各项指标的比较上，遗传算法都劣于差分进化算法和粒子群算法。由图 9.3 也可以得知，遗传算法以较快速度收敛于稳定解，尽管它算出来的稳定解要劣于差分进化算法和粒子群算法，因此遗传算法对应统计结果中的方差较小。对比粒子群算法和差分进化算法发现，粒子群算法的最优值与差分进化算法求解出的最优值相接近，但粒子群算法求解结果对应的中间值和方差都要劣于差分进化算法，即差分进化算法的鲁棒性和收敛性要优于粒子群算法。

表 9.9　三种不同算法的结果对比

统计值	算法		
	遗传算法	粒子群算法	差分进化算法
最优值	211.5120	212.1643	212.1684
最差值	209.0262	209.8465	210.1147
平均值	210.6448	211.5226	211.8664
中间值	210.8669	211.6853	211.7862
方差	0.2313	0.4231	0.3123

综上所述，可以得出针对本模型，差分进化算法具有更高的求解效率和稳定性。

9.5.2　差分进化算法的不同变异算子对比

9.5.1 节验证了差分进化算法在求解约束优化问题上的有效性，基于差分进化算法中不同的变异算子，本节继续对其进行分析比较。

分别采用式 (8-5)~式 (8-7) 中变异算子形成不同的差分进化算法，记为 DE-1、DE-2 和 DE-3，独立运行 10 次（图 9.4）。

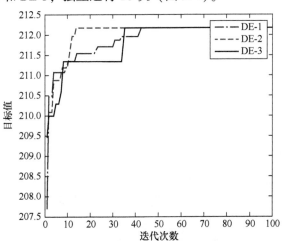

图 9.4　基于不同变异算子的差分进化算法进化曲线

对比图 9.4 中的三种不同的变异算子下的差分进化算法进化曲线，最终结果都可以较好地收敛到满意解。但是从图上可以很明显观察到，DE-2 在第 15 代左右就可以收敛到最优解，DE-3 在 38 代左右收敛到最优解，而 DE-1 需要在 45 代左右收敛到最优解。即 DE-2 以更快的速度收敛，并能维持较好的稳定性。

表 9.10 展示了三种不同变异算子下差分进化算法运行时间的一个平均值，表中清晰地显示 DE-2 的运行效率最高，DE-1 次之，DE-3 最差。

表 9.10　基于三种不同变异算子的差分进化算法结果对比

算　法	DE-1	DE-2	DE-3
时间/s	1.779261	1.757274	1.835521

9.5.3　不同参数下方案的对比

前面给出的约束条件包括总体经费约束、装备规划周期约束等。当约束条件发生改变时候，必然会对方案结果产生一定的影响。本节主要研究当约束条件发生改变时候，优化结果会发生什么样的变化。

在上述参数和约束条件给定的情况下，利用上述差分进化算法，可以求出很多不同的方案。这里采用 DE-1 算法，以其中一个最优输出结果为例，进行分析。其中的一个最终输出方案为 (0,1,0,0,1,1,1,1,1,0,＊,1,＊,＊,1,4,2,1,1,＊,＊,5,＊,＊,5,2,3,5,5,＊)。按照本章的描述，前 10 位代表装备型号选择位，中间 10 位代表装备型号时间位，后 10 位代表装备型号发展位。该方案代表的是选择第 2、第 5、第 6、第 7、第 8、第 9 个装备进行发展，分别在第 1 年、第 1 年、第 4 年、第 2 年、第 1 年和第 1 年发展，发展的时间长度分别为 5 年、5 年、2 年、3 年、5 年和 5 年，形成方案规划图如图 9.5 所示。

利用结合装备的属性列表 9.1，分析上述最优结果，在经费一定的情况下，择优发展装备。对装备 A_1（驱逐舰 1）和装备 A_2（驱逐舰 2）进行比较发现，尽管装备 A_2 的经费要比装备 A_1 要高，但是 A_2 的各项能力值都要高于 A_1。同时，A_2 装备的 C_3（机动能力）在所有装备里达到最高值，因此对 A_2 装备时间的规划也达到最大值，即 5 年。

对比装备 A_3（战斗机 1）、A_4（战斗机 2）和装备 A_5（战斗机 3），装备 A_5 的各项能力属性要优于 A_3 和 A_4，且发展经费要小于 A_4，很明显应该优先发展。且在经费允许的条件下，可以使得其规划发展的时间位达到最大值。

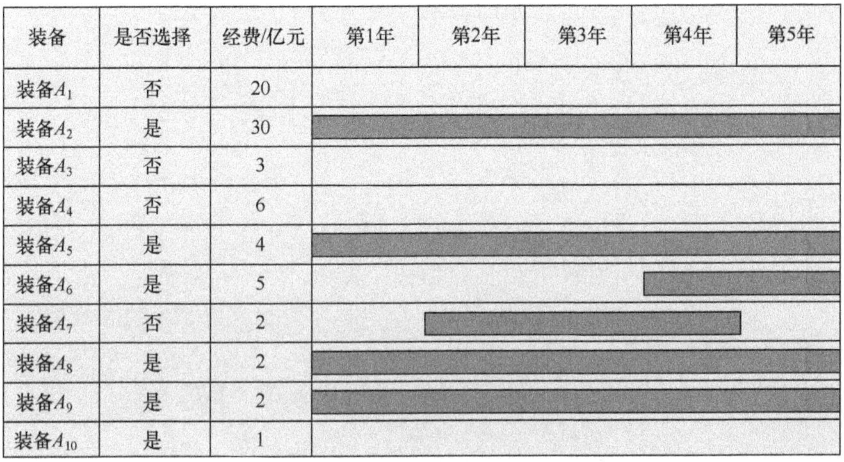

装备	是否选择	经费/亿元	第1年	第2年	第3年	第4年	第5年
装备A_1	否	20					
装备A_2	是	30					
装备A_3	否	3					
装备A_4	否	6					
装备A_5	是	4					
装备A_6	是	5					
装备A_7	否	2					
装备A_8	是	2					
装备A_9	是	2					
装备A_{10}	是	1					

图 9.5　最优生成方案规划图

装备 A_6（预警机 1）的各项能力要高于装备 A_7（预警机 2），但 A_6 的研制经费要稍高于 A_7 装备。在经费允许的条件下，可以同时考虑发展 A_6 和 A_7 装备。

装备 A_8（通信卫星）可以有效提供体系的信息能力，比其他装备都要强，因此需要优先考虑发展，并尽可能延长其在体系中的发展时间。

对比装备 A_9（导弹 1）和装备 A_{10}（导弹 2），很明显 A_9 的各项能力属性优于 A_{10}，且 A_9 的 C_2（打击能力）在所有装备里达到最高值。因此，优先发展 A_9 装备，并尽可能延长其在整个规划期内的时间，以有效弥补体系整体在打击能力上的不足。

通过对上述最优方案的分析，发现结果真实可靠，与人脑的思维保持一致。现在仍以 DE-1 算法为例，对模型中涉及的一些约束条件的参数进行更改，重新生成运行，观察对比方案的生成和改变。同时，结合实际中存在的一些问题，考虑现实的需要，可以人为的对一些参数进行更改和设置，综合决策者的偏好，然后利用上述算法重新进行方案的生成。

（1）改变年度经费预算 S_i。5 年的规划期内，中间年限的经费值对整体方案的生成有着直接的影响。按照威布尔分布曲线模型，装备在发展的中间年限所需经费较高。因此如果中间年限的年度预算过小，将直接导致有些装备不能尽早发展，影响整个体系方案的规划。

本部分尝试对第 3 年的经费预算进行更改，分别将经费预算 S_3 设置为 10、11 和 12，重新生成方案，进行对比。算法优化出来的结果和进化曲线如图 9.6 所示。

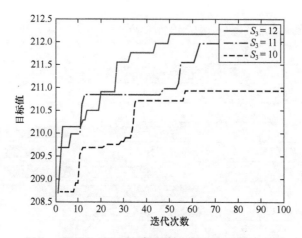

图 9.6 不同经费预算下的进化曲线

由图 9.6 可以看出,经费预算的降低将直接导致整个规划结果目标值的降低,同时对方案的装备选择、装备时间的规划都有着直接的影响。

(2) 固定选中装备的数目。有时候,顶层决策人员需要对规划的数目进行限制。在算法上,只需要在给定的约束条件中加上一条对装备选择数目的限制即可,即 10 个待选择装备中 $X_i=1$ 的装备的数目为特定的需求值。

假设规定装备的选择数目为 4,即只允许从 10 个待选装备集合中选出 4 个装备进行规划发展,通过添加相应约束,在其他参数条件不变的情况下,重新生成规划方案,如图 9.7 所示。规划方案为:分别发展第 2、第 5、第 8 和第 9 个装备,皆从第 1 年就上马发展,发展期限都为 5 年。

装备	是否选择	经费/亿元	第1年	第2年	第3年	第4年	第5年
装备A_1	否	20					
装备A_2	是	30					
装备A_3	否	3					
装备A_4	否	6					
装备A_5	是	4					
装备A_6	是	5					
装备A_7	否	2					
装备A_8	是	2					
装备A_9	是	2					
装备A_{10}	是	1					

图 9.7 选中装备数目为 4 时候的最优规划方案

分析上述方案会发现,如果需要保证装备发展数目的最小化,同时使得目标函数值不变的话,则要尽可能地保证在每一项能力属性上能够提供最大能力值的装备的发展,同时也需要尽可能早的进入体系,进行规划。结合表9.1,装备2、装备5、装备8、装备9分别可以在机动能力、防护能力、信息能力和打击能力上为体系的能力值提供有效的保障。经验证,结果真实可靠,符合正常逻辑思维。

假设规定装备的选择数目为7,即只允许从10个待选装备集合中选出7个装备进行规划发展。通过添加相应约束,在其他参数条件不变的情况下,重新生成规划方案,如图9.8所示。规划方案为:分别发展第2、第3、第5、第6、第7、第8和第9个装备,分别从第1年、第5年、第1年、第3年、第3年、第1年和第1年发展,发展期限分别为5年、1年、5年、2年、1年、5年和5年。

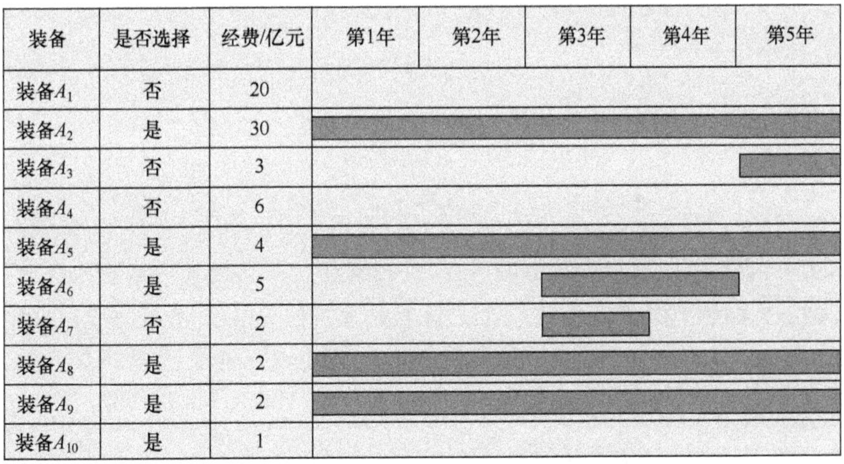

装备	是否选择	经费/亿元	第1年	第2年	第3年	第4年	第5年
装备A_1	否	20					
装备A_2	是	30					
装备A_3	否	3					
装备A_4	否	6					
装备A_5	是	4					
装备A_6	是	5					
装备A_7	否	2					
装备A_8	是	2					
装备A_9	是	2					
装备A_{10}	是	1					

图9.8 选中装备数目为7时候的最优规划方案

在保证装备数目最大的情况下,有些装备的发展年限就必然会受到一定的限制,否则会超出当年的年度经费预算。以第4年为例子,假设装备A_7第4年依然发展,参考表9.3中装备研制发展的费用分布,则第4年7个装备总的研制和发展费用情况为 $6+0.8+1+0.4+0.4+0.4=8.8>8.7$,超出了年度经费预算,因此不合理。

(3) 固定某些装备的上马发展。在实际操作中,存在顶层决策人员决定必须安排某一型号装备发展的情况。在本章的模型求解中,只需要在算法第一步初始化时候对编码的相应位赋以固定值即可。

以装备A_1为例,假设决策人员安排该装备必须发展,则需要令$X_1=1$,编码如图9.9所示。

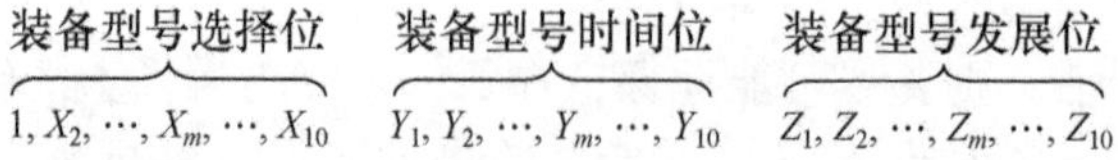

装备型号选择位
装备型号时间位
装备型号发展位
$1, X_2, \cdots, X_m, \cdots, X_{10}$
$Y_1, Y_2, \cdots, Y_m, \cdots, Y_{10}$
$Z_1, Z_2, \cdots, Z_m, \cdots, Z_{10}$

图 9.9　固定装备 A_1 之后的个体编码

在其他参数不变的情况下，重新对方案进行生成，结果如图 9.10 所示。

212.5
212.0
211.5
211.0
210.5
210.0
209.5
209.0
208.5
208.0
207.5
目标值
0 10 20 30 40 50 60 70 80 90 100
迭代次数
选中A_1后
选中A_1前

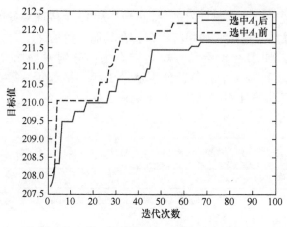

图 9.10　固定装备 A_1 发展进化曲线

从图 9.10 可以看出，选定装备 A_1 进行发展后，必然对整体的经费分配产生影响，从而影响其他装备的发展，直接导致了固定装备 A_1 前后的方案目标值产生了变动。图 9.11 给出了固定装备 A_1 方案后的一个最优规划方案。

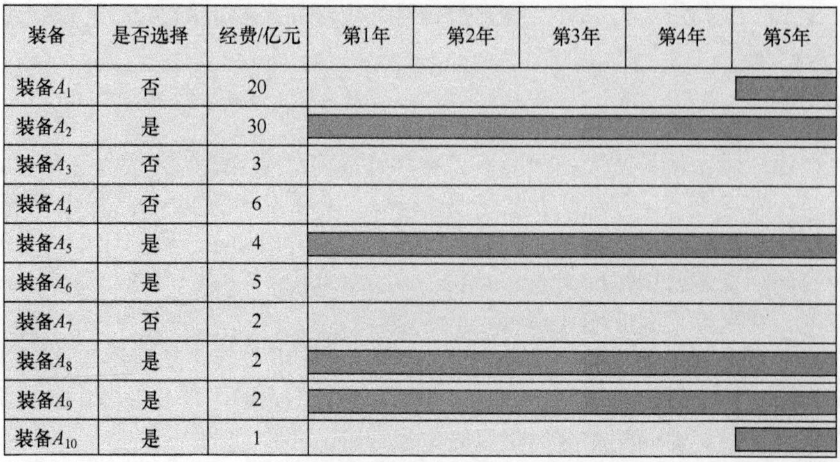

装备
是否选择
经费/亿元
第1年
第2年
第3年
第4年
第5年
装备A_1 否 20
装备A_2 是 30
装备A_3 否 3
装备A_4 否 6
装备A_5 是 4
装备A_6 是 5
装备A_7 否 2
装备A_8 是 2
装备A_9 是 2
装备A_{10} 是 1

图 9.11　固定装备 A_1 后的最优规划方案示意图

(4) 某些固定装备的发展年限。在一些特定的情况下，考虑到现实的约束，可能需要对一些特定装备进行特殊的考虑和安排。因此，固定特定装备的发展年限具有十分现实的意义。

在算法和模型求解上，只需要在初始化时候对决策变量中对应装备的时间位 Y_i 设置为特定的数值即可。假设拟安排装备 A_2 从第 2 年才开始发展，则需要令 $Y_2=2$，同时需要令 $X_2=1$，代表装备 A_2 被选中进行发展，否则 $Y_2=2$ 没有意义。个体编码示意图如图 9.12 所示。

$$\underbrace{X_1,1,\cdots,X_m,\cdots,X_{10}}_{\text{装备型号选择位}} \underbrace{Y_1,2,\cdots,Y_m,\cdots,Y_{10}}_{\text{装备型号时间位}} \underbrace{Z_1,Z_2,\cdots,Z_m,\cdots,Z_{10}}_{\text{装备型号发展位}}$$

图 9.12　固定装备 A_2 时间位后个体编码

在其他参数和约束条件不变的情况下，重新对方案进行生成，如图 9.13 所示。

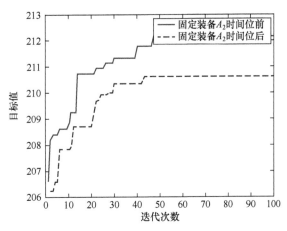

图 9.13　固定装备 A_2 时间位前后进化曲线

图 9.13 中，显示了固定装备 A_2 在第 2 年发展前后的进化曲线。很明显，在经费预算等约束条件不变的情况下，因为人为加入了对装备发展时间位的限制，导致了整体目标值的下降。图 9.14 给出了一个限制条件下的规划方案。

综合前面的分析和对比，在人为改变经费预算约束、固定装备发展时间等条件时候，必然会对整个的武器装备体系规划方案产生影响和改变。同时，也给了我们一个很好的启示，顶层决策人员可以在任意一个生成方案的基础上，通过人为改变约束条件，或固定一些装备的发展时间等条件，对方案进行不断地调整和优化，直到生成令决策人员满意的方案解为止。这样，就能够很好地将决策人员的主观能动性与方案的优化生成结合起来。

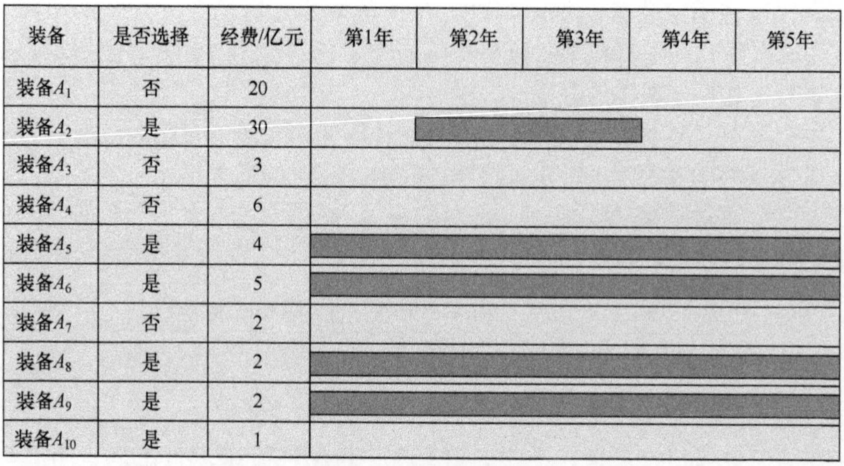

装备	是否选择	经费/亿元	第1年	第2年	第3年	第4年	第5年
装备A_1	否	20					
装备A_2	是	30		▓▓	▓▓	▓▓	
装备A_3	否	3					
装备A_4	否	6					
装备A_5	是	4	▓▓	▓▓	▓▓	▓▓	▓▓
装备A_6	是	5	▓▓	▓▓	▓▓	▓▓	▓▓
装备A_7	否	2					
装备A_8	是	2	▓▓	▓▓	▓▓	▓▓	▓▓
装备A_9	是	2	▓▓	▓▓	▓▓	▓▓	▓▓
装备A_{10}	是	1					

图9.14 固定装备A_2发展年限的规划方案

可以说，任何一个规划方案的生成都不是一成不变的。本章的所建模型和对应的求解算法支持用户不断更改，协调装备之间的比例规模和发展进度，很好地将决策者的主观偏好融入到了整个规划过程当中，而不是被动接受。这样的操作模式和工作流程也更加贴近于实际的应用和需求。

9.6 本章小结

本章首先问题的背景进行了说明。根据问题提炼出来的数据，依据建模分析，将具体的实际问题抽象转化为一个数学模型，明确了问题的目标函数、约束条件等；然后利用差分进化算法进行求解。针对具体的实例，对算法的有效性进行了验证，对比了不同算法之间的效率以及差分进化算法中不同变异算子对运算结果的影响。同时，本章对不同参数下的方案结果进行了分析，对比了不同的经费预算、固定装备发展时间等条件下对方案结果的影响和改变，并对其进行了详细的对比分析。通过算例，证明了本部内容所建模型的可行性以及算法求解的高效性，同时也体现了其算法的灵活性，可以有效地将求解过程与决策者的主观偏好相结合，辅助顶层人员进行规划决策。

第3部分参考文献

[1] LANE J A, VALERDI R. Synthesizing SoS concepts for use in cost modeling [J]. Systems Engineering, 2007, 10 (4): 297-308.

[2] 李英华, 申之明, 蓝国兴. 军兵种武器装备体系研究 [J]. 军事运筹与系统工程, 2002, 16 (3): 50-52.

[3] 李英华, 申之明, 李伟. 武器装备体系研究的方法论 [J]. 军事运筹与系统工程, 2004, 18 (1): 17-20.

[4] 胡晓峰, 杨镜宇, 吴琳, 等. 武器装备体系能力需求论证及探索性仿真分析实验 [J]. 系统仿真学报, 2008, 20 (12): 3065-3068, 3073.

[5] 程贲. 基于能力的武器装备体系评估方法与应用研究 [D]. 长沙: 国防科学技术大学, 2012.

[6] GROUP DODAF. Department of defense architecture framework version 2.0 [R]. Washington D. C: Department of Defense, 2008.

[7] 赵青松, 谭伟生, 李孟军. 武器装备体系能力空间描述研究 [J]. 国防科技大学学报, 2009, 31 (1): 135-140.

[8] 徐培德, 陈俊良. 作战能力缝隙的探索性分析方法 [J]. 军事运筹与系统工程, 2008, 22 (2): 55-58.

[9] 郭齐胜, 陈建荣. 军事能力差距分析确定方法研究 [J]. 军事运筹与系统工程, 2010, 24 (2): 34-39.

[10] 徐哲. 武器装备进度、费用与风险管理 [M]. 北京: 北京航空航天大学, 2011.

[11] ZADEH L A. Fuzzy sets [J]. Information Sciences, 1965, 8 (3): 338-353.

[12] HERRERA V E, HERRERA F, CHICLANA F, et al. Some issues on consistency of fuzzy preference relations [J]. European Journal of Operational Research, 2004, 154 (1): 98-109.

[13] WANG T C, CHEN Y H. Applying fuzzy linguistic preference relations to the improvement of Consistency of fuzzy AHP [J]. Information Sciences, 2008, 178 (19): 3755-3765.

[14] VAN LAARHOVEN P J M, PEDRYCZ W. A fuzzy extension of sabty's priority theory [J]. Fuzzy Sets and Systems, 1983, 11 (1-3): 229-241.

[15] BUCKLEY J J. Fuzzy hierarchical analysis [J]. Fuzzy Sets and Systems, 1985, 17 (3): 33-247.

[16] MIKHAILOV L. Deriving priorities from fuzzy pairwise comparison judgments [J]. Fuzzy Sets and Systems, 2003, 134 (3): 365-385.

[17] CHICLANA F, HERRERA F, HERRERA V E, et al. A note on the reciprocity in the aggregation of fuzzy preference relations using owa operators [J]. Fuzzy Sets and Systems, 2003, 137 (1): 71-83.

[18] XU Z. A method based on linguistic aggregation operators for group decision making with linguistic preference relations [J]. Information Sciences, 2004, 166 (1-4): 19-30.

[19] XU Z, DA Q. A least deviation method to obtain a priority vector of a fuzzy preference relation [J]. Euro-

pean Journal of Operational Research, 2005, 8 (3): 338-353.
[20] CHEN S J, HWANG C L. Fuzzy multiple attribute decision making: methods and applications [M]. New York, NY: Springer, 1992.
[21] ONQUBOLU G, DAVENDRA D. Scheduling flow shops using differential evolution algorithm [J]. European Journal of Operational Research, 2006, 171 (2): 674-692.
[22] PONSICH A, COELLO C. Differential evolution performances for the solution of mixed-integer constrained process engineering problems [J]. Applied Soft Computing, 2011, 11 (1): 399-409.
[23] PRICE K, STORN R M, LAMPINEN J A. Differential evolution: a practical approach to global optimization [M]. Berlin: Springer Verlag, 2006.

第 4 部分

面向多场景的武器装备体系发展规划

第 10 章 基于多场景的武器装备体系规划问题分析及框架设计

10.1 基本概念

为了更清晰地从总体上把握本章研究的课题的方向和范畴，下面对一些涉及地基本概念进行定义或说明。

场景：本质上是一种作战想定，指可以提供一种常用、直观和吸引人的手段来实现对内在一致和具有挑战性的可能未来的描述，描述了许多决策支持应用中的不确定性。其目的是总结世界上可行的未来状态的集合，阐明提出政策的关键脆弱性，并以决策者和利益相关者关心的方式描述这些不确定性。

本章的场景是对未来可能的作战情形的描述，包含多个不确定因素（如国防安全环境、作战样式和对手装备技术水平等），每个不确定因素有不同的水平，从而构成未来作战场景的不确定性，本章用场景描述所有未来可能的作战情形。

鲁棒性："鲁棒性"术语在多年前已被提出，但对其精确定义至今还没有一致的说法。目前存在的定义很多，可以按生物、生态、物理、工程、社会学、自然学等分类。在不同的语境下，鲁棒性具有许多不同的含义。

结合本章的研究问题，装备规划方案的鲁棒性指：随着时间推移，战略环境变化和使命任务的调整，在武器装备体系建设和发展过程中，无法回避的现实问题是未来面临的作战场景绝不是一成不变的。为了适应作战场景的这种演化性，装备规划方案应该具有鲁棒性。

（1）所求解对问题参数不确定性比较不敏感。在初始阶段，通过对作战场景各种演化可能性进行综合权衡，使得优化得到的装备规划方案，能够最大限度地适应可能出现的作战场景。

（2）在作战场景发生演化行为后的每个阶段，武器装备体系在现有装备发展情况和资源约束下，能够以最小的调整代价，迅速灵活的更新现有武器装备体系，满足新的使命任务。

因此，本章的鲁棒性是从多场景下装备规划的角度出发，指一个规划方案在面临任何作战场景时，都能够在临近最优方案的范围内，给出令决策者满意的表现。

鲁棒解：鲁棒解不是指对象性能指标的最优解 X，而是比较接近目标值且其系统性能对环境变量不敏感的设计点。图 10.1 是鲁棒解概念示意图，其中 ΔZ_1 是环境变化时使用鲁棒设计变量的目标函数的变化值；ΔZ_2 是环境变化时使用最优设计变量的目标函数变化值，当取鲁棒解时，既满足距离最优设计较近，又具有对不稳定环境变量表现出不敏感的特性。

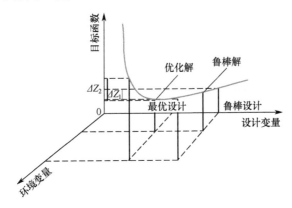

图 10.1　鲁棒解

本章中的鲁棒解有两个指标：完全鲁棒解和整体鲁棒性，分别代表可以在最差场景下表现最优的解，和在所有场景下平均表现最优的解。

10.2　多场景下装备鲁棒规划问题分析

10.2.1　研究问题描述

装备规划是一个多阶段的决策问题，其本质上是单阶段装备发展规划问题在时间上的划分，但是又不完全等同于多个单阶段问题的简单组合。单阶段问题只是考虑一定时间段内，如何规划装备发展方案以最大限度满足未来国防需求。而多阶段装备发展规划，除了时间跨度较长的特点之外，阶段之间的装备发展存在一定约束和联系，这些约束和联系主要源于装备的发展经费限制、装备发展自身的特点等。

除此之外，未来多个阶段内军队所面临的场景，即安全形势、作战环境和敌方作战水平等都是未知的，而且在处理这种不确定性时，由于概率的不清晰、决策失误的灾难性，导致无法使用基于概率的决策方法。

因此，本章解决的是未来多场景下，武器装备的鲁棒规划问题，问题的本质是一个多阶段的评估、优化和决策问题。问题的重点在于：①如何解决面对不完全信息的未来多个场景下，方案的评估问题；②如何解决针对不完全信息的未来多个场景下，方案的鲁棒决策问题。

武器装备规划一般按照"研发-列装-采购-退役"的流程进行，如图 10.2 所示。据此可以获取具体规划的决策对象，共有两种。

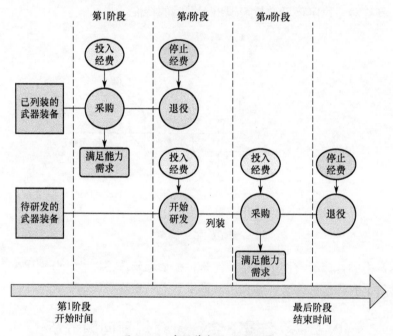

图 10.2　武器装备规划流程图

一种是针对已列装的武器装备，决策变量包括：生产或采购已列装装备的数量和退役时间。

另外一种是待研发的装备，决策变量包括：是否立项研发该装备以及何时开始研发，新装备列装之后的采购数量和退役时间。

10.2.2　问题特征

10.2.2.1　本质属于资源规划的决策问题

不确定场景下多阶段武器装备发展规划问题的本质是一个资源规划的决策问题。对于资源规划问题，通常所有的组织和个人都有着通过合理分配资源来达成他们目的的目标。例如，工厂通过研究和开发项目，预期这些项目可以使他们引进新的产品，获取更多的资源。市政部门分配公共资金到各个部门给市民传递社会和教育服务。管理部门通过投入可供选择的政策，试图缓和人类活动带来的有害后果以服务于安全和可持续的目标，很多个人决策可以视为类似的情况。例如，大学生既想成功完成学业又打算经历有意义的社会生活，则需要考虑在有限的时间内参加什么课程和活动。

类似于这样的关于资源规划的决策问题实际上是有区别的。然而，从学术的观点去看，它们有着很多相同点。实际上，所有上述的例子都包含一个或者多个决策者，面临一些可选择的行为，一旦实施，即会消耗资源并产生结果。资源的可获取性通常作为一种典型的限制，然而对结果的满意性取决于对多个目标的期望偏好。除此之外，决策可能会影响到受决策结果影响的一些利益相关者，即使它们并不为决策负责，这其中可能会体现不确定性。例如，当进行决策时，可能无法决定行为会导致什么后果或者会消耗多少资源。

10.2.2.2 区别于传统的确定性多阶段决策问题

更近一步，由于国防项目的论证研发是基于分阶段决策的原则进行的，因此本节研究的问题是一个多阶段的规划问题。传统的多阶段问题，是将由按顺序执行的多个决策步骤的问题转化为多个时间阶段的决策问题。其特点是：每个阶段的可能决策行为是已知的；每个阶段的状态是已知的。例如，一种经典的多阶段问题——最短路问题：每一步之后，下一步的可选路径（可能的决策行为）是已知的，每种可选路径对应的路径长度（状态）也是已知的，属于一种数学优化问题，本质是一种完备信息下带顺序的决策问题。本节所研究的多阶段武器装备组合规划问题并不符合传统的多阶段问题的特点，出于决策需要，把未来一段时间人为划分为多个决策阶段。因此，属于不完全信息下的多阶段，即在一个阶段做出决策之后，下个阶段的可选路径依然是不确定的，需要考虑未来可能发生的各种场景。

除此之外，国防领域有些重点项目一旦确定发展，其发展周期通常会跨越多个阶段，从而造成一种必须考虑的情况：前一个阶段的决策对于后面阶段的决策会产生影响，即前阶段的决策会约束后阶段的方案可选范围以及后阶段所选方案的效益。因此，这种多阶段的决策问题不能简单地分解为多个单阶段的决策问题，而是必须把所有阶段看成一个整体，从全局进行分析和决策。总体的最优决策方案应满足在整个多阶段范围内能够最好地符合利益相关者的偏好。

10.2.2.3 国防领域装备规划问题的独特特点

没有哪个行业像国防事业这样强烈受制于国家总体发展战略，深刻地依赖于高新技术的研发。武器系统领域的高新技术是国防科技的突出代表，同时也是一个国家前沿科技水平的重要体现。许多关键的高新技术都是第一时间被应用于国防产业，因此如何选择大量待研发的装备成了组合决策过程中无法回避的问题。

另外，国防规划面临的背景是：外部环境风云突变，对手的行为难以预料，决策环境对于决策分析影响的重要性不言而喻。面临着不确定的外部环境与适时变动的对手，装备规划需要关注博弈与场景构建，以及规划方案带来的威慑效力与军事效能。

10.2.3 问题的基本模型参数定义

为了提高构建模型的可理解性、规范性和一般性，需要对参数变量进行提前定义。模型参数包括：输入数据、决策变量、约束变量以及输出参数。在模型参数定义中，需要满足以下条件：①可理解性，定义参数的符号尽量根据参数的实际数学含义或物理含义设置格式，满足通俗易懂的要求，方便对模型的理解；②正规性，定义的参数符号需要使用标准的数学符号，或者其他公认的符号；③唯一性，每个不同的参数设定的符号应该是唯一的，不引起歧义的。下面对相关参数变量进行定义，如表10.1所列。

表10.1 模型输入参数定义

序号	参数向量	数学含义
1	$M=[M_1,M_2,\cdots,M_g]$	待研发装备编号
2	$m=[m_1,m_2,\cdots,m_h]$	已列装装备编号
3	$P=[P_1,P_2,\cdots,P_n]$	阶段编号
4	$MP=[MP_1,MP_2,\cdots,MP_g]$	待研发装备的预计研发耗时
5	$MRC=[MRC_1,MRC_2,\cdots,MRC_g]$	待研发装备的成本
6	$MAC=[MAC_1,MAC_2,\cdots,MAC_g]$	待研发装备研制成功之后的采购成本
7	$mAC=[mAC_1,mAC_2,\cdots,mAC_h]$	已列装装备的采购成本
8	$F=[F_1,F_2,\cdots,F_n]$	每个阶段的投入资金
9	$S=\{S_1,S_2,\cdots,S_o\}$	场景集合
10	$C=[C_1,C_2,\cdots,C_z]$	所有可能的能力需求
11	$SC=[SC_{ij}],1\leqslant i\leqslant n,1\leqslant j\leqslant z$	每个场景下对应的能力需求集合
12	$VM=[VM_{ij}],1\leqslant i\leqslant g,1\leqslant j\leqslant z$	待研发装备的能力价值

续表

序号	参数向量	数学含义
13	$\mathbf{Vm}=[\mathrm{Vm}_{ij}], 1\leq i\leq g, 1\leq j\leq z$	已列装装备的能力价值
14	$\mathbf{X}=[x_1,x_2,\cdots,x_u]$	所有可能的方案集合

下面规定问题的决策变量符号，如表 10.2 所列。

表 10.2 决策变量定义

序号	决策变量向量	数学含义
1	$\mathbf{MS}=[\mathrm{MS}_1,\mathrm{MS}_2,\cdots,\mathrm{MS}_g]$	每个待列装装备的开始研发时间，为 0 时代表不研发，为 j 时代表在第 j 个阶段开始时间点开始研发
2	$\mathbf{MR}=[\mathrm{MR}_1,\mathrm{MR}_2,\cdots,\mathrm{MR}_g]$	待研发装备列装后的退役时间集合，为 0 时代表装备 M_i 不退役，为 j 时代表在第 j 个阶段退役
3	$\mathbf{mR}=[\mathrm{mR}_1,\mathrm{mR}_2,\cdots,\mathrm{mR}_g]$	已列装装备的退役时间集合，为 0 时代表装备 m_j 不退役，为 j 时代表在第 j 个阶段退役
4	$\mathbf{MAQ}=[\mathrm{MAQ}_{ij}], 1\leq i\leq n, 1\leq j\leq g$	第 i 个阶段，对装备 M_j 的采购数量
5	$\mathbf{mAQ}=[\mathrm{mAQ}_{ij}], 1\leq i\leq n, 1\leq j\leq h$	第 i 个阶段，对装备 m_j 的采购数量

10.3 框架设计

本节主要从三部分按照先后顺序展开。

（1）研究如何生成不确定场景并获取对应的能力需求。从作战要素中抽取决策者关心的不确定因素以及相应的不确定水平；通过全组合的方式生成未来的可能场景；并将场景转化为对应的能力需求，支撑下一步方案的评估，如图 10.3 所示。

（2）构建单场景-确定能力需求下的方案价值评估模型。对方案中包含的信息进行分析，并确定形式化描述方式；确立两个价值指标-能力总体差距和能力差距总离差，并构建方案价值评估模型。

（3）构建多场景下装备鲁棒规划与求解模型。获取方案在所有场景下的价值；确立两个鲁棒性指标：完全鲁棒性指标和整体鲁棒性指标，并给出评价方法；基于方案在所有场景下的价值和两个鲁棒性指标评价方法，构建多场景下装备鲁棒规划模型；基于 NSGA-Ⅱ算法思想，设计针对该问题的求解算法。

（4）通过一个案例研究，对所提方法和模型的可行性和有效性进行验证，通过对案例结果进行分析，对案例中的装备规划给出一定的对策和建议。

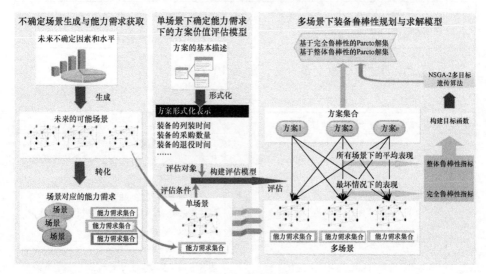

图 10.3　研究框架

第 11 章　单场景下武器装备体系发展方案价值评估

11.1　面向能力需求的不确定场景生成

不确定场景代表未来所有可能发生的场景,场景是一种比较抽象的定性概念,为了将其定量化描述,本章基于能力需求,通过把定性的场景转化为定量的能力需求来描述场景,并据此对方案进行评估。

不确定场景源于未来的不确定因素,作战中的不确定因素包含作战规模、作战样式和作战对手等,每个不确定因素下包含不同的水平(该不确定因素未来可能的实现状况)。每个不确定因素的水平代表一种子场景,把这些不确定因素的不同水平全部组合起来就形成所有的场景;每种子场景可对应一个或几个能力需求,把一个场景的子场景对应的能力需求按照一定的方式组合起来,就构成该场景下的能力需求,如图 11.1 所示。

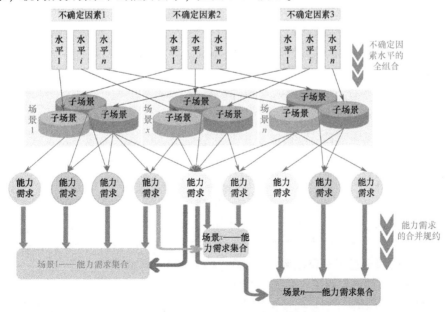

图 11.1　场景生成示意图(见彩图)

11.1.1 场景生成基本理论

场景识别和开发的目的是总结潜在的未来世界的状态，发掘所提出规划方案的关键脆弱部分，并且以一种可为决策者和利益相关者接受的方式描述这些场景。当前常见的场景生成大致包括四个步骤，如图 11.2 所示。

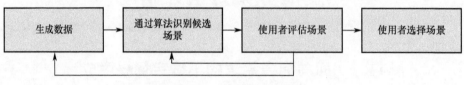

图 11.2 场景生成步骤

首先明确用于计算试验的抽样设计方式，使得输出准则可以区分使用者的关注点；然后应用一至二种算法，从第一步产生的数据中识别可以描述使用者关注点的候选场景；最后使用评价工具评价每种场景的优劣。这个过程的目的是达成决策者参与和迭代调整的效果。算法中一般会提供权衡选项。在本研究中，重点关注前两个步骤以解决武器装备未来作战场景的生成问题。具体步骤如下。

步骤 1：获取场景的不确定数据。

场景发现从一个或多个计算机模拟模型 $y=f(s,x)$ 开始，它将决策者的行为与感兴趣的后果 y 关联起来，取决于表示不确定模型的 M 维空间中特定点的向量输入参数 x。为了执行场景发现，对感兴趣的系统模型进行试验设计以得到不确定输入 x，同时保持候选规划方案 s 不变。根据某些政策相关标准，选择一些阈值性能水平 y_i，定义感兴趣的情况集合 $i_s = \{x_i | f(s,x_i) \geq y_i\}$。

各种替代类型的试验设计，如全因子或蒙特卡罗，可以用于构造 N 点实验设计，产生数据集 $\{y_i, x_i\}$ $(i=1,2,\cdots,N)$。在过去的工作中，经过研究发现 Latin Hypercube（LHS）提供了一个方便地用于场景发现的实验设计方法，因为它提供了模型行为在输入上的有效样本空间。LHS 是基于拉丁方的更高维度推广的随机实验设计。在传统回归方法中，LHS 证明相对于其他抽样设计具有优越的小方差特性。到目前为止，之前研究的经验认为 LHS 比其他标准抽样方法可以更有效地用于场景发现。需要注意的是，在该分析阶段没有包括任何带有概率的信息，因为样本是用于探索模型行为的全部范围。概率信息可以在以后的阶段通过将联合概率密度函数 $\rho(x)$ 用于试验设计。

步骤 2：帮助用户识别候选场景的算法设计。

接下来使用统计或数据挖掘算法，识别步骤 1 的不确定模型中与决策者关注的相关的参数集合，并预测参数集合的相应取值区间。在当前的工作中，通常用生成多维"框"的算法描述输入参数空间的关注区域。具体来说，通常使用一个或多个限制集约束，($B_k = \{a_j \leq x_j \leq b_j, j \in L_k\}$，在输入参数 $L_k \in \{1, 2, \cdots, M\}$ 的子集范围内描述集合 I_S，不在 L_k 中的输入参数不受 B_k 的约束。称每个 B_k 为一个框，一组框为一个框集合。进而将每个框解释为场景，并将框集合作为一组场景集合。需要注意的是，所有那些不在任何框中的状态也经常被证明是有用的而作为一个场景。例如，一个单独的框可能表示具有高成本的一种场景。所有其他状态可能代表有着合理成本政策的场景。此外，场景发现算法将在一些情况下产生重叠的框。到目前为止，为了方便起见将这样的框视为不同的场景，尽管它们可能被更有用地视为具有不良形状的单个场景。

在已有的文献和研究下，没有可以执行场景开发的一套成熟算法。可理解性度量准则和其他很多的应用要求类似。除此之外，很多算法寻求最大的覆盖率，等同于定量性的成功概率，几乎没有算法考虑到密集度的概念。

场景生成任务类似于归类和肿块寻找方法。对于二进制输入的数据集，分类算法将输入空间中高纯度的区域划分出来，即包含主要输出集合的区域。肿块寻找算法在输入空间中寻找相当高的平均输出值的区域。为了生成备选的场景，通常采用耐心分步递归（Patient Rule Induction Method，PRIM）的方法。PRIM 方法可以应用于场景生成，因为它是一个高度交互的方法，为每个场景的选择提供了多种选项，并提供了一种可以帮助使用者平衡三个场景质量度量准则的可视化工具。

采用实验设计中的全组合的方法来生成场景，将决定场景的不确定因素视为全组合的多因素。

步骤 3：对场景进行评估。

之前的工作将 PRIM 和分类回归树（Classification and Regression Trees，CART）应用到已知形状的区域数据集中以测试算法对于场景开发的优势和缺点。这些测试建议两种算法都可以执行场景开发任务，即使是对相当复杂的形状。在某些条件下，它们也都会产生一些类型的错误。尤其是，PRIM 可能不必要地将一个参数的范围分开，从而错误地提高方案对很小的参数变动的敏感性。这些错误可能成为潜在的麻烦，因为一个方案可能确实会对参数的小小变动很灵敏。除此之外，当在高维度数据中面对低维度的形状时，PRIM 可能错误地限制外部的参数，导致不能正确地预测关注点的未来情景。

在场景框集合中进行质量筛选需要对每一个框和框集合进行质量的度量。传统的场景规划文献中强调采取近尽量少的场景的重要性，同时每个场景都被尽量少的关键驱动力来描述，这样可以减少场景使用者的困惑，防止由于场景过于复杂而造成的信息淹没。除了关于简洁性的要求，使用的定量算法需要能够最大化对场景的描述性，即正确区分不同场景关注点的能力。

这些要求可以使用三种有效的场景度量准则：场景框集合应该获取大部分政策相关的场景（高覆盖率）；获取最重要的政策相关的场景（高密度）；场景容易理解（可理解性）。一般定义和评价这些准则的方法如下。

(1) 覆盖率：度量场景集合覆盖利益关注点 I_S 的完整程度，在归类和信息检索领域中和灵敏度或者召回率类似。覆盖率代表所有场景框集合的场景关注点与所有关注点之间的比率，是一种二进制输出，即

$$\text{coverage} = \sum_{x_i \in B} y_i' / \sum_{x_i \in X^I} y_i' \tag{11-1}$$

式中：如果 $x_i \in I_S$，$y_i' = 1$；否则，$y_i' = 0$。

决策者应该意识到覆盖率的重要性，因为他们期望场景可以覆盖到未来可能的所有关注点。

(2) 密集度：度量场景的纯度，类似于精度或者正确预测概率的概念。同样也是二进制输出，密集度可以描述为场景中所有的关注点的情景与所有可能情景的比率，即

$$\text{Dendity} = \sum_{x_i \in B} y_i' / \sum_{x_i \in B} y_i' 1 \tag{11-2}$$

决策者期望每个场景都是对未来关注点可能情景的正确预测。

(3) 可理解性：度量场景可被理解的程度，该度量准则是一种主观的度量手段，但是可以进行近似定量测量，比如通过记录场景集合中场景的数量，或者统计在场景框限制下模型输入参数中最大的数量（等同于集合 L 的大小）。一般而言一个理解性高的场景框集合应该包含 3~4 个场景框，每个场景框有着 2~3 个约束参数。

11.1.2 场景生成与"场景-能力需求"的转化

11.1.2.1 场景的生成

首先，确定不确定场景所包含的不确定因素，即决策者关注的可能对未来作战产生重要影响的因素。不同的不确定因素之间是独立的，不能有某种不确定因素包含或属于另一种不确定因素的关系。

这里，假设共有 m 个不确定因素，每个因素都有不确定性，该因素所有在未来可能实现的可能称为不确定因素下的一种水平。

假定待处理的不确定因素及其水平如表 11.1 所列。

表 11.1　待处理的不确定因素和水平

不确定因素	F_1	F_i	$\cdots$	F_m
不确定因素的水平	L_{11}	L_{i1}	$\cdots$	L_{m1}
	L_{1i}	L_{ij}	$\cdots$	L_{mj}
	L_{1n}	$L_{i,ni}$	$\cdots$	$L_{m,nm}$

每个不确定因素的每个水平都是一种子场景，从所有不确定因素中选择一个水平进行组合就形成一种场景。那么将所有不确定因素的水平进行全组合就得到所有未来可能的场景，因此场景共有 $\prod_{i=1}^{m} n_i$ 种。n_i 代表不确定因素 F_i 下的水平数。

此时生成的场景是一种定性的描述，虽然可以直观理解，但是不能作为定量计算的输入。通过将定性的场景描述转换为定量的能力需求，以满足后续方案价值点量化评估的需求。

11.1.2.2　场景到能力需求的转化

针对武器系统、体系的评估问题，在过去的十几年中，基于能力规划（CBP）的概念逐渐广泛地应用到国防和军事采购以及武器装备采购中。在系统设计与规划过程中，一般的军事需求被抽象为对武器装备体系构建的能力需求，可以度量并用于计算。因此，本章将场景转化为能力需求，以支撑后面基于能力的方案价值评估。

场景到能力需求的转化，即首先将子场景一一对应为不同的能力需求，然后将每个场景到子场景下的能力需求进行聚合，形成最终的该场景下的能力需求。

假设一共有 z 种可能的能力需求，子场景对应能力需求的信息可以用矩阵表示，假定场景有 m 个不确定因素，因此可以用 m 个矩阵表示，即

$$A_i = \begin{bmatrix} a_{11}^i & a_{12}^i & \cdots & a_{1z}^i \\ a_{21}^i & a_{22}^i & \cdots & a_{2z}^i \\ \vdots & \vdots & & \vdots \\ a_{n1}^i & a_{n2}^i & \cdots & a_{nz}^i \end{bmatrix} \qquad (11\text{-}3)$$

式中：$1 \leqslant i \leqslant m$，$a_{jk}^i \in \mathbf{R}$，$a_{jk}^i \geqslant 0$；$A_i$ 为第 i 个不确定因素下水平与能力需求的对应关系；a_{jk}^i 为第 i 个不确定因素下第 j 个水平的第 k 个能力需求，代表能力需求-不确定因素-水平三维坐标中的一个点，如图 11.3 所示。

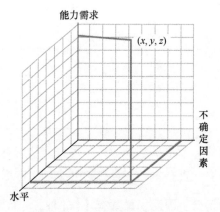

图 11.3 "能力需求–不确定因素–水平"三维坐标

由于可能出现多个不确定因素同时对应某个能力需求,如图 11.4 所示,因此可能出现某个场景下不同的不确定因素都需要某个能力需求,因此,需要规定如何确定该场景对应该能力需求的取值。

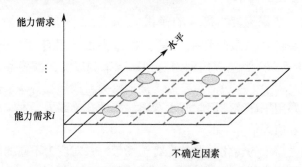

图 11.4 同一能力需求下的"不确定因素–水平"二维坐标

假设某个场景下有两个不确定因素 i,j 同时需要能力需求 k,如表 11.2 所列。

表 11.2 能力需求 k 下的不确定因素和水平

	能力需求 k	
	不确定因素 i	不确定因素 j
水平	$\begin{bmatrix} a_{1k}^i \\ a_{2k}^i \\ \vdots \\ a_{ni,k}^i \end{bmatrix}$	$\begin{bmatrix} a_{1k}^j \\ a_{2k}^j \\ \vdots \\ a_{ni,k}^j \end{bmatrix}$

在该场景下，需要将两个不确定因素对应的同一种能力需求的值进行合并，目前关于能力需求值的合并规则有如下几种。

（1）取最大：对于效益型能力需求，取 $\max\{a_{r,k}^i, a_{t,k}^j\}$ 为第 i 个不确定因素下第 r 个水平的第 k 个能力需求值与第 j 个不确定因素下第 t 个水平在第 k 个能力需求值的合并值。

（2）取最小：对于成本型能力需求，取 $\min\{a_{r,k}^i, a_{t,k}^j\}$ 为第 i 个不确定因素下第 r 个水平的第 k 个能力需求值与第 j 个不确定因素下第 t 个水平在第 k 个能力需求值的合并值。

（3）取平均：对于平均型的能力需求，取 $(a_{r,k}^i + a_{t,k}^j)/2$ 为第 i 个不确定因素下第 r 个水平的第 k 个能力需求值与第 j 个不确定因素下第 t 个水平在第 k 个能力需求值的合并值。

（4）布尔"与"计算，对于布尔型能力需求，进行布尔"与"计算。

那么，针对每个具体的场景，可以获取其在每个能力需求下的需求值。形式化方法如下。

针对任意场景 S_x，$S_x = \{A_j^i\}$ ($i=1,2,\cdots,m; 1 \leq j \leq x_i$)，那么该场景对应的能力需求为

$$C(S_x) = [C_{x1}, C_{x2}, \cdots, C_{xz}]$$

$$\begin{cases} S_x = \{A_j^i\}, \\ C_{xt} = \left(\bigcup_{i=1}^{m} a_{jt}^i\right) \end{cases}$$

$$\text{s.t.} \begin{cases} i=1,2,\cdots,m; 1 \leq j \leq x_i; t=1,2,\cdots,z \\ \bigcup_{i=1}^{m} a_{jt}^i = \begin{cases} \max_{i=1,2,\cdots,m}\{a_{jt}^i\}, c_t \text{ 为效益型} \\ \min_{i=1,2,\cdots,m}\{a_{jt}^i\}, c_t \text{ 为成本型} \\ \sum_{i=1}^{m} a_{jt}^i, c_t \text{ 为平均型} \\ \max_{i=1,2,\cdots,m}\{a_{jt}^i\}, c_t \text{ 为布尔型}(a_{jt}^i = 0 \text{ 或 } 1) \end{cases} \end{cases} \tag{11-4}$$

式中：$C(S_x)$ 为场景 S_x 下的能力需求集合；C_{xt} 为场景 S_x 下对应第 t 个能力 c_t 的需求值。

11.1.3 基于 TOPSIS 的场景下能力需求度量

在鲁棒规划方法中需要对场景的难易程度进行排序，装备规划采用"基于能力规划"的思想。因此，在评价场景之间的难易程度时，把对应的能力

需求的实现难易程度（在未来作战环境中满足作战能力需求的难度）作为基本的准则。那么场景的难易程度排序问题就转换为对应能力需求之间的度量，本章通过逼近理想解的排序方法（Technique for Order Preference by Similarity to Ideal Solution，TOPSIS）对能力需求进行度量。

该方法概念清晰，简便实用，得到了广泛应用。该方法将待评估系统的准则看成变量，形成一个高维几何空间，而每个待估值对象就是空间中的一个点。通过计算该点距离参考点的欧式距离，对待评估对象的优劣进行排序。

采用 TOPSIS 方法进行场景难易程度评估的基本步骤如下。

（1）用向量规范化的方法获取场景能力需求的规范矩阵。m 个待评估的场景的能力需求向量构成决策矩阵 $C=[C_{ij}]_{o\times z}$，经过规范化后得到场景能力需求的决策矩阵 $X=[x_{ij}]_{o\times z}$，其中

$$x_{ij} = \frac{C_{ij}}{\sqrt{\sum_{t=1}^{o} C_{ij}^2}}, \quad i=1,2,\cdots,o; \ j=1,2,\cdots,z \tag{11-5}$$

（2）确定理想解 x^* 和负理想解 x^0。设 x^* 的第 j 个能力需求值为 x_j^*，负理想解 x^0 第 j 个能力需求值为 x_j^0，则

$$\text{理想解 } x_j^* = \begin{cases} \max_{i=1,2,\cdots,o} \{x_{ij}\}, c_j \text{ 为效益型能力需求} \\ \min_{i=1,2,\cdots,o} \{x_{ij}\}, c_t \text{ 为成本型能力需求} \end{cases} \tag{11-6}$$

$$\text{负理想解 } x_j^0 = \begin{cases} \min_{i=1,2,\cdots,o} \{x_{ij}\}, c_j \text{ 为效益型能力需求} \\ \max_{i=1,2,\cdots,o} \{x_{ij}\}, c_t \text{ 为成本型能力需求} \end{cases} \tag{11-7}$$

（3）计算各场景能力需求的规范向量分别到理想解与负理想解的距离。第 i 个场景 s_i 到理想解的距离为

$$d_i^* = \sqrt{\sum_{j=1}^{n} (x_{ij} - x_j^*)^2}, \quad i=1,2,\cdots,m \tag{11-8}$$

第 i 个场景 s_i 到负理想解的距离为

$$d_i^0 = \sqrt{\sum_{j=1}^{n} (x_{ij} - x_j^0)^2}, \quad i=1,2,\cdots,m \tag{11-9}$$

（4）计算各场景的相对贴近度，即

$$W_i^* = \frac{d_i^0}{d_i^0 + d_i^*}, \quad i=1,2,\cdots,z \tag{11-10}$$

（5）按 W_i^* 由大到小排列各场景的难易程度次序 $L(s_i)$：贴近度越高的场景能力需求的满足难度越大，场景越困难，$L(s_i)$ 越大；相反，贴进度越低的场景难度越小，$L(s_i)$ 越小。

11.2 单场景确定能力需求下的方案价值评估模型

模型的构建需要按照由简入繁、由粗至细的步骤逐渐深入。在研究多场景下的装备规划模型之前,首先确定单场景的能力需求,研究如何评估规划方案的价值。

因此,方案价值评估的核心就在于如何度量方案的价值指标(能力总体差距、能力差距总离差)。本节首先定义规划方案的形式化模型,为随后的规划方案评估提供形式化输入,以提高模型的易读性和简洁性;然后基于"价值导向"的思想,构建规划方案的价值评估模型;最后在单场景确定能力需求的背景之下,构建相应的规划模型。为第 12 章多场景下的研究提供思想和方法支撑。

具体的方案评估与规划模型思路如图 11.5 所示。

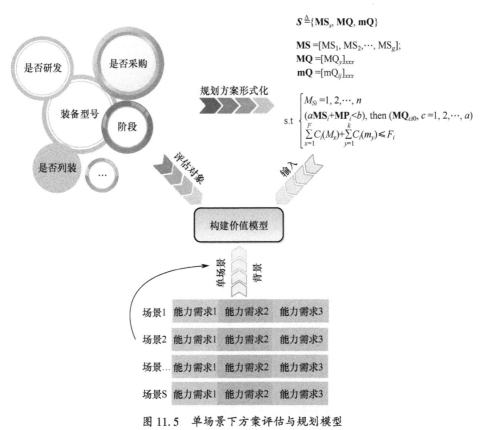

图 11.5 单场景下方案评估与规划模型

11.2.1 规划方案形式化描述

为了方便模型的理解，方案需要以形式化的通用模式描述。

为了方便模型表示，设定整个决策过程有 n 个阶段，$n>1$。在一个方案中，关注的信息应包含决策变量、约束条件以及其他辅助计算的信息，具体如表 11.3 所列。

表 11.3 方案所包含的信息

信息类型		待发展装备			已列装装备		
序号		M_1	...	M_g	m_1	...	m_h
开始研发时间		MS_1	...	MS_g	-	...	-
研发耗时（阶段）		MP_1	...	MP_g	-	...	-
预计列装时间		MS_1+MP_1	...	MS_g+MP_g	-	...	-
退役时间		MR_1	...	MR_g	mR_1	...	mR_g
采购数量	阶段 1	MAQ_{11}	...	MAQ_{1g}	mAQ_{11}	...	mAQ_{1g}
	阶段 2	MAQ_{21}	...	MAQ_{2g}	mAQ_{21}	...	mAQ_{2g}
	⋮	⋮	⋱	⋮	⋮	⋱	⋮
	阶段 n	MAQ_{n1}	...	MAQ_{ng}	mAQ_{n1}	...	mAQ_{ng}
研制成本/单位时间		MRC_1	...	MRC_g	-	...	-
采购成本/单装		MAC_1	...	MAC_g	mAC_1	...	mAC_g

将表中抽象的内容以直观的图的形式展示，则方案中应包含的信息如图 11.6 所示。

图 11.6 中的符号依次表示：开始研制时间、预计完成时间、采购数量、不研发装备和退役装备。

下面定义方案的约束，本节假设方案应满足以下条件。

（1）规划方案涉及从开始决策点到最后一个阶段结束的整个决策过程。

（2）规划方案包括下列决策变量：发展哪些待研发的装备、何时开始发展、列装后的采购数量、已列装装备每个阶段的采购数量、何时退役。

（3）如果决定开始在某个阶段研发某个装备，那么装备的开始研发时间为某个阶段的开始时间节点。

（4）一旦某个装备开始投入资金，那么在未来 n 个阶段内不考虑研发暂停、推迟、取消的情况，经费会按照计划投入。

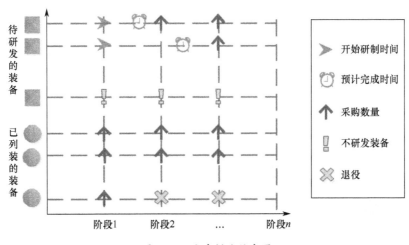

图 11.6　方案描述信息图

（5）新研发的装备只有在预计研发成功时间点的下个阶段，才可以形成战斗力，满足能力需求。

（6）已列装的装备，需要在每个阶段开始，确定是否退役，若否，则需要支付维护费用，若是，则退役目前所有该装备。

（7）设定每个阶段的投入资金为 $F_i(i=1,2,\cdots,n)$，那么在之前规定的假设的基础上添加以下假设：①待研发装备的资金是一次性投入的；②研制成功的装备的采购成本固定不变；③已列装装备的采购成本固定不变。

针对多阶段考虑装备开发周期的多阶段武器装备规划模型，需要考虑以下几个问题：①已列装装备在每个阶段的采购数量；②已列装装备在哪个阶段安排退役；③选择哪些新装备进行研发，以及开始的研发时间；④新装备研发成功后的采购数量；⑤新装备研发成功后的退役时间。因此，可以规定方案的决策变量包含表 11.4 中所列的信息。

表 11.4　决策变量信息

决策对象	决策变量
待研发装备	开始研发时间
	列装后每个阶段的采购数量
	退役时间（阶段）
已列装装备	每个阶段的采购数量
	退役时间（阶段）

将表 11.4 中的信息形式化描述如下，则可定义规划方案的形式化描述为

$$S = \{\mathrm{MS}, \mathrm{MAQ}, \mathrm{mAQ}, \mathrm{MR}, \mathrm{mR}\}$$

式中：**MS** 为待研发装备的研发时间集合，$\mathrm{MS}_i = 0, 1, \cdots, n$ 为装备 M_i 的研发时间取值范围，取 0 则代表不研发，取其他小于 n 的整数代表在相应阶段开始研发；**MAQ** 为待研发装备在各个阶段的采购数量，MAQ_{ij} 为在第 i 个阶段采购装备 M_j 的数量，取大于等于 0 的整数；**mAQ** 为已列装的装备在各个阶段的采购数量，mAQ_{ij} 为在第 i 个阶段采购装备 m_j 的数量，取大于等于 0 的整数；**MR** 为待研发装备的退役时间，MR_i 为装备 M_i 的退役时间，取 $0 \sim n$ 之间的整数，代表在第 MR_i 个阶段退役；**mR** 代表已列装装备的退役时间，mR_i 代表装备 m_i 的退役时间，取 $0 \sim n$ 之间的整数，代表在第 mR_i 个阶段退役。

上述工作完成了对规划方案的形式化描述，下面在进行多场景的相关研究之前，首先对单场景下确定的能力需求下的规划方案进行评估。

11.2.2 单场景下规划方案价值评估模型

传统的评估方法，多是针对评估对象本身，根据多种可行的决策方法，进行一系列的分析和综合，从而得出评估结果，选择最优的方案。这种"方案导向"的评估思路过于定量化，而忽视了决策者的主观意愿。尤其对于以人为主导的军事斗争中，装备的作用发挥始终是基于人的作用、意愿上，通俗而言：指标突出的装备不一定好用。

评估的目的是服务于决策，而决策则是基于对事物的决断，做出决定的行为。决策是一个过程，是以"价值为导向"的一系列研究行为，即决策活动立足于决策者对于某项决策问题或事件的价值取向（目标定位）、决策准则的取舍、目标相对重要性的判断等，并在决策者的价值体系及偏好域内对论证活动所提供的各个备选方案进行评价和排序。

因此，在对方案的能力进行评估时，秉承"价值先于方案"的思想，即由决策者的价值偏好引导方案的评估。以价值模型为基础，根据决策者的价值偏好设计好权重，按照统一的标准分别对这些方案进行评分，得到各个规划方案基于同一标准的分数——价值。

根据规划方案的定义，获取规划方案价值需要考虑整体时间阶段内装备的研发、列装和退役等。

本节从两个角度考虑规划方案的价值：①能力总体差距，即方案能力到能力需求之前的总体差距，能力总体差距越大，价值越低；②能力差距的总离差，即代表能力差距在能力之间和阶段之间的波动程度，离差越大，能力差距的波动越大，则说明规划方案在未来作战场景中可能面临着某一能力的短板，

这是决策者不愿看到的，认为这样的方案价值较低。所以，规划方案的价值是一个包含能力总体差距、能力差距总离差的二元组。方案价值的评估模型如图 11.7 所示。

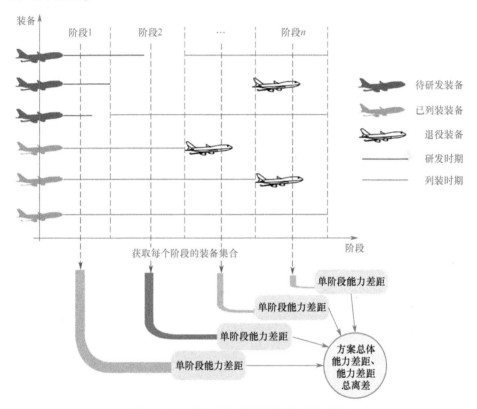

图 11.7　方案综合价值评估模型（见彩图）

前面已经讨论如何获取单场景下的能力需求，和规划方案装备集合的能力值。上述数据作为本小节的输入，用于评估规划方案的综合价值。

11.2.2.1　方案的能力总体差距

本小节内容是从能力差距的角度对方案价值进行评价，同时假定能力差距可以在一定程度上由装备数量弥补，但是单纯由数量弥补能力上的不足是不够的，只有发展新型高新装备才可以从本质上弥补能力差距的不足。军事战争史上有很多类似的案例，比如在第二次世界大战的苏联卫国战争中，苏联大量生产射速低、精度差但造价低、使用简便的迫击炮，最终在集火射击的战术下，通过大面积火力覆盖杀伤震慑对手，取得显著战果，弥补了与德国先进技术、造价不菲的装备之间的差距。

同时需要考虑到：在现代战争中，这种由装备数量弥补能力差距的效果正在逐渐降低，新一代装备和旧一代装备之间的差距往往不是工业水平所带来的装备质量的差距，而是由革命性技术带来的'隔代'差距。通过模拟仿真，第五代战机和第三代战机之间战损比高达 1∶40，这种差距显然就不是通过增加装备数量就可以弥补的了。

结合上述分析，本节定义方案的能力总体差距由装备距离能力需求的差距，并考虑装备数量一定程度上对能力差距的弥补效果共同决定。根据方案的信息，可以获取如表 11.5 所列的数据。

表 11.5　方案信息表

方案 x 信息包含的数据				
能力需求	c_1	c_2	…	c_z
某单场景 s 下的能力需求值	$c(s)_1$	$c(s)_2$	…	$c(s)_z$
方案在第 j 个阶段下装备集合的能力	$c(x)_{j1}$	$c(x)_{j2}$	…	$c(x)_{jz}$
方案在第 j 个阶段下满足能力需求的装备数量	$\|c(x)_{j1}\|$	$\|c(x)_{j2}\|$	…	$\|c(x)_{jz}\|$

根据表 11.5 中的数据，可以计算方案 x 在场景 s 下的能力总体差距，具体步骤如图 11.8 所示。方案 x 包含的数据如表 11.6 所列。

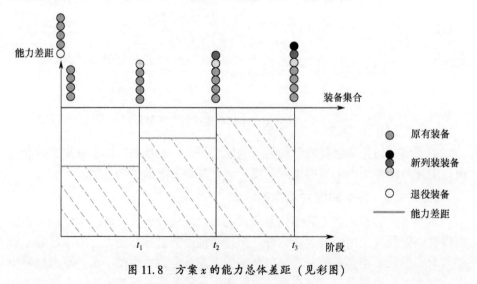

图 11.8　方案 x 的能力总体差距（见彩图）

图 11.8 中，t_1、t_2、t_3 分别为三个之前研发的装备的列装时间，列装之后会形成新的能力差距，虚线覆盖的面积即为到阶段 t 为止的累积能力差距。那么，可以构建单场景下的装备规划模型如下。

(1) 计算单个能力需求–单个阶段–不考虑装备数量的能力差距。

表 11.6 方案 x 包含的数据

方案 x 信息包含的数据				
能力需求	c_1	c_2	⋯	c_z
某单场景 s 下的能力需求值	$c(s)_1$	$c(s)_2$	⋯	$c(s)_z$
方案在第 j 个阶段下装备集合的能力	$c(x)_{j1}$	$c(x)_{j2}$	⋯	$c(x)_{jz}$
能力差距	$\Delta c(x)_{j1}$	$\Delta c(x)_{j2}$	⋯	$\Delta c(x)_{jz}$

表 11.6 中的 $\Delta c(x)_{ji}$ 的计算方法为

$$\Delta c(x)_{ji} = \begin{cases} \begin{cases} \dfrac{c(s)_i - c(x)_{ji}}{c(s)_i}, c(s)_i > c(x)_{ji} \\ 0, c(s)_i \leqslant c(x)_{ji} \end{cases}, c_i \text{ 为效益型} \\ \begin{cases} \dfrac{c(x)_{ji} - c(s)_i}{c(x)_{ji}}, c(s)_i < c(x)_{ji} \\ 0, c(s)_i \leqslant c(x)_{ji} \end{cases}, c_i \text{ 为成本型} \end{cases} \quad (11\text{-}11)$$

式中：$\Delta c(x)_{ji}$ 为方案 x 在第 j 个阶段下，针对能力需求 i 的能力差距，取值落在 [0,1] 区间内，为归一化之后的差距值。

(2) 计算单个能力需求–单阶段–考虑装备数量的能力差距。考虑到装备数量对能力差距的弥补效果，由装备数量不可能完全抵消装备之间的能力差距的实际情况，能力差距和装备数量之间的函数关系，如图 11.9 所示。

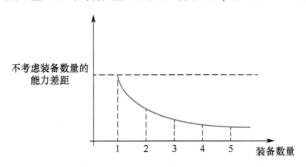

图 11.9 装备数量和能力差距之间的函数关系图

由图 11.9 可知，随着装备数量的增加，能力差距缩小，但只能无限趋近于 0。

根据函数图像，可以定义几种满足此关系的函数如下：

(1) 反比例函数：$\Delta \hat{c}_i = \dfrac{\Delta c_i}{n}$；

(2) 指数函数：$\Delta \hat{c}_i = \Delta c_i^n$；

(3) 其他形式的函数：$\Delta \hat{c}_i = \Delta c_i \times e^{1-n}$。

式中：$\Delta \hat{c}_i$ 为能力差距 Δc_i 在满足能力需求 i 的装备数量为 n 的情况下的调整能力差距。具体采用哪种函数需要根据实际情况而定，本节不研究哪种函数形式更合理，统一采用指数函数的形式，即 $\Delta \hat{c}_i = \Delta c_i^n$。

那么，单个能力需求-单阶段-考虑装备数量的能力差距为

$$\Delta \hat{c}(x)_{ji} = (\Delta c(x)_{ji})^{|\Delta c(x)_{ji}|} \tag{11-12}$$

式中：$|\Delta c(x)_{ji}|$ 为方案 x 在第 j 个阶段中可提供能力需求 i 的装备数量。由于能力差距经过归一化处理，取值为 0～1，所以随着指数数值变大（装备数量的增加），能力差距缩小，性能上的劣势在一定程度上得到弥补，但是不会完全抵消能力差距。

(3) 计算能力总体差距。由于能力差距的物理含义是方案中装备集合具备的能力到能力需求的差距，因此能力差距具有可加性和齐次性，属于线性系统。可定义能力总体差距为

$$G(x,s) = \sum_{j=1}^{p} \sum_{i=1}^{z} \Delta \hat{c}(x)_{ji} \tag{11-13}$$

式中：$G(x,s)$ 为方案 x 在场景 s 下的能力总体差距；$\Delta \hat{c}(x)_{ji}$ 为方案 x 在第 j 个阶段中，针对能力需求 i 的调整能力差距。

11.2.2.2 方案能力差距总离差

结合研究问题的实际情况：在各个阶段之间、各个能力之间，能力差距的平均值越低越好，但是能力差距如果在阶段间、能力间波动太大，就代表该方案在某些阶段，或者某些能力上有短板，这是决策者不愿看到的。下面研究如何度量这种离差。

借鉴 Markowitz 提出的均值方差模型中度量资产之间方差的方法，该方法最初是应用于经济学中的资产投资问题，基本思想是通过分散化投资获得收益与风险的平衡，这里就是用方差来衡量投资的风险。均值方差模型的基本描述为

$$\begin{cases} E(r_p) = \sum_{i=1}^{n} x_i \times r_i \\ \sigma_p^2 = \sum_{x=1}^{n} x_i [r_i - E(r)]^2 = \sum_{i=1}^{n} \sum_{j=1}^{n} x_i x_j \text{cov}(x_i x_j) = \sum_{i=1}^{n} \sum_{j=1}^{n} x_i x_j \sigma_i \sigma_j \rho_{ij} \end{cases} \tag{11-14}$$

式中：σ_p^2 为投资组合的方差；ρ_{ij} 为 r_i 和 r_j 的相关系数；$\sum_{i=1}^{n} x_i = 1, i, j = 1, 2, \cdots, n$。

那么，根据方案在不同阶段和不同能力需求之间的能力差距，可以计算方案的能力差距的总体离差，即

$$\boldsymbol{R} = \begin{bmatrix} r_{11} & r_{12} & \cdots & r_{1p} \\ r_{21} & r_{22} & \cdots & r_{2p} \\ \vdots & \vdots & & \vdots \\ r_{n1} & r_{n2} & \cdots & r_{np} \end{bmatrix} \tag{11-15}$$

式中：r_{ij} 为规划方案的第 i 个阶段中第 j 个能力需求的能力差距。

需要说明的一点是，这里测量能力差距在阶段和能力之间的能力差距离差并不等同于投资组合理论中方差的概念。方差是来自于概率论的概念，表示实际数据与样本预期数据之间的可能偏离。而能力差距总离差并不存在实际数据与样本数据的概念，这里只是借鉴获取方差的方法，来表征能力价值在阶段和单个能力之间的能力差距在阶段和能力之间的波动程度。

根据均值方差的理论，可以获取矩阵 $\boldsymbol{R}$ 中能力差距的总体离差，具体流程如图 11.10 所示。

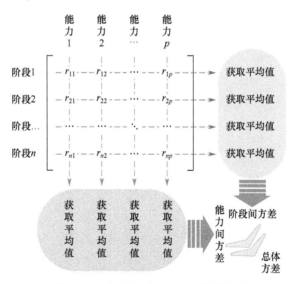

图 11.10 能力差距总体离差计算模型

根据图中的流程，按照如下步骤计算能力差距的总离差。

（1）首先获取方案在单场景下能力差距在不同阶段之间的方差，即

$$\sigma_s^2(x,s) = \sum_{i=1}^{n} [\text{RS}_i - E(\text{RS})]^2 \tag{11-16}$$

式中：$\text{RS}_i = \frac{1}{P}\sum_{j=1}^{p} r_{ij}$；$\sigma_s^2(x,s)$ 为方案 x 在场景 s 下的能力差距在不同阶段之间的方差。

（2）计算方案在单场景下能力差距在不同能力需求之间的方差，即

$$\sigma_p^2(x,s) = \sum_{j=1}^{p} [\text{RP}_j - E(\text{RP})]^2 \tag{11-17}$$

式中：$\text{RP}_j = \frac{1}{n}\sum_{i=1}^{n} r_{ij}$；$\sigma_s^2(x,s)$ 为方案 x 在场景 s 下的能力差距在不同能力需求之间的方差。

（3）计算方案在单场景下能力差距的总离差，即

$$\sigma^2(x,s) = (\sqrt{\sigma_s^2(x,s)} + \sqrt{\sigma_p^2(x,s)})^2 \tag{11-18}$$

式中：$\sigma_s^2(x,s)$ 为方案 x 在场景 s 下的能力差距的总离差。

11.2.2.3 单场景下方案的总体价值

通过能力差距计算模型可以求得方案在单场景下的能力总体差距；通过离差计算获取方案在单场景下能力差距的总离差。因此，规划方案的总体价值可以用一个二元组表示，即

$$V(x,s) = \{G(x,s), \sigma^2(x,s)\} \tag{11-19}$$

式中：$V(x,s)$ 为方案 x 在场景 s 下的价值；$G(x,s)$ 为方案 x 在场景 s 下的能力总体差距；$\sigma_s^2(x,s)$ 为方案 x 在场景 s 下的能力价值总体离差。可以预知，方案的规划模型会是一个多目标的优化模型，将在第 12 章中讨论。

第 12 章 多场景下武器装备体系鲁棒规划模型构建与求解

规划模型中，通常最优解都会受到参数不确定的影响，具体表现为对参数的变化非常敏感。最开始，研究者通常用随机优化的方法解决不确定性问题，即为每种不确定的因素赋予一定的概率，最后求解表现期望最优、方差最小的解，或者仅仅针对概率最大的情况求解在该不确定参数下的最优解。随机优化典型的方法有：贝叶斯决策、期望方差模型、马尔可夫链模型等。

然而，随机优化面临两种不可避免缺点：①现实条件下，不确定性是面向未来的，很多情况下是不可预测的，从而无法准确获知不确定的概率，导致诸如贝叶斯决策、马尔可夫决策等方法的输入无法确定；②即使通过一定的预测方法给出每种不确定性的概率，很多现实的案例表明，未来真实发生的情况通常不同于甚至完全相反于概率表征的信息，从而导致做出的决策结果很差。

而鲁棒决策方法（Robust Decision Making，RDM）是一种迭代的，定量的决策支持方法，专门用于解决未来不确定性难以正确预测的问题。和传统先预测→再行动（predict-then-act）的方法相比，RDM 的核心思想是后验分析，即遵循脆弱性测试→结果回应的过程。分析人员通常先设计评判规划方案优劣的模型和工具，然后再明确未来可能的场景范围，然后测试每种规划方案在所有可能未来场景下的表现，作为评价规划方案鲁棒性的依据。这种测试能够帮助决策者分析哪些规划方案是鲁棒的，即无论未来场景如何变化，都能够具有相当优秀表现的规划方案，并且辅助决策者在潜在的鲁棒规划方案中权衡选择鲁棒性最强的规划方案。通常来讲，通过 RDM 选择的规划方案适应性很强，能够应对未来不断演化的情况。因此，本章采用鲁棒决策方法解决多场景下装备发展规划问题。

12.1 鲁棒决策模型基础理论

鲁棒决策模型通过融合两种传统不确定性管理方法"场景分析"和"概率风险分析"的精髓，开辟了一种促进决策者之间对话的全新方式。所谓场景分析主要描述了潜在的未来情形。通过呈现未来值得考虑的关注点可能发生的情形，场景分析可以打破决策者的认知和组织障碍，从而解除其对于潜在未来各种情形和决策选项的思考限制。

鲁棒决策方法不需要依赖于获知不确定性的概率，其假设任何一种不确定情况在未来都是可能发生的，只需找出在各种不确定性下都能够表现得不差的解即可，所以鲁棒决策是一种相对保守的决策方法，但可以保证方案在任何情况下都可以获取收益。

鲁棒性方法的应用有三种关键要素：
（1）使用场景规划方法来构建决策面临的数据不确定性；
（2）选择合适的鲁棒性准则或者标准；
（3）构建决策模型。

当同时具备这三种要素的时候，决策者可以应用标准的规划方法来产生鲁棒决策方案，整个鲁棒决策的框架如图 12.1 所示。

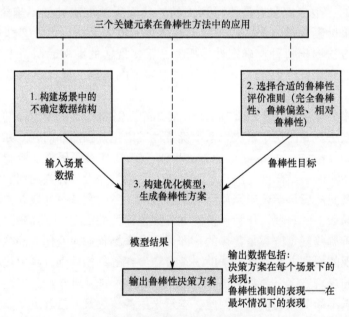

图 12.1　鲁棒决策方法的框架

1. 构建场景开发规则和方法

构建不确定数据的一个重要方法是场景规划方法。对于大多数的实际应用而言，场景代表一种未来的可能情景，包括经济的、技术的，以及其他决策者关心的未来可能性。在单纯的场景开发中，根据鲁棒性方法，在所有的输出中没有涉及概率的信息。鲁棒决策的核心方法是准备应对所有可能的未来场景，而不考虑将来发生的可能性大小。

2. 鲁棒性准则的选择

在正常定义的鲁棒性方法中，一般有四种鲁棒性准则。

（1）完全鲁棒性：这种度量方式（使用于单个场景决策）经常应用到评估所有场景下的决策，并且将最坏场景下的表现作为鲁棒决策的指标，以保证完全鲁棒解可以在任何场景下获益。

（2）鲁棒性偏差：这种决策指标指的是距离最好的方案的偏差，即每个场景下，待评价方案的表现和该场景下最优方案的表现之间的偏差。每个方案在对所有场景下的这种偏差求和，总体偏差最小的方案将被视为鲁棒性最强的方案或者在所有方案最大偏差中选择最小的一个作为鲁棒性方案。

（3）相对鲁棒性偏差：和鲁棒性偏差类似，只不过相对鲁棒性将这种偏差进行标准化，其决策的思想也和鲁棒性偏差的相同。

（4）整体鲁棒性：从整体的角度考虑方案的鲁棒性，即获取方案在所有场景下平均表现。整体鲁棒性较强的方案可以保证在大部分场景中有不错的表现。

总结上述四种鲁棒性指标如下：选择不同的鲁棒性准则可能导致不同的鲁棒决策方案，在一些特殊的鲁棒决策条件下，需要选用某些特定的鲁棒性准则。①完全鲁棒性准则倾向于生成非常保守的，关心如何应对最坏情况的场景。②鲁棒性偏差和相对鲁棒性准则在决策过程中的保守性倾向相对较低。这两种准则将不确定性看成一种可利用的机会而不是一种待防范的风险。场景中表现最好的点是决策的一种基准。决策者时刻需要关注在任何的场景下，什么才是最好的表现，鲁棒决策方案应该在每种场景下都保持接近这种基准。距离最优点的偏差是一种非常有效的指标，可以实现每种方案在去除不确定性后可以被提升的程度。③整体鲁棒性是从整体的角度，获取方案在所有场景下的平均表现，以保证方案在大部分场景下可以有不错的表现。

完全鲁棒性准则是最简单、信息需求最少的准则。对于其余的两种准则，在标准的数学规划软件下，其计算复杂性是可以比较的。然而，一些研究发现对于相对鲁棒性准则，在描述其属性和识别构建算法探索过程的问题结构时存在更多的困难。因此，对于该两种鲁棒性准则，一般使用完全鲁棒性准则和整体鲁棒性准则。

3. 鲁棒规划模型

使用一个基于场景的方法表示决策模型中输入数据的不确定性。一个特定的输入数据集代表决策模型中重要参数的可能的取值方式。使用场景来构建输入数据不确定性的结构可以允许决策者描述决策环境中一些主要的不确定因素和决策模型中输入参数的集合之间的关系;很多参数同时受一个或者更多这些因素的影响。鲁棒性方法主要依赖于场景的生成过程,因此要求决策者对决策环境有着深刻的理解。

令 S 代表在提前规定好的水平下所有可能实现的场景;X 代表决策变量的集合;D 代表输入数据的集合;D^s 代表对应场景 s 的输入数据;F_s 代表场景 s 下所有可行的决策方案,并且假设决策方案 X 的价值通过函数 $f(X,D^s)$ 评估,且优化目标是最小化 $f(X,D^s)$。那么单场景下最优化决策方案其实就是一个确定性优化问题的解,即

$$x^* = \arg \min_{X \in F_s} f(X, D^s) \tag{12-1}$$

而鲁棒性的规划模型,根据不同的鲁棒性准则定义如下:

定义 12.1 完全鲁棒解:通常定义为在所有可行解或者可实现的输入数据场景下最大目标值中最小的解(为了方便说明,介绍鲁棒性方法时统一以最小化成本为目标),即

$$x^* = \arg \min_{X \in F_s} (\max_{s \in S} f(X, D^s)) \tag{12-2}$$

完全鲁棒性是一个保守和可靠的方法,保证解决方案在最坏的情况下仍然是最好的,这意味着利益相关者可以在任何情况下获得利益。

定义最坏情况的方法一般有两种:一种是在竞争的情况下,即决策模型的参数受竞争者行为的影响,如果决策者的竞争者和决策者本身有利益冲突,那么最坏的场景就是使得决策者本身的利益降到最低。另一种是将预测的价值设定为基准值,用以评价决策的质量,无论未来的真实场景是什么样的。如果不能达到或者超过基准值,那么该决策就是一个劣解。这些固定的常量不一定体现在上述两个公式中,因为他们并不影响最后的优化结果。然而,它们存在于决策环境中,会使得决策者去选择规避风险的行为,因为这可以使得决策者在最坏的情况下仍然可以获取超出其他方案的价值。如果一个决策在某些场景有着较高的价值,但在其他一些场景中不能超过基准的价值,那么这个场景将不再考虑。

定义 12.2 鲁棒偏差解:通常为在所有可能场景中,总体偏差最小的情况的解,即

$$x^* = \arg \min_{X \in F_s} (\max_{s \in S} (f(X, D^s) - f(X_S^*, D^s))) \tag{12-3}$$

定义 12.3 相对鲁棒偏差解:指在所有可能场景中,距离最优解的偏差的相对百分比最大的情况下,表现最好的解,即

$$x^* = \arg\min_{X \in F_s} \left(\max_{s \in S} \left(\frac{f(X,D^s) - f(X_S^*,D^s)}{f(X_S^*,D^s)} \right) \right)$$

$$= \arg\min_{X \in F_s} \left(\max_{s \in S} \left(\frac{f(X,D^s)}{f(X_S^*,D^s)} \right) \right) - 1 \tag{12-4}$$

上述指标适用于决策的质量是后验的情况：虽然决策者在决策之前面临大量的数据不确定性，但是决策者在真实情况发生之后，使用真实的数据对决策的质量进行评价。在这种情况下，在实现的数据场景中，距离最优解表现的偏差可以作为可行的评价标准。同时，上述指标也适于决策质量前验的情况，例如在高度竞争的市场环境中，决策的质量需要在任何可能的场景下达到满意的要求，那么在使用鲁棒偏差和鲁棒相对偏差这两个指标时，只需把所有可能场景下表现最好的解的价值设定为基准值，用以计算偏差即可。

定义 12.4 整体鲁棒解：指在所有可能的场景中，平均表现最优的解，即

$$x^* = \arg\min_{s \in F_s} \left(\frac{1}{|s|} \sum_{s \in S} f(X,D^s) \right) \tag{12-5}$$

12.2 多场景下装备鲁棒规划模型构建

由于本节装备规划方案的价值是基于能力总体差距和能力差距总离差描述的，所以，在多阶段问题中，连接前后两个阶段之间的桥梁应该定为能力需求。本节首先分析确定单场景下能力需求下的装备规划模型，为多场景下不确定能力需求的装备规划问题提供研究基础。

12.2.1 规划模型构建思路

鲁棒规划模型的构建过程与通常的规划模型构建过程并无本质差异，按照确定模型变量参数、规定模型决策变量、构建目标函数、建立优化模型的步骤进行。鲁棒规划模型的特点是在原来的规划模型中，将鲁棒性准则，或者其他鲁棒性标准嵌入到决策变量、目标函数中。

同时必须强调装备规划是一个多阶段规划问题。传统的多阶段问题，是将按顺序执行多个决策步骤的问题转化为多个时间阶段的决策问题。其特点是：每个阶段的可能决策行为是已知的；每个阶段的状态是已知的。例如一种经典的多阶段问题——最短路问题：每一步之后，下一步的可选路径（可能的决策行为）是已知的，每种可选路径对应的路径长度（状态）也是已知的，其属于一种数学优化问题的解算方法，本质是一种完备信息下执行顺序的决策问题。

本节所研究的武器规划中的多阶段问题并不符合传统的多阶段问题的特点，属于不完全信息下的多阶段问题，当前阶段的决策为考虑当下环境、条件和约束的决策，而之后阶段的决策是考虑未来可能发生的各种情况下的决策，总体的决策方案是在整个多阶段范围内最能够符合利益相关者偏好的决策方案。该问题的难点在于：未来阶段面临的具体场景以及每种决策方案可能产生的结果都是不明确的。然而，由于国防项目的论证研发正是基于分阶段的原则进行的，而且有的重点项目一旦确定发展，其发展周期通常会跨越多个阶段，从而必须考虑前一个阶段的决策对于后面阶段的决策产生的影响，具体而言即，前阶段的决策约束后阶段的方案可选范围以及后阶段所选方案的效益。因此，这种多阶段的决策问题不能简单地分解为多个单阶段的决策问题，而是必须把所有阶段看成一个整体，从全局进行分析和决策。

假设一共由 b 种场景、v 种规划方案可供选择，且未来的场景实现是未知的，即不能确定未来阶段内会真实出现哪种场景。整个建模过程首先应该确定模型参数，以及相关的定义；其次确定方案的评价指标，用于评估规划方案的优劣；然后需要构建相应的目标函数，以及约束函数，用于支撑模型的求解；最后，需要根据实际需要设计求解算法，用于求解最优方案。

那么，具体而言，最关键的部分是定义方案的鲁棒性评价指标，以及目标函数。按照鲁棒规划理论，针对每种规划方案，首先获取其在每种场景下的表现，即能力总体差距和能力差距总离差，作为基本的评价输入，一共会有 bv 种不同的结果，再根据鲁棒性指标，从中选择满意的方案，如图 12.2 所示。

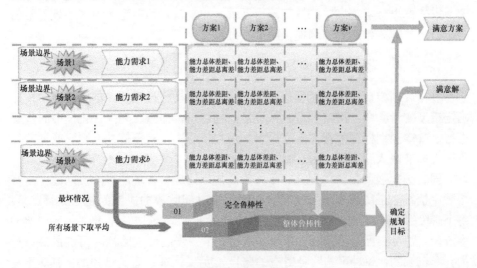

图 12.2　建模思路

12.2.2 获取每个方案在所有场景下的价值

根据模型参数可知，场景集合为 $S=\{S_1,S_2,\cdots,S_O\}$，用 $X=[x_i],1\leqslant i\leqslant e$ 表示所有可能的方案集合，多场景下多阶段装备鲁棒规划步骤如下。

根据第 3 章的内容，可以获取每个方案在单个场景下的价值（针对场景 S_i）。

(1) 获取每个场景下的价值，即

$$V(x_j,s_i)=\{G(x_j,s_i),\sigma^2(x_j,s_i)\} \tag{12-6}$$

式中：$V(x_j,s_i)$ 为第 i 个场景下对应第 j 个方案的价值；$G(x_j,s_i)$ 为第 i 个场景下对应第 j 个方案的能力总体差距；$\sigma^2(x_j,s_i)$ 为第 i 个场景下对应第 j 个方案的能力差距总离差。

(2) 获取每个方案在所有场景下的价值。用 V 矩阵表示包含所有方案在所有场景下的价值信息，即

$$V=\begin{bmatrix} V(x_1,s_1) & V(x_1,s_2) & \cdots & V(x_1,s_o) \\ V(x_2,s_1) & V(x_2,s_2) & \cdots & V(x_2,s_o) \\ \vdots & \vdots & & \vdots \\ V(x_e,s_1) & V(x_e,s_2) & \cdots & V(x_e,s_o) \end{bmatrix} \tag{12-7}$$

式中：$V(x_j,s_i)$ 为第 i 个场景下对应第 j 个方案的价值。

12.2.3 获取鲁棒性评价指标

鲁棒性指标包含完全鲁棒性、鲁棒性偏差、相对鲁棒性偏差和整体鲁棒性。由于鲁棒性偏差和相对鲁棒性偏差需要确定的待评估的方案才能评价距离最优方案的偏差，而这里讨论的并不是对给定方案的评估，而是需要求解 Pareto 解集。因此，本节采用完全鲁棒性和整体鲁棒性作为评价方案鲁棒性的指标。由于本节中方案的价值由二数数组（能力总体差距、能力差距总离差）表示，因此每个鲁棒性评价指标也是一个由能力总体差距、能力差距总离差表示的二元数组。下面说明如何获取方案的鲁棒性指标值。

(1) 完全鲁棒性评价指标。根据完全鲁棒性的定义，即要求方案在最坏场景下的表现。因此本节首先需要获取最困难的场景，由于场景最终映射到能力需求，因此场景的好坏通过满足能力需求的难易程度体现。由 3.3.2 节可知，场景 S_x 的难易程度用 $L(S_x)$ 表示。完全鲁棒性的函数关系如图 12.3 所示，黑色的点表示各方案的完全鲁棒值。

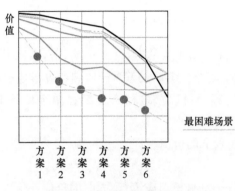

图 12.3　完全鲁棒性函数图形

定义 12.5　方案 x_i，$1 \leq i \leq u$ 的完全鲁棒性指标（Totally Robust Criteriaon）为

$$\begin{cases} f_{TRC}(x_i) = V(x_i, s_M) \\ V(x_i, s_M) = \{g(x_i, s_M), \sigma^2(x_i, s_M)\} \end{cases}$$

$$\text{s.t.} \begin{cases} x_i \in X \\ S_M = \arg\max_{S_i \in S} L(S_i) \end{cases} \tag{12-8}$$

式中，表示方案 x_i 的完全鲁棒性指标由两部分组成，分别是最困难场景下的能力总体差距和能力差距总离差。其中，$V(x_i, s_M)$ 表示方案 x_i 的完全鲁棒性指标，$\arg\max_{S_i \in S} L(S_i)$ 表示使难度最大的场景。

（2）整体鲁棒性指标。整体鲁棒性指方案在所有场景下的平均表现，其可以从整体上把握方案在所有场景中的表现。

定义 12.6　方案 $x_i (1 \leq i \leq u)$ 的完全鲁棒性指标为

$$\begin{cases} f_{TRC}(x_i) = (\overline{G}(x_i), \overline{\sigma^2}(x_i)) \\ \overline{G}(x_i) = \dfrac{1}{o} \sum_{j=1}^{o} g(x_i, S_j) \\ \overline{\sigma^2}(x_i) = \dfrac{1}{o} \sum_{j=1}^{o} \overline{\sigma^2}(x_i, S_j) \end{cases} \tag{12-9}$$

s.t.

$$x_i \in X$$

该式表现了方案 x_i 在每个场景下方案价值的平均值，包含两个部分，分别是平均能力总体差距 $\overline{G}(x_i)$ 和平均能力差距总离差 $\overline{\sigma^2}(x_i)$。其中，$g(x_i, S_j)$ 为

场景 S_j 下方案 x_i 的能力总体差距，$\sigma^2(x_i,S_j)$ 为方案 x_i 的能力差距总离差。

12.2.4 确定优化目标

两种鲁棒性指标代表不同的决策态度：完全鲁棒性准则倾向于生成非常保守的，但关心如何应对最坏情况的场景；整体鲁棒性从整体上把握方案在所有场景中的表现。选择不同的鲁棒性准则可能导致不同的鲁棒决策方案，在一些特殊的鲁棒决策条件下，需要选用某些特定的鲁棒性准则。因此，并没有研究提出过把两个鲁棒性指标嵌入到一个总的目标函数中。本节针对每种鲁棒性准则，分别确定相应的优化目标。

（1）完全鲁棒性指标下的优化目标。完全鲁棒解对应完全鲁棒性指标值。完全鲁棒性指标表示最坏场景下的表现，而完全鲁棒解是在最坏场景下表现最好的解。完全鲁棒解的优化目标为

$$\begin{cases} \min(g(x_i,s_M)) \\ \min(\sigma^2(x_i,s_M)) \\ x_i \in X \\ S_M = \arg\max_{S_i \in S} L(S_i) \end{cases} \quad (12\text{-}10)$$

式（12-10）的含义为：完全鲁棒解的优化目标为寻找最坏场景中所有解空间里能力总体差距最小的解，和能力差距总离差最小的解。其中，$\min(g(x_i,s_M))$ 代表能力总体差距的完全鲁棒值，$\min(\sigma^2(x_i,s_M))$ 代表能力差距总离差的完全鲁棒值。

（2）整体鲁棒性指标下的优化目标。整体鲁棒性指标下的优化目标是寻找从所有场景下平均表现最优的解，即平均能力总体差距和平均能力差距总离差最小的解，即

$$\begin{cases} \min(\overline{G}(x_i)) \\ \min(\overline{\sigma^2}(x_i)) \end{cases} \quad (12\text{-}11)$$

where：
$$x_i \in X$$

式（12-11）表示整体鲁棒性指标下的优化目标为：最小化能力总体差距在所有场景中的平均值；最小化能力差距总离差在所有场景中的平均值。其中，$\overline{G}(x_i)$ 代表方案 x_i 在所有场景中的平均能力总体差距值，$\overline{\sigma^2}(x_i)$ 代表方案 x_i 在所有场景中的平均能力差距总离差。

可以看出，对这两个鲁棒性指标而言，多场景下装备鲁棒规划都属于多目标规划问题，意味着该问题并不一定存在最优解，即不一定存在同时满足能力总体差距鲁棒性最小，且能力差距总离差的鲁棒性最小的解。因此，需要用多目标求解算法获取方案的Pareto解。

12.3 基于NSGA-Ⅱ进化算法的规划模型求解

12.3.1 解空间生成

首先，确定解空间的大小。通过梳理决策变量和决策变量的取值空间，可以确定解空间的大小。决策变量及其取值空间，如表12.1所列。

表12.1 决策变量及其取值空间

决策对象	决策变量	理论取值空间
待研发装备	开始研发时间（哪个阶段开始研发）	n
	列装后每个阶段的采购数量	∞
	退役时间（哪个阶段退役）	n
已列装装备	每个阶段的采购数量	∞
	退役时间（哪个阶段退役）	n

从表12.1中可以看出，如果决策变量的取值空间不加约束，解空间将是无限的。考虑到每个阶段的经费是有限的，因此每个装备的采购数量不可能是无限的。

这里，采用极限约束的方式，即考虑一种极端情况，令所有经费采购某装备的最大采购数量作为该装备采购数量的约束，那么实际装备的采购数量一定不会超过极限数量。那么添加约束之后的表修改为表12.2。

表12.2 约束后的决策变量及其取值空间

决策对象	决策变量	理论取值空间
待研发装备	开始研发时间	n
	列装后每个阶段的采购数量	$\left[\dfrac{F_i}{M_{c,j}^a}\right],\ 1\leqslant i\leqslant n,\ 1\leqslant j\leqslant g$
	退役时间（阶段）	n

续表

决策对象	决策变量	理论取值空间
已列装装备	每个阶段的采购数量	$\left\lceil \dfrac{F_i}{m_{c,j}^a} \right\rceil, 1 \leqslant i \leqslant n, 1 \leqslant j \leqslant h$
	退役时间（阶段）	n

因此，解空间的范围大致可以确定为

$$R = n^3 \prod_{i=1}^{n} \prod_{j=1}^{g} \frac{F_i}{M_{c,j}^a} \prod_{i=1}^{n} \prod_{j=1}^{h} \frac{F_i}{m_{c,j}^a} \tag{12-12}$$

下面定义解的格式，借鉴 11.2.1 节中关于规划方案的形式化定义，规定解中的信息为

$$\begin{cases} S = \{\mathbf{MS}, \mathbf{MAQ}, \mathbf{mAQ}, \mathbf{MR}, \mathbf{mR}\} \\ \mathbf{MS} = [\mathrm{MS}_i]_{1 \times g}, \mathrm{MS}_i = 0, 1, \cdots, n \\ \mathbf{MAQ} = [\mathrm{MAQ}_{ij}]_{n \times g}, \mathrm{MAQ}_{ij} \in N, \geqslant 0 \\ \mathbf{mAQ} = [\mathrm{mAQ}_{ij}]_{n \times h}, \mathrm{mAQ}_{ij} \in N, \geqslant 0 \\ \mathbf{MR} = [\mathrm{MR}_i]_{1 \times g}, \mathrm{MR}_i = 0, 1, \cdots, n \\ \mathbf{mR} = [\mathrm{mR}_i]_{1 \times h}, \mathrm{mR}_i = 0, 1, \cdots, n \end{cases} \tag{12-13}$$

式中：**MS** 为待研发装备的研发时间集合，$\mathrm{MS}_i = 0, 1, \cdots, n$ 表示装备 M_i 的研发时间取值范围，取 0 则代表不研发，取其他小于 n 的整数代表在相应阶段开始研发；**MAQ** 为待研发装备在各个阶段的采购数量，MAQ_{ij} 代表在第 i 个阶段采购装备 M_j 的数量，取大于等于 0 的整数；**mAQ** 为已列装的装备在各个阶段的采购数量，mAQ_{ij} 代表在第 i 个阶段采购装备 m_j 的数量，取大于等于 0 的整数；**MR** 为待研发装备的退役时间，MR_i 代表装备 M_i 的退役时间，取 $0 \sim n$ 之间的整数，代表在第 MR_i 个阶段退役；**mR** 代表待研发装备的退役时间，mR_i 代表装备 m_i 的退役时间，取 $0 \sim n$ 之间的整数，代表在第 mR_i 个阶段退役。

因为决策变量之间是独立的，因此解的生成可以采用各个决策变量之前进行直积的方式 $X = \mathbf{MS} \otimes \mathbf{MAQ} \otimes \mathbf{mAQ} \otimes \mathbf{MR} \otimes \mathbf{mR}$，即所有决策变量可能取值的全部组合。

从直观上看，解空间的范围可能比较大，由于在鲁棒性方法中，需要对每个方案在每个场景下的表现进行计算，较大的解空间会带来较大的计算消耗。因此，要尽量缩减解空间的规模。实际情况中，由于解空间的解未必都是可行的，对于不可行的解，没有必要对其进行迭代计算，因此可以提高算法效率。

12.3.2 可行解定义

可行解有两种基本含义：①满足规划行为本身的约束条件，如不超出预算、逻辑上合理；②满足决策者的约束，即满足基本的决策者主观层面的约束，如基线值约束、最小能力价值约束等。下面分别从这两个方面定义可行解。

（1）规划约束条件。针对规划方案的决策变量以及其他参数定义，可以确定如下的解约束条件。

① 当某待研发装备处于研发阶段（开始研发时间加上预计研发时间）时，对应的采购数量恒为0；

② 待研发装备的退役时间必然在列装时间之后；

③ 在装备退役之后的所有阶段里，采购数量恒为0；

④ 每个阶段的经费消耗不能多于预算[13]。

（2）决策者主观约束。有些解是满足规划约束条件的，但其表现却在决策者的预期之外，这部分的解对于决策者而言就是非可行解。那么对于装备发展规划问题，决策者针对装备发展规划方案的最低要求包括以下几点。

（1）方案必须满足某些特定的能力需求集合 C^*；

（2）设定能力总体差距基准值，即方案的能力总体差距不能超过给定的基准值 G^*；

（3）设定能力差距总离差基准值，即方案的能力差距总离差不能超过给定的能力差距总离差基准值 $(\sigma^2)^*$。

根据上述规划约束条件和决策者主观约束条件，可以定义可行解，对于算法中生成的不可行解可以直接跳过，而不必进行后续计算操作，可以提高算法效率。

12.3.3 基于 NSGA-II 的算法设计

在单目标约束优化问题中，通常最优解只有一个，一般采用常用的启发式算法就能求出最优解，而多场景下装备鲁棒规划是一个多目标优化的问题，且各个目标之间相互制约，一般不存在一个使得所有目标都能达到最优的解，所以多目标优化问题的解集通常是一个非劣解的集合——Pareto 解。目前，多目标进化算法是解决多目标优化问题最常用的一类进化算法，其核心思想是协调各目标之间的关系，找出使得所有目标都尽可能最优的解。除此之外，求解多目标优化问题具有解空间规模大、时间复杂度高的特点，传统的启发式方法不能高效地求解多目标优化任务，NSGA-II 多目标进化算法由于其收敛速度快、

第 12 章 多场景下武器装备体系鲁棒规划模型构建与求解

鲁棒性好等优势，对于多目标优化问题具有良好的求解效果。

NSGA-Ⅱ算法采用快速非支配排序机制使得非支配排序的计算复杂度下降，将精英机制引入到算法中，提高了算法的性能。为了保持种群的多样性，采用拥挤距离（crowding distance）对同一个非支配序列中的个体进行排序。NSGA-Ⅱ算法中两个重要的机制是快速非支配排序机制和拥挤距离分配机制。NSGA-Ⅱ的总体操作过程可以描述为：①随机产生种群规模大小为 N 的父代种群 P_t；②由父代种群 P_t 产生子代种群 Q_t，其种群规模大小同样为 N；③将两个种群混合在一起，形成了种群规模大小为 $2N$ 的种群 R_t；④将合并产生的新种群 R_t 进行快速非支配排序，并对处在每个非支配层的个体进行拥挤度计算，依据个体之间的非支配关系和个体拥挤度的大小，选择合适的个体来组成新的父代种群 $P_t + 1$；⑤通过传统遗传算法的基本操作，如交叉、变异等，产生新的子代种群 $Q_t + 1$；⑥再将 $Pt + 1$ 和 $Qt + 1$ 混合形成新的种群 R_t；⑦重复上述操作，直到满足优化问题结束的条件。相应的流程图如图 12.4 所示。

针对装备规划问题和所构建规划模型的特点，设计如下求解算法。

步骤 1：定义算法参数。

定义种群规模、迭代次数、交叉概率、变异概率、目标函数个数等参数，并设置计数器为 0。

步骤 2：随机产生初始种群。

结合问题背景，方案包含待研发装备的研发时间、退役时间、每个阶段的采购数量，已列装装备每个阶段的采购数量、退役时间。方案个体编码如图 12.5 所示。

判断每个个体是否可行，对于不可行的个体，将其超出约束的编码位通过重新生成编码，直到可行解的数量达到种群规模为止。

步骤 3：对种群进行非劣排序。

根据目标函数（表 12.3）计算方案的评估结果，另外由于装备规划存在经费约束，因此把经费约束作为惩罚值，加到目标函数中，据此对个体进行评价。根据方案的评价计算结果对个体被赋予秩和拥挤距离值。之后对种群执行二元锦标赛选择操作。

NSGA-Ⅱ算法使用快速非支配排序的方法，降低了计算非支配排序的复杂度，使得优化算法的复杂度由原来的 mN^3 降为 mN^2，加快了算法的收敛速度。

步骤 4：交叉、变异操作。

采用差分进化算法的基本变异算子对种群进行变异操作。

该过程中 NSGA-Ⅱ算法引入了精英策略，以防止在种群的进化过程中优秀个体的流失，通过将父代与其产生的子代种群混合进行非支配排序的方法，能够较好的避免父代种群中优秀个体的流失。

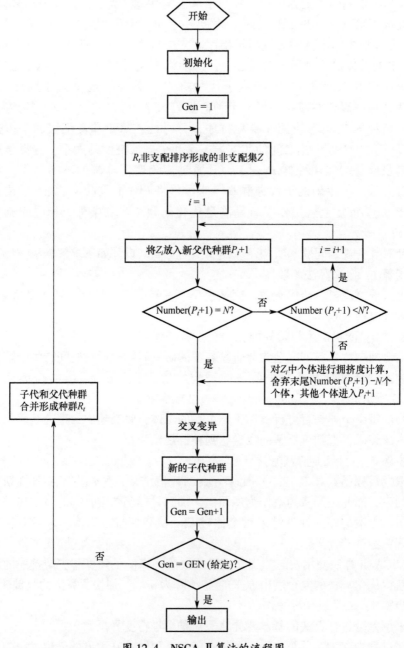

图 12.4　NSGA-Ⅱ算法的流程图

装备开始研发时间	装备退役时间	第1个阶段的装备采购数量	第k个阶段的装备采购数量	第n个阶段的装备采购数量
$a_1, a_2, \cdots, a_m$	$b_1, b_2, \cdots, b_m$	$c_1, c_2, \cdots, c_m$	$d_1, d_2, \cdots, d_m$	$e_1, e_2, \cdots, e_m$

图 12.5　方案个体编码图示

表 12.3　两种鲁棒性指标下的目标函数

目标	能力总体差距	能力差距总离差
基于完全鲁棒性的目标	能力总体差距完全鲁棒性指标	能力差距总离差完全鲁棒性指标
基于鲁棒性偏差的目标	能力总体差距鲁棒性偏差指标	能力差距总离差鲁棒性偏差指标

步骤 5：评价临时种群。

由当前种群 P 和自带种群 Q 组成临时种群，并通过对个体秩和拥挤度的比较，对临时种群进行非劣排序。

步骤 6：产生新的种群。

从临时种群中选取一定的最优个体组成新的种群。

步骤 7：输出结果。

若达到规定的迭代次数，则输出 pareto 最优解；否则计数器加 1，并转步骤 3 继续执行。

通过以上步骤，可以获得多场景下装备鲁棒规划问题的 pareto 最优解。

第 13 章　示例研究

13.1　案例描述与数据输入、处理

13.1.1　案例描述

本节首先对案例的基本假设和基本数据进行描述。决策者面临的决策任务为制定未来 20 年（决策时间始于 2005 年）即从 2005 年到 2024 年之间的装备规划方案，国防发展规划任务一般为 5 年一阶段，因此案例设定一个阶段的时间跨度为 5 年。未来四个阶段的所有可能场景以及对应的能力需求已知，可选的发展、采购装备和装备各项数据已知。

13.1.2　能力数据

设定 24 个评价装备性能的能力需求，如表 13.1 所列。

表 13.1　能力需求列表

序号	能力需求	能力类型	序号	能力需求	能力类型
H_1	单次发射防空导弹数量	效益型	H_{13}	最大无人作战距离	效益型
H_2	单次发射反舰导弹数量	效益型	H_{14}	装甲厚度	效益型
H_3	雷达探测距离	效益型	H_{15}	有效杀伤半径	效益型
H_4	声呐探测距离	效益型	H_{16}	对地最大射程	效益型
H_5	最大飞行速度	效益型	H_{17}	全域指挥控制能力	布尔型
H_6	导弹最大飞行速度	效益型	H_{18}	对空拦截概率	平均型
H_7	最大射程	效益型	H_{19}	导弹拦截概率	平均型
H_8	下潜自持力	效益型	H_{20}	对地目标打击精度	平均型
H_9	携带核弹头数量	效益型	H_{21}	打击精度	平均型
H_{10}	电子干扰频带	效益型	H_{22}	辐射噪声	成本型
H_{11}	最大航程	效益型	H_{23}	最小转弯半径	成本型
H_{12}	最大载重	效益型	H_{24}	雷达反射面积	成本型

13.1.3 装备信息列表

已列装的装备和待发展的装备列表，以及对应的装备能力、预计研制时间信息如表 13.2 所列。因为假设是从 2005 年开始决策的，因此对于 2005—2017 年之间列装的装备，其预计研发时间设定为：实际的列装年份减去 2005。对于 2017 年还没有列装的装备，预计研发时间根据公开资料设定。

表 13.2　装备信息表

序号	候选装备	能力参数	预计研发时间/年	研发成本/亿元	采购成本/（亿元/单装）
m_1	××-A 导弹驱逐舰	单次发射导弹数量：48 枚 单次发射反舰导弹数量：8 枚 对空拦截概率：0.6 导弹拦截概率：0.5 雷达探测距离：300km 声呐探测距离：50km	已列装	—	55
m_2	××护卫舰	单次发射导弹数量：48 枚 单次发射反舰导弹数量：8 枚 对空拦截概率：0.5 导弹拦截概率：0.4 雷达探测距离：200km	已列装	—	22
m_3	××常规动力潜艇	自持力：28 天 辐射噪声：90dB	已列装	—	30
m_4	××-A 核潜艇	自持力：90 天 携带核弹头数量：12 枚 辐射噪声：160dB	已列装	—	300
m_5	××-A 战斗轰炸机	最大飞行速度：1212km/h 最小转弯半径：200m 雷达探测距离：75km	已列装	—	1
m_6	××-A 战斗机	最大飞行速度 2448km/h 最小转弯半径：150m 雷达探测距离：200km 电子干扰频带：15MHz	已列装	—	1.5
m_7	××-B 战斗轰炸机	最大飞行速度：2500km/h 最小转弯半径：165m 雷达探测距离：150km 电子干扰频带：12MHz	已列装	—	2.5
m_8	××-A 预警机	雷达探测距离：600km 电子干扰频带：20MHz	已服役	—	15

续表

序号	候选装备	能力参数	预计研发时间/年	研发成本/亿元	采购成本/(亿元/单装)
m_9	××-A 运输机	最大航程：3400km 最大载重：20t	已列装	—	1.4
m_{10}	××-A 轰炸机	最大航程：11000km 最大载重：18t 最大飞行速度：1000km/h	已列装	—	1.1
m_{11}	××-A 坦克	装甲厚度：640mm 对地最大射程：10km 打击精度（CEP）：8m	已列装	—	0.1
m_{12}	××多管制导火箭系统	对地最大射程：380km 有效杀伤半径：70m	已列装	—	1
m_{13}	××反舰导弹	最大射程：3200km 最大飞行速度：12240km/h 打击精度：500m	已列装	—	1.5
m_{14}	××-A 航空母舰	最大航程：12964km 最大载重：6400t 全域指挥控制能力：1 雷达探测距离：400km	已列装	—	220
M_1	××-B 导弹驱逐舰	单次发射导弹数量：64 枚 单次发射反舰导弹数量：48 枚 对空拦截概率：0.7 导弹拦截概率：0.6 雷达探测距离：350km 声呐探测距离：60km 全域指挥控制能力：1	10	90	60
M_2	××驱逐舰	单次发射导弹数量：64 枚 单次发射反舰导弹数量：48 枚 对空拦截概率：0.75 导弹拦截概率：0.65 雷达探测距离 450km 声呐探测距离 65km 全域指挥控制能力：1 对地目标打击精确度：0.7	12	120	80
M_3	××高超声速飞行器	最大航程：14000km 最大飞行速度：11196km/h	10	15	10
M_4	××-B 核潜艇	自持力：70 天 携带核弹头数量：12 枚 辐射噪声：60dB	10	525	350

续表

序号	候选装备	能力参数	预计研发时间/年	研发成本/亿元	采购成本/(亿元/单装)
M_5	××-B 战斗机	最大飞行速度：3060km/h 最小转弯半径：140m 雷达探测距离：400km 雷达反射面积：0.1cm^2	10	12	8
M_6	××-C 战斗机	最大飞行速度：2203km/h 最小转弯半径：120m 雷达探测距离：350km 雷达反射面积：0.1cm^2	12	7.5	5
M_7	××-B 预警机	全域指挥控制能力：1 雷达探测距离：1000km 电子干扰频带：25MHz	9	30	20
M_8	××电子战飞机	电子干扰频带：35MHz	5	22.5	15
M_9	××-B 运输机	最大航程：7800km 最大载重：66t	12	3.75	2.5
M_{10}	××-B 轰炸机	最大航程：12000km 最大载重：35t 雷达反射面积：0.5cm^2 最大飞行速度：4528.8km/h	10	45	30
M_{11}	××-C 轰炸机	最大航程：12000km 最大载重 30t 雷达反射面积：0.3cm^2 最大飞行速度：4000km/h 全域指挥控制能力：1	20	60	40
M_{12}	××无人机	最大无人作战距离：4000km	10	0.6	0.4
M_{13}	××-B 坦克	装甲厚度：700mm 对地最大射程： 打击精度（CEP）：8m	6	0.3	0.2
M_{14}	××-A 导弹	最大射程 1000km 导弹最大飞行速度：5000km/h 打击精度（CEP）：3m	14	0.75	0.5
M_{15}	××-B 导弹	最大射程：6000km 导弹最大飞行速度：12240km/h 打击精度（CEP）：8m	8	3	2
M_{16}	××洲际导弹	最大射程：14000km、 最大飞行速度：30000km/h 打击精度（CEP）：150m	12	4.8	3.2

续表

序号	候选装备	能力参数	预计研发时间/年	研发成本/亿元	采购成本/(亿元/单装)
M_{17}	××-C 导弹	最大射程：18000km 最大飞行速度：14688km/h 打击精度（CEP）：15m	13	15	10
M_{18}	××-B 航空母舰	最大航程 15000km 最大载重：7200t 全域指挥控制能力：1 雷达探测距离：450km	15	405	270

注：本表仅作示例，装备数据并不真实。表中"—"表示未知。

13.1.4 场景信息列表

13.1.4.1 不确定因素来源

未来作战环境的很多不确定因素可能影响装备发展规划方案的优劣。不确定性的研究目标是检测大规模和小规模因素之间潜在的相互作用。传统的国防规划场景通常区分大规模的因素，如战役的规模（大或小）、战役的地点（亚洲或中东）。但是，每个场景其实还包含很多小规模的假设，如特定武器对特定目标的效用。目前，还无法判断决策规划方案的好坏到底取决于大规模因素还是小规模因素或者是两者的集合，因此本节将大规模和小规模的因素结合起来，作为未来可能的场景构成因素。

（1）国防安全环境的不确定因素。研究拟采用的大规模因素为国防安全环境等级。这里总结了近 100 年世界发生的冲突类型，如表 13.3 所列。

表 13.3 近 100 年世界的主要冲突和类型

年份/年	冲突	冲突类型	年份/年	冲突	冲突类型
1912	古巴（Banana War）	冲突	1917—1918	第一次世界大战	多区域
1912—1933	尼加拉瓜 （Banana War）	冲突	1918—1921	俄罗斯内战	冲突
1914—1914	维拉科鲁兹 （Banana War）	冲突	1941—1945	第二次世界大战	全球战争
1915—1934	海地（Banana War）	冲突	1946—1949	希腊内战	冲突
1916—1924	多米尼加共和国 （Banana War）	冲突	1947—1991	冷战	威慑

续表

年份/年	冲 突	冲突类型	年份/年	冲 突	冲突类型
1950—1953	朝鲜战争	主要地区	1991—2002	北方守望行动（Northern War）	战役
1958	黎巴嫩战争	冲突	1992—1994	索马里内战	冲突
1958	金门战争	冲突	1994	海地战争	冲突
1962	古巴导弹危机	冲突	1998	伊拉克-沙漠之狐行动	冲突
1964—1973	越南战争	主要地区	1998	苏丹和阿富汗战争	冲突
1965—1966	多米尼加战争	冲突	1999	科索沃战争	战役
1980	伊朗人质事件	冲突	2002—2013	阿富汗战争	地区
1982—1984	黎巴嫩战争	冲突	2002—2013	全球反恐战争	全球冲突
1983	几日里亚战争	战役	2003—2009	伊拉克战争	主要地区
1986	利比亚战争	冲突	2003	利比里亚战争	冲突
1987—1988	海湾战争	冲突	2006—2008	索马里战争	冲突
1989—1990	巴拿马战争	战役	2011	利比亚战争	战役
1990—1991	科威特战争	主要地区			

根据表 13.3 中的冲突和冲突类型，将未来 20 年的国防安全环境分为如表 13.4 所列的类型。

表 13.4 未来 20 年的国防安全环境

序 号	国防安全环境不确定性	历 史 案 例
A_1	冲突沉默期	1917—1937 年
A_2	威慑	1947—1991 年
A_3	冲突	金门战争
A_4	重点区域战役	第一次世界大战、朝鲜战争、越南战争
A_5	多个重点区域持久冲突	1999—2003 年
A_6	全球战争-多战役	第二次世界大战

（2）作战样式。小规模因素之一为作战样式。未来作战的作战样式包括：海上作战、空中作战、陆地作战以及该三种作战样式的全部组合，如表 13.5 所列。

表 13.5 作战样式不确定水平

序　号	作战样式不确定性
B_1	海上作战
B_2	空中作战
B_3	陆地作战
B_4	海上作战+空中作战
B_5	海上作战+陆地作战
B_6	空中作战+陆地作战
B_7	海上作战+陆地作战+空中作战

（3）敌方武器装备技术水平。小规模因素之一的另一个重要因素为敌方武器装备技术水平。直观地看，不确定因素是我国未来潜在的对手，但是本质上，决定战争胜负的主要因素之一是未来面对作战对手的武器装备技术水平。

不确定武器装备技术水平主要考虑几个高精尖技术层面的因素：防空技术、电子干扰技术、卫星定位技术，如表 13.6 所列。

表 13.6 敌方武器装备技术水平

序　号	敌方装备技术水平不确定性
C_1	具备防空技术（可使对空导弹的拦截概率在 50%上下浮动）
C_2	具备 GPS 制导技术（可使 GPS 武器的精度在 50%上下浮动）
C_3	具备电子干扰技术（可使 PGM 武器在电子干扰下的精度降低 0~75%）
C_4	具备防空技术+GPS 制导技术
C_5	具备防空技术+电子干扰技术
C_6	GPS 制导技术+电子干扰技术
C_7	具备防空技术+GPS 制导武器+电子干扰技术

13.1.4.2 场景生成与筛选

场景的生成是由子场景之间的全组合以及筛选之后生成的。首先对上述三个分别包含 6、7 和 7 个水平的不确定因素进行全组合，从而形成初始场景，如表 13.7 所列。

然而，按照全组合方法生成的所有场景并不一定都是合理的，有些可能不符合实际情况，另外有可能不符合决策者的偏好，需要把这些场景删除掉。

考虑实际情况，所有的场景应该满足以下要求。

表 13.7 初始场景

序号	不确定因素 A	B	C	序号	不确定因素 A	B	C	序号	不确定因素 A	B	C	序号	不确定因素 A	B	C	序号	不确定因素 A	B	C	序号	不确定因素 A	B	C
S_1	1	1	1	S_{28}	1	4	7	S_{55}	2	1	6	S_{82}	2	5	5	S_{109}	3	2	4	S_{136}	3	6	3
S_2	1	1	2	S_{29}	1	5	1	S_{56}	2	1	7	S_{83}	2	5	6	S_{110}	3	2	5	S_{137}	3	6	4
S_3	1	1	3	S_{30}	1	5	2	S_{57}	2	2	1	S_{84}	2	5	7	S_{111}	3	2	6	S_{138}	3	6	5
S_4	1	1	4	S_{31}	1	5	3	S_{58}	2	2	2	S_{85}	2	6	1	S_{112}	3	2	7	S_{139}	3	6	6
S_5	1	1	5	S_{32}	1	5	4	S_{59}	2	2	3	S_{86}	2	6	2	S_{113}	3	3	1	S_{140}	3	6	7
S_6	1	1	6	S_{33}	1	5	5	S_{60}	2	2	4	S_{87}	2	6	3	S_{114}	3	3	2	S_{141}	3	7	1
S_7	1	1	7	S_{34}	1	5	6	S_{61}	2	2	5	S_{88}	2	6	4	S_{115}	3	3	3	S_{142}	3	7	2
S_8	1	2	1	S_{35}	1	5	7	S_{62}	2	2	6	S_{89}	2	6	5	S_{116}	3	3	4	S_{143}	3	7	3
S_9	1	2	2	S_{36}	1	6	1	S_{63}	2	2	7	S_{90}	2	6	6	S_{117}	3	3	5	S_{144}	3	7	4
S_{10}	1	2	3	S_{37}	1	6	2	S_{64}	2	3	1	S_{91}	2	6	7	S_{118}	3	3	6	S_{145}	3	7	5
S_{11}	1	2	4	S_{38}	1	6	3	S_{65}	2	3	2	S_{92}	2	7	1	S_{119}	3	3	7	S_{146}	3	7	6
S_{12}	1	2	5	S_{39}	1	6	4	S_{66}	2	3	3	S_{93}	2	7	2	S_{120}	3	4	1	S_{147}	3	7	7
S_{13}	1	2	6	S_{40}	1	6	5	S_{67}	2	3	4	S_{94}	2	7	3	S_{121}	3	4	2	S_{148}	4	1	1
S_{14}	1	2	7	S_{41}	1	6	6	S_{68}	2	3	5	S_{95}	2	7	4	S_{122}	3	4	3	S_{149}	4	1	2
S_{15}	1	3	1	S_{42}	1	6	7	S_{69}	2	3	6	S_{96}	2	7	5	S_{123}	3	4	4	S_{150}	4	1	3
S_{16}	1	3	2	S_{43}	1	7	1	S_{70}	2	3	7	S_{97}	2	7	6	S_{124}	3	4	5	S_{151}	4	1	4
S_{17}	1	3	3	S_{44}	1	7	2	S_{71}	2	4	1	S_{98}	2	7	7	S_{125}	3	4	6	S_{152}	4	1	5
S_{18}	1	3	4	S_{45}	1	7	3	S_{72}	2	4	2	S_{99}	3	1	1	S_{126}	3	4	7	S_{153}	4	1	6
S_{19}	1	3	5	S_{46}	1	7	4	S_{73}	2	4	3	S_{100}	3	1	2	S_{127}	3	5	1	S_{154}	4	1	7
S_{20}	1	3	6	S_{47}	1	7	5	S_{74}	2	4	4	S_{101}	3	1	3	S_{128}	3	5	2	S_{155}	4	2	1
S_{21}	1	3	7	S_{48}	1	7	6	S_{75}	2	4	5	S_{102}	3	1	4	S_{129}	3	5	3	S_{156}	4	2	2
S_{22}	1	4	1	S_{49}	1	7	7	S_{76}	2	4	6	S_{103}	3	1	5	S_{130}	3	5	4	S_{157}	4	2	3
S_{23}	1	4	2	S_{50}	2	1	1	S_{77}	2	4	7	S_{104}	3	1	6	S_{131}	3	5	5	S_{158}	4	2	4
S_{24}	1	4	3	S_{51}	2	1	2	S_{78}	2	5	1	S_{105}	3	1	7	S_{132}	3	5	6	S_{159}	4	2	5
S_{25}	1	4	4	S_{52}	2	1	3	S_{79}	2	5	2	S_{106}	3	2	1	S_{133}	3	5	7	S_{160}	4	2	6
S_{26}	1	4	5	S_{53}	2	1	4	S_{80}	2	5	3	S_{107}	3	2	2	S_{134}	3	6	1	S_{161}	4	2	7
S_{27}	1	4	6	S_{54}	2	1	5	S_{81}	2	5	4	S_{108}	3	2	3	S_{135}	3	6	2	S_{162}	4	3	1

续表

序号	不确定因素 A	不确定因素 B	不确定因素 C	序号	不确定因素 A	不确定因素 B	不确定因素 C	序号	不确定因素 A	不确定因素 B	不确定因素 C	序号	不确定因素 A	不确定因素 B	不确定因素 C	序号	不确定因素 A	不确定因素 B	不确定因素 C	序号	不确定因素 A	不确定因素 B	不确定因素 C
S_{163}	4	3	2	S_{185}	4	6	3	S_{207}	5	2	4	S_{229}	5	5	5	S_{251}	6	1	6	S_{273}	6	4	7
S_{164}	4	3	3	S_{186}	4	6	4	S_{208}	5	2	5	S_{230}	5	5	6	S_{252}	6	1	7	S_{274}	6	5	1
S_{165}	4	3	4	S_{187}	4	6	5	S_{209}	5	2	6	S_{231}	5	5	7	S_{253}	6	2	1	S_{275}	6	5	2
S_{166}	4	3	5	S_{188}	4	6	6	S_{210}	5	2	7	S_{232}	5	6	1	S_{254}	6	2	2	S_{276}	6	5	3
S_{167}	4	3	6	S_{189}	4	6	7	S_{211}	5	3	1	S_{233}	5	6	2	S_{255}	6	2	3	S_{277}	6	5	4
S_{168}	4	3	7	S_{190}	4	7	1	S_{212}	5	3	2	S_{234}	5	6	3	S_{256}	6	2	4	S_{278}	6	5	5
S_{169}	4	4	1	S_{191}	4	7	2	S_{213}	5	3	3	S_{235}	5	6	4	S_{257}	6	2	5	S_{279}	6	5	6
S_{170}	4	4	2	S_{192}	4	7	3	S_{214}	5	3	4	S_{236}	5	6	5	S_{258}	6	2	6	S_{280}	6	5	7
S_{171}	4	4	3	S_{193}	4	7	4	S_{215}	5	3	5	S_{237}	5	6	6	S_{259}	6	2	7	S_{281}	6	6	1
S_{172}	4	4	4	S_{194}	4	7	5	S_{216}	5	3	6	S_{238}	5	6	7	S_{260}	6	3	1	S_{282}	6	6	2
S_{173}	4	4	5	S_{195}	4	7	6	S_{217}	5	3	7	S_{239}	5	7	1	S_{261}	6	3	2	S_{283}	6	6	3
S_{174}	4	4	6	S_{196}	4	7	7	S_{218}	5	4	1	S_{240}	5	7	2	S_{262}	6	3	3	S_{284}	6	6	4
S_{175}	4	4	7	S_{197}	5	1	1	S_{219}	5	4	2	S_{241}	5	7	3	S_{263}	6	3	4	S_{285}	6	6	5
S_{176}	4	5	1	S_{198}	5	1	2	S_{220}	5	4	3	S_{242}	5	7	4	S_{264}	6	3	5	S_{286}	6	6	6
S_{177}	4	5	2	S_{199}	5	1	3	S_{221}	5	4	4	S_{243}	5	7	5	S_{265}	6	3	6	S_{287}	6	6	7
S_{178}	4	5	3	S_{200}	5	1	4	S_{222}	5	4	5	S_{244}	5	7	6	S_{266}	6	3	7	S_{288}	6	7	1
S_{179}	4	5	4	S_{201}	5	1	5	S_{223}	5	4	6	S_{245}	5	7	7	S_{267}	6	4	1	S_{289}	6	7	2
S_{180}	4	5	5	S_{202}	5	1	6	S_{224}	5	4	7	S_{246}	6	1	1	S_{268}	6	4	2	S_{290}	6	7	3
S_{181}	4	5	6	S_{203}	5	1	7	S_{225}	5	5	1	S_{247}	6	1	2	S_{269}	6	4	3	S_{291}	6	7	4
S_{182}	4	5	7	S_{204}	5	2	1	S_{226}	5	5	2	S_{248}	6	1	3	S_{270}	6	4	4	S_{292}	6	7	5
S_{183}	4	6	1	S_{205}	5	2	2	S_{227}	5	5	3	S_{249}	6	1	4	S_{271}	6	4	5	S_{293}	6	7	6
S_{184}	4	6	2	S_{206}	5	2	3	S_{228}	5	5	4	S_{250}	6	1	5	S_{272}	6	4	6	S_{294}	6	7	7

(1) 当不确定因素 A（国际安全形势）为冲突沉默期时，不确定因素 B（作战样式）和不确定因素 C（对手水平）应为空。

(2) 当不确定因素 A 为重点区域战役、多个重点区域冲突或全球战争中的一个，不确定因素 B 应该至少包含两种作战样式，且敌方武器水平应该至少包含两种。

（3）当不确定因素 A 为全球战争–多战役时，不确定因素 B 仅仅包括一种情况：海上战争、陆地战争和空中战争；不确定因素 C 仅仅包括一种情况：具备防空武器+GPS 制导武器+电子干扰武器。

根据上述要求，将表中的初始生成场景进行筛选和调整，新形成的场景如表 13.8 所列。

表 13.8　删选后场景

序号	不确定因素 A	不确定因素 B	不确定因素 C	序号	不确定因素 A	不确定因素 B	不确定因素 C	序号	不确定因素 A	不确定因素 B	不确定因素 C	序号	不确定因素 A	不确定因素 B	不确定因素 C	序号	不确定因素 A	不确定因素 B	不确定因素 C	序号	不确定因素 A	不确定因素 B	不确定因素 C
S_1	1	/	/	S_{71}	2	4	1	S_{93}	2	7	2	S_{115}	3	3	3	S_{137}	3	6	4	S_{189}	4	6	7
S_{50}	2	1	1	S_{72}	2	4	2	S_{94}	2	7	3	S_{116}	3	3	4	S_{138}	3	6	5	S_{193}	4	7	4
S_{51}	2	1	2	S_{73}	2	4	3	S_{95}	2	7	4	S_{117}	3	3	5	S_{139}	3	6	6	S_{194}	4	7	5
S_{52}	2	1	3	S_{74}	2	4	4	S_{96}	2	7	5	S_{118}	3	3	6	S_{140}	3	6	7	S_{195}	4	7	6
S_{53}	2	1	4	S_{75}	2	4	5	S_{97}	2	7	6	S_{119}	3	3	7	S_{141}	3	7	1	S_{196}	4	7	7
S_{54}	2	1	5	S_{76}	2	4	6	S_{98}	2	7	7	S_{120}	3	4	1	S_{142}	3	7	2	S_{221}	5	4	4
S_{55}	2	1	6	S_{77}	2	4	7	S_{99}	3	1	1	S_{121}	3	4	2	S_{143}	3	7	3	S_{222}	5	4	5
S_{56}	2	1	7	S_{78}	2	5	1	S_{100}	3	1	2	S_{122}	3	4	3	S_{144}	3	7	4	S_{223}	5	4	6
S_{57}	2	2	1	S_{79}	2	5	2	S_{101}	3	1	3	S_{123}	3	4	4	S_{145}	3	7	5	S_{224}	5	4	7
S_{58}	2	2	2	S_{80}	2	5	3	S_{102}	3	1	4	S_{124}	3	4	5	S_{146}	3	7	6	S_{228}	5	5	4
S_{59}	2	2	3	S_{81}	2	5	4	S_{103}	3	1	5	S_{125}	3	4	6	S_{147}	3	7	7	S_{229}	5	5	5
S_{60}	2	2	4	S_{82}	2	5	5	S_{104}	3	1	6	S_{126}	3	4	7	S_{172}	4	4	4	S_{230}	5	5	6
S_{61}	2	2	5	S_{83}	2	5	6	S_{105}	3	1	7	S_{127}	3	5	1	S_{173}	4	4	5	S_{231}	5	5	7
S_{62}	2	2	6	S_{84}	2	5	7	S_{106}	3	2	1	S_{128}	3	5	2	S_{174}	4	4	6	S_{235}	5	6	4
S_{63}	2	2	7	S_{85}	2	6	1	S_{107}	3	2	2	S_{129}	3	5	3	S_{175}	4	4	7	S_{236}	5	6	5
S_{64}	2	3	1	S_{86}	2	6	2	S_{108}	3	2	3	S_{130}	3	5	4	S_{179}	4	5	4	S_{237}	5	6	6
S_{65}	2	3	2	S_{87}	2	6	3	S_{109}	3	2	4	S_{131}	3	5	5	S_{180}	4	5	5	S_{238}	5	6	7
S_{66}	2	3	3	S_{88}	2	6	4	S_{110}	3	2	5	S_{132}	3	5	6	S_{181}	4	5	6	S_{242}	5	7	4
S_{67}	2	3	4	S_{89}	2	6	5	S_{111}	3	2	6	S_{133}	3	5	7	S_{182}	4	5	7	S_{243}	5	7	5
S_{68}	2	3	5	S_{90}	2	6	6	S_{112}	3	2	7	S_{134}	3	6	1	S_{186}	4	6	4	S_{244}	5	7	6
S_{69}	2	3	6	S_{91}	2	6	7	S_{113}	3	3	1	S_{135}	3	6	2	S_{187}	4	6	5	S_{245}	5	7	7
S_{70}	2	3	7	S_{92}	2	7	1	S_{114}	3	3	2	S_{136}	3	6	3	S_{188}	4	6	6	S_{294}	6	7	7

经过筛选之后，共有132种场景，作为多场景装备鲁棒规划的场景来源。但是，由于无法直接确定装备规划方案在每种场景下的表现，因此需要将场景转化为能力需求，从而可以对装备规划方案进行评估。

13.1.4.3 场景-能力需求的转化

因为规划方案的评估是基于能力进行的，因此需要把抽象的场景映射到具体的能力需求上，以此支撑装备规划方案的评估和规划。

针对不同的单个子场景，分别设定对应的能力需求值，如表13.9~表13.11所列。表13.9~表13.11中元素代表对应行的子场景需要对应列的能力值，0代表不需要该能力需求。

表13.9 国防安全环境能力需求

	子场景A	A_1	A_2	A_3	A_4	A_5	A_6	A_7
能力需求序号	H_1	0	0	0	0	0	0	0
	H_2	0	0	0	0	0	0	0
	H_3	0	0	0	0	0	0	0
	H_4	0	0	0	0	0	0	0
	H_5	0	0	0	0	0	0	0
	H_6	0	0	0	0	0	0	0
	H_7	0	12000	5000	8000	9000	20000	0
	H_8	0	0	0	0	0	0	0
	H_9	0	1	2	3	6	12	0
	H_{10}	0	0	0	0	0	0	0
	H_{11}	0	0	0	0	12000	14000	0
	H_{12}	0	0	0	0	30	60	0
	H_{13}	0	0	5000	6000	12000	14000	0
	H_{14}	0	0	0	0	0	0	0
	H_{15}	0	0	0	0	0	0	0
	H_{16}	0	0	0	0	0	0	0
	H_{17}	0	0	0	1	1	1	0
	H_{18}	0	0	0	0	0	0	0
	H_{19}	0	0	0	0	0	0	0
	H_{20}	0	0	0	0	0	0	0
	H_{21}	0	200	150	120	100	50	0
	H_{22}	0	0	0	0	0	0	0
	H_{23}	0	0	0	0	0	0	0
	H_{24}	0	0	0	0	0	0	0

表 13.10 作战样式-能力需求

子场景 B		B_1	B_2	B_3	B_4	B_5	B_6	B_7
能力需求序号	H_1	38	0	0	40	40	0	42
	H_2	15	0	0	16	16	0	17
	H_3	300	450	250	470	320	470	500
	H_4	50	0	0	60	60	0	65
	H_5	0	2000	0	2500	0	2500	3000
	H_6	0	0	0	0	0	0	0
	H_7	0	0	0	0	0	0	0
	H_8	45	0	0	50	50	0	60
	H_9	0	0	0	0	0	0	0
	H_{10}	0	15	0	18	0	18	20
	H_{11}	0	0	0	0	0	0	0
	H_{12}	0	0	0	0	0	0	0
	H_{13}	0	0	0	0	0	0	0
	H_{14}	0	0	600	0	650	650	700
	H_{15}	0	0	80	0	90	90	100
	H_{16}	0	0	400	0	450	450	500
	H_{17}	0	0	0	0	0	0	1
	H_{18}	0.60	0.70	0.00	0.65	0.60	0.70	0.65
	H_{19}	0.60	0.00	0.00	0.60	0.60	0.00	0.60
	H_{20}	0.00	0.00	0.80	0.00	0.90	0.90	0.90
	H_{21}	20	0	0	20	20	0	20
	H_{22}	60	0	0	50	50	0	50
	H_{23}	0	120	0	110	0	110	110
	H_{24}	0.00	0.05	0.00	0.04	0.00	0.04	0.04

表 13.11 敌方作战水平-能力需求

子场景 C		C_1	C_2	C_3	C_4	C_5	C_6	C_7
能力需求序号	H_1	0	0	0	0	0	0	0
	H_2	0	0	0	0	0	0	0
	H_3	0	450	0	480	0	480	500
	H_4	0	0	0	0	0	0	0
	H_5	2400	0	0	2600	2600	0	3000
	H_6	30000	0	0	31000	31000	0	32000
	H_7	0	0	0	0	0	0	0
	H_8	0	0	0	0	0	0	0
	H_9	0	0	0	0	0	0	0
	H_{10}	0	18	22	20	22	22	25
	H_{11}	0	0	0	0	0	0	0
	H_{12}	0	0	0	0	0	0	0
	H_{13}	0	0	0	0	0	0	0
	H_{14}	0	0	0	0	0	0	0
	H_{15}	0	0	0	0	0	0	0
	H_{16}	0	0	0	0	0	0	0
	H_{17}	0	0	0	0	0	0	0
	H_{18}	0.00	0.60	0.00	0.65	0.00	0.65	0.75
	H_{19}	0	0.75	0	0.75	0	0.75	0.75
	H_{20}	0	0	0	0	0	0	0
	H_{21}	0	0	25	0	20	20	15
	H_{22}	0	0	0	0	0	0	0
	H_{23}	100	0	0	90	90	0	90
	H_{24}	0	0	0	0	0	0	0.04

将经过筛选后的场景中的子场景与"子场景-能力需求"对应,即可得到所有的"场景-能力需求"的信息。

13.1.5 阶段经费数据

假设军费中约有 30% 用于装备研发和采购,经费投入如表 13.12 所列。

表 13.12 阶段经费投入表

阶段	年份/年	总军费/亿元	装备研发采购投入/亿元	阶段	年份/年	总军费/亿元	装备研发采购投入/亿元
第1阶段	2005	2475	825	第3阶段	2015	9087	3029
	2006	2979	993		2016	9779	3260
	2007	3554	1185		2017	10074	3358
	2008	4177	1392		2018	10731	3577
	2009	4806	1602		2019	11388	3796
第2阶段	2010	5176	1725	第4阶段	2020	12045	4015
	2011	5829	1943		2021	12702	4234
	2012	6506	2169		2022	13359	4453
	2013	7201	2400		2023	14015	4672
	2014	8082	2694		2024	14672	4891

进而获取每个阶段的总军费和装备研发采购投入，如表 13.13 所列。

表 13.13 各阶段总经费和研发采购投入

阶段	总经费/亿元	装备研发采购投入/亿元
第1阶段	31289	5997
第2阶段	33493	10931
第3阶段	36124	17020
第4阶段	38948	22265

13.2 基于 NSGA-Ⅱ 算法的问题求解

13.2.1 算法参数

本案例包含32个装备（14个已列装装备、18个待研发装备），4个规划阶段，因此方案编码如图 13.1 所示。通过多次试验，确定能够生成较好结果的参数如下：

（1）种群数量为 100；

（2）迭代次数为 100；

（3）目标函数为 2×2，如表 13.14 所列。

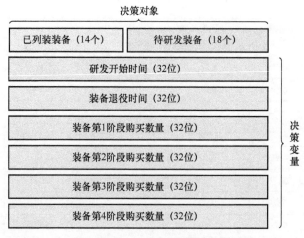

图 13.1 方案编码方式

(4) 方案位数为 194（192 个决策变量位和 2 个评价结果位）。
(5) 父代之间交叉概率为 0.3。
(6) 子代变异概率为 0.7。

表 13.14　不同鲁棒性方法的评价指标

目标	能力总体差距	能力差距总离差
基于完全鲁棒性的目标	能力总体差距完全鲁棒性指标	能力差距总离差完全鲁棒性指标
基于鲁棒性偏差的目标	能力总体差距鲁棒性偏差指标	能力差距总离差鲁棒性偏差指标

13.2.2　初始种群生成与分析

(1) 生成 100 个初始方案，每个方案由 192 位的数组组成，方案在各决策变量上的信息如图 13.2 所示。

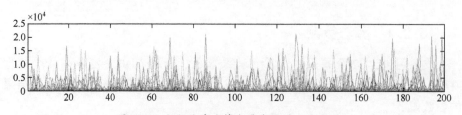

图 13.2　初始方案决策变量线性图（见彩图）

(2) 为了对初始方案的具体鲁棒性能有大致了解，针对该初始方案，获取基于完全鲁棒决策方法的指标（能力总体差距完全鲁棒性指标和能力差距总离差完全鲁棒性指标）和基于鲁棒性偏差方法的指标（能力总体差距鲁棒性偏差指标和能力差距总离差鲁棒性偏差指标），分别如图 13.3 和图 13.4 所示，不同颜色分别代表方案能力总体差距的鲁棒性指标和能力差距总离差的鲁棒性指标。

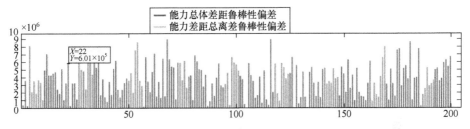

图 13.3 初始方案的完全鲁棒性指标图（见彩图）

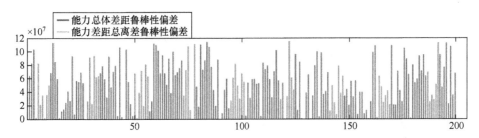

图 13.4 初始方案的相对鲁棒性指标（见彩图）

通过图 13.3 和图 13.4 可以看出，初始解在两种鲁棒性评价指标下的表现分布比较分散，说明初始解是可用的。

13.2.3 基于完全鲁棒性指标的结果分析

首先针对完全鲁棒性指标，在算法中将评价函数设置为完全鲁棒性指标，即最坏场景（能力需求最难实现的场景）下的能力总体差距和能力差距总离差，经过算法计算获取该问题的 Pareto 解集，如图 13.5 所示。

可以大致看出，所得的 Pareto 解集总体上具有平滑的趋势，符合较好结果的标准。下面对该 Pareto 解集中的方案进行分析。

13.2.3.1 待研发装备的研发时间分析

首先对基于完全鲁棒决策方法的 Pareto 解集中待研发装备开始研发时间进行分析，对应解中的第 15～第 31 位编码，如图 13.6 所示。

通过图 13.6 可以看出，Pareto 解集中待研发装备的开始研发时间集中在 1～3 阶段内。

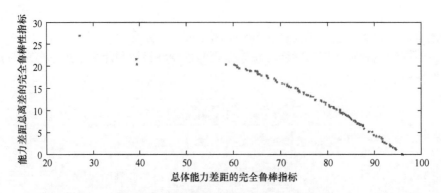

图 13.5 完全鲁棒性指标下的 Pareto 解集

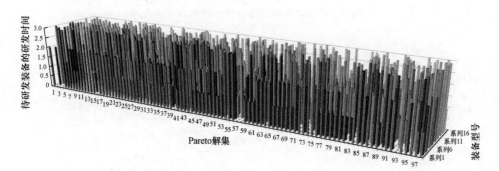

图 13.6 待研发装备的开始研发时间信息（见彩图）

13.2.3.2 装备退役时间分析

对所有装备的退役时间进行分析，Pareto 解的集中退役时间信息如图 13.7 所示。

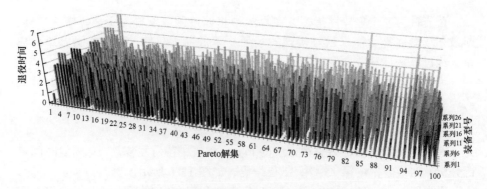

图 13.7 装备的退役时间信息（见彩图）

可以看出,装备的退役时间分布比较不均匀,但大部分装备的退役时间都在四个阶段内。

13.2.3.3 装备采购数量分析

下面对完全鲁棒性指标下 Pareto 解集中 4 个阶段的装备采购数量进行分析。4 个阶段的各型号装备的采购数量如图 13.8 所示。图中:x 轴为 Pareto 解集;y 轴为装备型号;z 轴为每个阶段的采购数量。

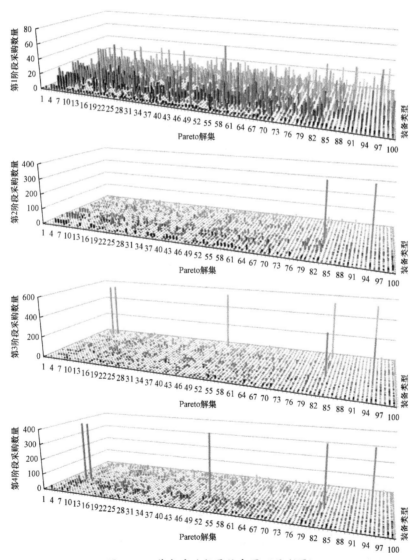

图 13.8 装备采购数量信息图(见彩图)

从图 13.8 中可以看出，从第 2 个阶段开始，出现一些采购数量极高的装备，分别对应装备信息表中的××反舰导弹和××导弹。而其他装备的采购数量相对比较均匀。

13.2.3.4 Pareto 解集折中解分析

下面获取基于完全鲁棒性指标获得的 Pareto 解集中的折中解，即结果在所有解集中处于中间问题的解，如图 13.9 所示。

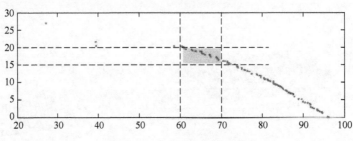

图 13.9 Pareto 解集折中解

从折中解中挑选一个解进行说明，该解的完全鲁棒性指标为：能力总体差距的完全鲁棒值 39.4；能力差距总离差的完全鲁棒值 20.5。其每个决策变量的信息如表 13.15 所列。

表 13.15 基于完全鲁棒性指标的一个折中解

序号	候选装备	装备研发时间/年	装备退役时间/年	第1阶段采购数量	第2阶段采购数量	第3阶段采购数量	第4阶段采购数量
m_1	××-A 导弹驱逐舰	0	2	2	0	0	9
m_2	××护卫舰	0	4	17	26	0	0
m_3	××常规动力潜艇	0	4	20	20	20	0
m_4	××-A 核潜艇	0	4	1	0	0	1
m_5	××-A 战斗轰炸机	0	4	3	0	11	0
m_6	××-A 战斗机	0	4	14	0	0	4
m_7	××-B 战斗轰炸机	0	4	0	34	19	2
m_8	××-A 预警机	0	5	6	3	2	6
m_9	××-A 运输机	0	4	25	0	2	11
m_{10}	××-A 轰炸机	0	4	7	6	1	7
m_{11}	××-A 坦克	0	4	13	5	1	6
m_{12}	××多管制导火箭系统	0	1	17	0	0	23

续表

序号	候选装备	装备研发时间/年	装备退役时间/年	第1阶段采购数量	第2阶段采购数量	第3阶段采购数量	第4阶段采购数量
m_{13}	××反舰导弹	0	1	9	29	0	0
m_{14}	××-A 航空母舰	0	4	0	3	3	3
M_1	××-B 导弹驱逐舰	1	4	5	0	10	0
M_2	××驱逐舰	1	5	2	0	2	0
M_3	××高超声速飞行器	1	3	6	0	5	12
M_4	××-B 核潜艇	1	5	2	0	0	0
M_5	××-B 战斗机	1	2	10	17	3	4
M_6	××-C 战斗机	1	1	16	4	3	14
M_7	××-B 预警机	1	5	7	1	0	9
M_8	××电子战飞机	2	3	31	3	0	9
M_9	××-B 运输机	1	6	18	11	18	14
M_{10}	××-B 轰炸机	1	5	11	0	0	0
M_{11}	××-C 轰炸机	3	1	5	15	2	3
M_{12}	××无人机	2	2	0	0	6	0
M_{13}	××-B 坦克	2	2	3	0	7	0
M_{14}	××-A 导弹	1	4	4	0	5	14
M_{15}	××-B 导弹	3	4	3	18	28	1
M_{16}	××洲际导弹	2	3	5	17	6	8
M_{17}	××-C 导弹	1	3	0	9	8	0
M_{18}	××-B 航空母舰	1	3	0	2	1	0

13.2.4 基于整体鲁棒性指标的结果分析

下面将算法中的评估函数设置为基于整体鲁棒性的指标（能力总体差距的整体鲁棒性指标、能力差距总离差的整体鲁棒性指标），得到如图 13.10 所示的 Pareto 解集。

通过图 13.10 可以大致看出，所得的 Pareto 解集总体上与基于完全鲁棒性指标获取的 Pareto 解集类似，具有平滑的趋势，符合较好结果的标准。下面对该 Pareto 解集中的方案进行分析。

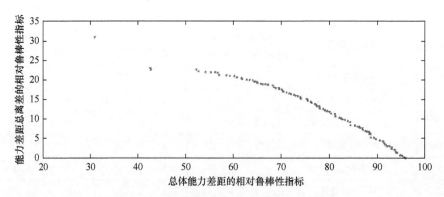

图 13.10　基于整体鲁棒性指标的 Pareto 解集

13.2.4.1　待研发装备的研发时间分析

基于整体鲁棒性的 Pareto 解集中待研发装备的开始研发时间信息，绘制三维图，如图 13.11 所示。

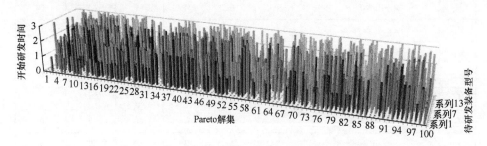

图 13.11　待研发装备的开始研发时间（见彩图）

通过图 13.12 可以看出，装备研发时间与基于完全鲁棒性指标获取的 Pareto 解集中待研发装备的开始研发时间类似，都集中在第 1~第 3 阶段内。

13.2.4.2　装备退役时间分析分析

基于整体鲁棒性的 Pareto 解集中装备的退役时间信息绘制三维图，如图 13.12 所示。

通过图可以看出，装备退役时间与基于完全鲁棒性指标获取的 Pareto 解集中待研发装备的开始研发时间类似，分布较均匀。

13.2.4.3　装备采购数量分析

基于整体鲁棒性的 Pareto 解集中装备各阶段的采购数量绘制三维图，如图 13.13 所示。

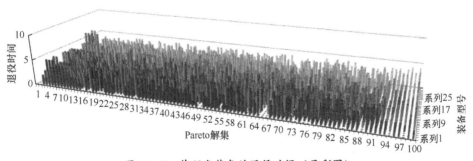

图 13.12 待研发装备的退役时间（见彩图）

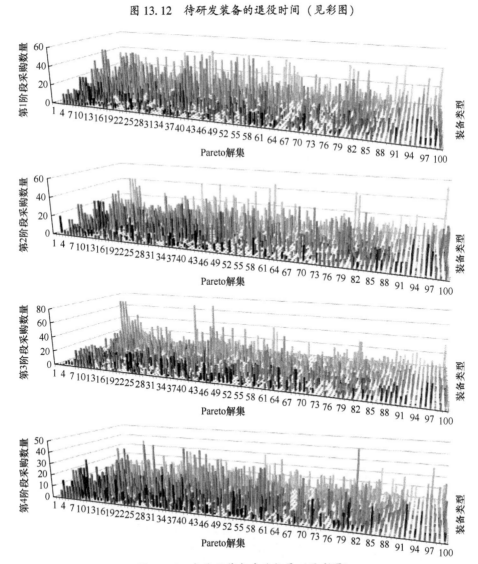

图 13.13 各阶段装备采购数量（见彩图）

通过图可以看出，基于整体鲁棒性指标得到的 Pareto 解集中的装备采购数量信息，与基于完全鲁棒性得到的结果有较大差距：前者的分布更加均匀，没有出现采购数量极高的情况，具体在 13.2.4.4 节进行分析。

13.2.4.4 Pareto 解集中折中解分析

从基于整体鲁棒性指标获取的 Pareto 解集中挑选一个折中解进行说明，该解的完全鲁棒性指标为：能力总体差距的完全鲁棒值 31；能力差距总离差的完全鲁棒值 31。其每个决策变量的信息如表 13.16 所列。

表 13.16 基于整体鲁棒性指标的一个折中解

序号	候选装备	装备研发时间	装备退役时间	第1阶段采购数量	第2阶段采购数量	第3阶段采购数量	第4阶段采购数量
m_1	××-A 导弹驱逐舰	0	3	11	4	0	11
m_2	×× 护卫舰	0	5	3	0	3	0
m_3	×× 常规动力潜艇	0	4	4	15	3	3
m_4	××-A 核潜艇	0	3	2	0	0	0
m_5	××-A 战斗轰炸机	0	5	4	0	1	22
m_6	××-A 战斗机	0	2	10	0	8	17
m_7	××-B 战斗轰炸机	0	3	4	28	17	2
m_8	××-A 预警机	0	3	23	3	7	22
m_9	××-A 运输机	0	5	2	15	18	3
m_{10}	××-A 轰炸机	0	5	5	2	4	4
m_{11}	××-A 坦克	0	1	13	3	0	4
m_{12}	×× 多管制导火箭系统	0	5	0	7	0	4
m_{13}	×× 反舰导弹	0	5	28	17	10	6
m_{14}	××-A 航空母舰	0	1	0	0	3	1
M_1	××-B 导弹驱逐舰	1	4	9	7	1	10
M_2	×× 驱逐舰	1	4	7	0	2	0
M_3	×× 高超声速飞行器	0	0	0	0	0	0
M_4	××-B 核潜艇	1	5	2	2	2	2
M_5	××-B 战斗机	1	5	0	5	2	2
M_6	××-C 战斗机	2	7	0	3	16	0
M_7	××-B 预警机	2	5	4	3	0	0

续表

序号	候选装备	装备研发时间	装备退役时间	第1阶段采购数量	第2阶段采购数量	第3阶段采购数量	第4阶段采购数量
M_8	××电子战飞机	1	6	10	28	23	0
M_9	××-B 运输机	2	7	9	15	14	0
M_{10}	××-B 轰炸机	1	4	18	14	14	0
M_{11}	××-C 轰炸机	0	0	0	0	0	0
M_{12}	××无人机	1	1	6	2	72	5
M_{13}	××-B 坦克	1	1	0	0	34	0
M_{14}	××-A 导弹	1	4	0	16	13	0
M_{15}	××-B 导弹	1	4	3	8	12	0
M_{16}	××洲际导弹	3	3	0	0	0	0
M_{17}	××-C 导弹	0	0	0	0	0	0
M_{18}	××-B 航空母舰	1	3	0	2	1	0

13.3 计算结果分析

通过基于完全鲁棒性指标和基于整体鲁棒性指标获得案例中装备规划问题的两个 Pareto 解集，两个解集既有相似之处也有差别较大的地方，具体体现如下。

（1）关于待研发装备的开始研发时间，两个解集的取值范围基本一致，都处于第 1~第 3 阶段内。比较符合实际情况，具体解释如下：由于本案例中装备的研发周期一般都在第 1~第 2 阶段，所以装备如果在第 3 阶段之后才开始研发，会导致装备在决策时间范围内还没有研发成功，即无法列装，不能满足能力需求，从算法的角度分析是属于浪费经费的行为。

（2）关于装备的退役时间，两个解集的取值范围差异较小。由于装备退役虽然对导致能力降低，但同时腾出一部分经费用于研发新的装备以及采购其他装备，因此退役时间与方案价值之间的关系是混沌的。装备的退役时间分布比较不均匀，但大部分装备的退役时间都在四个阶段内，这说明一部分老旧的能力较差的装备退役，可以为研发采购能力较强的装备腾出资金，这种方式会为方案的价值带来更好的效益。

（3）关于装备在每个阶段的采购数量，两个解集的差别较大。基于完全鲁棒性指标的解中，在第 2~第 4 阶段都出现采购某些装备（"××"反舰导弹和"××-A"导弹）数量极高的情况，其原因可能是，完全鲁棒性指标只考虑最困难场景下方案的表现，最困难场景中可能出现对某些能力需求很高的情况，而"××"反舰导弹和"××-A"导弹两个装备可能正好可以提供这些能力需求，且这两个装备的采购价格较低，因此可以通过增加采购数量弥补能力上的不足。

而基于整体鲁棒性指标的解中，每个阶段装备的采购数量分布相对平均，因为需要考虑所有场景下方案的平均表现，所以大量采购单个装备虽然可以弥补单个或几个场景的能力差距，但可能使得该方案在其他更多场景下的表现变差，从而使得整体鲁棒性变差。

（4）具体采用哪种鲁棒性指标需要根据实际情况和决策偏好。如果决策者属于极端保守型或者最困难场景一旦在未来发生，对我方到来的后果极其严重，则建议采用完全鲁棒性指标。如果决策者的要求相对比较宽松，或者所有场景都不会导致毁灭性后果，则可以采用整体鲁棒性指标。实际操作过程中，可以同时采用两种鲁棒性指标，对产生的 Pareto 解集进行比较分析，再结合实际情况做出决策。

第4部分 参考文献

[1] TAGUCHI G. On robust technology development: bringing quality engineering up stream [M]. NewYork: ASME Press, 1993.

[2] MAGHOULI P, et al. A scenario-based multi-objective model for multi-stage transmission expansion planning [J]. IEEE Trans on Power Systems, 2011, 26 (1): 270-278.

[3] CHEN Z L, et al. A scenario-based stochastic programming approach for technology and capacity planning [J]. Computers & Operations Research, 2002, 29 (7): 781-806.

[4] NEAGA E I, HENSHAW M, YUE Y. The influence of the concept of capability-based management on the development of the systems engineering discipline [J]. Proceeding of the 7th Annual Conference on Systems Engineering Research, Loughborough, England, 2009.

[5] 杨克巍, 赵青松. 体系需求工程技术与方法 [M]. 北京: 科学出版社, 2011.

[6] 张人千, 王如瓶. 随机能力规划的 Scenario 模型及其决策风险分析 [J]. 系统工程理论与实践, 2009, 29 (1): 55-63.

[7] DAVIS K, SHAVER D, BECK J. 武器装备体系能力的组合分析方法与工具 [M]. 卜广志, 毛昭军译. 北京: 国防工业出版社, 2012.

[8] 周宇, 谭跃进, 姜江, 等. 面向能力需求的武器装备体系组合规划模型与算法 [J]. 系统工程理论与实践, 2013, 33 (3): 809-816.

[9] HAKANSSON N H. Multi-period mean-variance analysis: Toward a general theory of portfolio choice [J]. Journal of Finance, 1971, (26): 857-884.

[10] 彭大衡. 长期组合优化的连续时间模型 [J]. 湖南大学学报 (自然科学版), 2004, 31 (1): 103-107.

[11] 陆宝群, 周雯. 连续时间下的最佳组合优化和弹性 [J]. 数学的实践与认识, 2004, 34 (6): 60-63.

[12] LIESIÖ J, MILD P, SALO A. Robust portfolio modeling with incomplete cost information and project interdependencies [J]. European Journal of Operational Research, 2008, 190 (3): 679-695.

[13] ELTON E J, GRUBER M J. The multi-period consumption investment problem and single period analysis [J]. Oxford Economics Papers, 1974, (9): 289-301.

[14] JORNADA D, V J LEON. Biobjective robust optimization over the efficient set for Pareto set reduction [J]. European Journal of Operational Research, 2016, 252 (2): 573-586.

[15] DEB K, SAXENA D. On finding Pareto-optimal solutions through dimensionality reduction for certain large-dimensional multi-objective optimization problems [J]. Kanpur Genetic Algorithms Laboratory (KanGAL), 2005: 34-52.

第 5 部分

基于博弈的武器装备体系发展规划

第 14 章 基于博弈的武器装备体系动态规划框架

互为对手的双方武器装备体系(Weapons System of Systems,WSoS)相互对抗态势明显,都在根据对方的规划策略变化而调整己方装备体系发展方法,因此规划是处于不断变化的动态中的,而非静态。此外,在制定规划方案时,除了需要考虑装备的性能,更需要考虑新装备与现有装备之间的配合关系、新装备与对立方装备关系以及新装备与未来装备之间的配合关系,达到既完成使命任务又使效益最大化的目的。基于博弈的武器装备体系动态规划框架(Weapons System-of-Systems Dynamic Planning Framework Based on Gaming, G-WSoSDPF)就是为了建立如图 14.1 所示的"决策-演化-博弈-再决策"的动态迭代模型,从博弈的角度,研究在对抗条件下的装备武器装备体系发展规划方法。

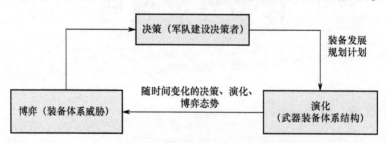

图 14.1 装备体系发展规划动态迭代过程

14.1 武器装备体系网络化建模

现代武器装备呈现复杂化、智能化、集成化、能力多样化等特点,武器系统往往具有执行多样化任务的能力,如美国 MQ-1 捕食者察打一体无人机,该机装有红外侦察设备、GPS 导航设备等侦察系统,对目标定位精度为 0.25m,同时具有两个武器挂架可发射 AGM-114 地狱火导弹对敌方目标实施打击。

武器装备体系作战网络(Weapon System of Systems Combat Network,WSoSCN)是将敌我双方武器装备体系(WSoS)中侦察、指控、火力、通信等实体抽象为节点,将实体间的信息、物质、能量交互抽象为连边而得到的异质多维网络。

  武器装备之间的连接方式也多种多样。传统的将武器装备抽象为独立节点，将武器装备间关联关系抽象为边的作战网络描述方式不能够对 WSoS 结构进行合理准确描述。本部分内容借鉴了李际超博士提出的元功能节点、元功能边等概念与思路，构建了 WSoSCN 模型。这样避免了某一项武器装备在体系中被简单归类为一种功能的节点，而是将它分解为多种功能节点的集合，突显它在体系中真正发挥的全部作用。

  根据复杂网络的相关知识，将 WSoS 可以抽象成一个网络，即

$$G = (V, E)$$

式中：V 为 WSoS 的节点集合；E 为 WSoS 的边集合。WSoS 网络化建模流程有三个主要步骤：构建武器装备单元，即节点建模；构建武器装备单元之间关系，即边关系建模；装备体系的构建。WSoS 的网络化建模框架如图 14.2 所示。

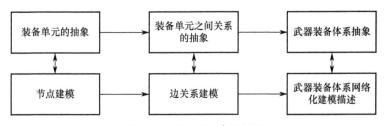

图 14.2   WSoSCN 建模框架

14.1.1   武器装备体系装备单元节点网络化建模

  WSoS 中存在侦察、火力、指挥等众多装备单元。一个实际存在于 WSoS 中的装备可能对应于 WSoSCN 中多种功能性的节点，且功能单元之间会存在信息交换。现对元功能节点进行定义。

  定义 14.1   元功能节点（Meta-functional Node）

  元功能节点指在规划武器装备体系结构中执行基本作战任务（侦查、指控、打击等）的实体或系统，如无人机机载目标探测识别系统、坦克火控系统、预警机远程警戒雷达系统、侦察雷达等。

  元功能节点根据在体系对抗中的基本任务不同，分为元侦察功能节点、元指控功能节点、元打击功能节点。

  元侦察功能节点指在作战过程中执行基本侦察、监视及早期预警任务的实体或系统。负责将侦察到的信息传递给其他元功能节点，如雷达、红外探测系统等等。

元指控功能节点指在WSoSCN中执行基本指挥控制任务的实体或系统。他从元侦察功能节点接收战场信息，进行态势分析与威胁判断，然后做出决策进行资源分配任务。

元打击功能节点指在作战过程中执行基本火力打击或电磁干扰任务的实体或系统。它接收元指控功能节点的指令对敌方目标进行攻击或干扰，如火炮、导弹、鱼雷、电磁干扰雷达等。

一个武器装备一般包含多个元功能节点，它们真实反映了武器装备在体系中所发挥的全部作用，这是相较于将一个武器装备系统抽象为网络中一个独立的点的方法的优势所在。元功能节点 v 可以表示为包含身份标示 Identity、节点类型 NodeType、节点威胁向量 d 的一个三元组，即

$$v = (\text{Identity}, \text{NodeType}, d)$$

步骤1：确定节点身份标示。节点身份标示标明了该功能节点在作战过程中立场，如红军、蓝军、中立方等，这里只考虑红军与蓝军两种情况，即

$$\text{Identity} ::= R \mid B$$

式中：R 为红军；B 为蓝军。

步骤2：确定节点类型。节点类型指的是元功能节点分类，根据定义14.1，本章将武器装备体系结构中元功能节点分为侦察、指控、打击三类，即

$$\text{NodeType} ::= S \mid D \mid I$$

式中：S 为元侦察功能节点；D 为元指控功能节点；I 为元打击功能节点。

步骤3：确定节点威胁向量。节点威胁向量是指某项装备投入现有体系后，因其相关的对抗功能（侦察、指控、打击）给敌方武器装备体系单位时间内造成的威胁多维测度。节点威胁向量与节点的类型有关，不同类型的节点威胁向量构成有较大差异，下面分类进行描述。

（1）元侦察功能节点。元侦察功能节点的威胁向量为

$$d\_S ::= \langle \text{Radius}, \text{Accuracy}, \text{DetectRate}, \text{HavestRate}, \Lambda \rangle$$

式中：Radius 为元侦察功能节点的侦察范围；Accuracy 为元侦察功能节点的目标识别精度；DetectRate 为有效侦察率；HavestRate 为关键情报获取率；Λ 表示该向量可扩展。

（2）元指控功能节点。元指控功能节点的威胁向量为

$$d\_D ::= \langle \text{CoverRate}, \text{Efficiency}, \text{Community}, \text{Dlay}, \Lambda \rangle$$

式中：CoverRate 为有效覆盖率；Efficiency 为信息处置效率；Community 为网络通信效率；Dlay 为指挥决策时间；Λ 表示该向量可扩展。

（3）元打击功能节点。元打击功能影响节点的威胁向量为

$$d\_I ::= \langle \text{Radius}, \text{Accuricy}, \text{RPG}, \text{Mobility}, \Lambda \rangle$$

式中：Radius 为作战覆盖半径；Accuricy 为命中精度；RPG 为弹药数量；Mobility 为机动速度；Λ 表示该向量可扩展。

每一类功能节点的威胁向量中设有可扩展位，方便建模人员根据实际武器装备的需要添加其他的威胁向量维度。

14.1.2 武器装备体系装备关联关系网络化建模

装备单元被抽象为 WSoSCN 中的各种元功能节点，相应的 WSoS 中各个装备之间的关系被抽象成 WSoSCN 中的边。在武器装备体系的规划中，元功能节点之间的联系多种多样，它们通过物质、能量、信息流来传递信息，相互配合共同完成反制敌方武器装备的任务。例如元侦察功能节点发现敌方节点，然后将侦察获取的信息发送给元指控节点。元指控节点通过对形势分析后向元打击类节点下达攻击命令，元打击类节点接到命令后对目标实施攻击。这些各种各样的物质能量流构成了 WSoS 对抗态势中的功能边。

功能边关系可以用如下三元组表示：

$$e_{ij} = (\text{EdgeType}, \text{restrain}, c)$$

式中：边关系类型 EdgeType 由边两端元功能节点所属的类型决定；边约束向量 restrain 刻画了改变存在的约束条件，如地方目标只有在元打击功能节点的影响范围内才能对敌方目标实施有效攻击；边能力向量 c 刻画了改边两端装备节点形成配合关系的强弱。

假设存在互相对抗的红蓝两方 WSoS，对其进行边关系建模。双方武器装备体系规划在对抗条件下都具有强烈的主动性来根据对手的规划策略制定己方方案反制对手，以保持优势或抵消威胁。红、蓝双方的元功能节点互为敌方目标，其节点标示符号如表 14.1 所列。

表 14.1 博弈双方装备体系节点标示表

节　　点	红　　方	蓝　　方
侦察功能节点	S_R	S_B
指控功能节点	D_R	D_B
打击功能节点	I_B	I_B

根据装备间配合关系实际，有些边类型在武器装备体系中不存在或者存在概率很小。

（1）侦察功能节点无法自主采取作战行动，它只能讲侦察到的情报传递给指控功能节点或者其他侦察功能节点进行信息共享。因此从体系中排除这

6 种边类型 $S_R \to I_R$、$S_B \to I_B$、$S_R \to D_B$、$S_B \to D_R$、$S_R \to I_B$、$S_B \to I_R$。

（2）指控功能节点无法直接对敌方各类功能性节点实施攻击。因此从体系中排除这四种边类型 $D_R \to D_B$、$D_R \to I_B$、$D_B \to D_R$、$D_B \to I_R$。

（3）打击功能节点不会对己方功能性节点实施干扰或打击。

装备配合关系主要有两类，共三种，如表 14.2 所列（T 为来自敌方的目标节点）。

表 14.2 装备配合关系与网络功能边种类对应表

关 系 类 型		装备体系网络中的边
功能型配合关系	由装备主要功能所决定的关系	T-S、I-T
信息导向型配合关系	信息传递关系	S-D、S-S、D_1-D_2
	指挥控制关系	D_2-D_1、D-I、D-S

根据以上的连边规则，在红、蓝双方对抗条件下，武器装备体系共存在 20 种边关系，它们与元功能节点的组合关系如表 14.3 所列。

表 14.3 元功能节点组合形成功能边

节　　点	S_R	D_R	I_R	S_B	D_B	I_B
S_R	$S_R \to S_R$	$S_R \to D_R$		$S_R \to S_B$		
D_R	$D_R \to S_R$	$D_R \to D_R$	$D_R \to I_R$	$D_R \to S_B$		
I_R				$I_R \to D_B$	$I_R \to D_B$	$I_R \to I_B$
S_B	$S_B \to S_B$			$S_B \to S_R$	$S_B \to D_B$	
D_B	$D_B \to S_R$			$D_B \to S_R$	$D_B \to D_B$	$D_B \to I_B$
I_B	$I_B \to S_R$	$I_B \to D_R$	$I_B \to I_R$			

综上所述，WSoSCN 中共有 20 种边关系。它们正是体系对抗和动态博弈复杂化的原因之一。在对武器装备节点、功能边进行抽象描述之后，装备配合过程被描述成为一个侦察节点搜寻敌方节点，再将敌方节点相关信息传递给指控节点，通过指控节点向打击节点下达攻击指令后，打击节点对敌方节点实施攻击。在这个闭合回路中，WSoSCN 的侦察功能节点 S、指控功能节点 D、打击功能节点 I 与敌方目标 T 的配合关系如图 14.3 所示。

在体系的对抗过程中，博弈对手的功能节点被视为各自的攻击目标。虽然在装备元功能性节点只有三类，但一条装备配合回路中的每种类型节点可以有多个。在本节描述体系中基本的节点、功能边和闭合回路后，14.2 节将对基于博弈的武器装备体系规划方法的具体实施框架以及步骤进行规范与探讨。

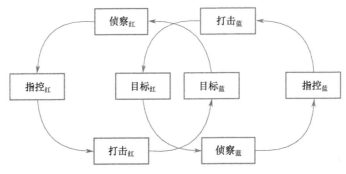

图 14.3 体系博弈装备配合回路示意图

14.2 面向体系威胁的武器装备体系动态博弈模型

14.1 节的体系网络化描述部分比较好的解决了现阶段研究武器装备体系规划问题时不考虑或很少考虑装备间配合关系的问题。此外，功能边的抽象过程中，利用红、蓝两方武器装备间的对抗联系弥补了现有研究缺乏深入的通病。然而，两武器装备体系间如何博弈，体系随着双方武器装备规划策略的变化而如何演化的细节并没有得到阐述。在敌我双方进行对抗时，敌方为了造成更大、更持久的威胁，一般会在其现有的装备体系基础上同时或先后发展多个武器装备。为了降低敌方多种装备甚至是装备体系对我方造成的威胁，我方需要采取一系列措施来对抗敌方的发展策略。在对抗敌方造成的威胁时，一般我方具有多种发展策略可供选择。但是，当面向对方体系威胁时，很难制定出最优的装备发展策略，使该策略针对敌方每个装备都可以达到对抗效果最优。因此，在制定面向体系威胁的装备发展方案时，需要根据实际需要对方案进行综合权衡，选择最优装备发展策略使得敌方装备体系对我方造成的总威胁最低。

在本节，假设红、蓝双方各自发展新的武器装备，在一定时间区间内互相对抗。双方为了应对对方即将发展的新装备造成的威胁，需要制定体系规划方案，对有限的资金进行分配。双方目标是使对方在一定的时间区间内对己方造成的累积威胁最低。面向体系威胁的 WSoS 博弈研究的具体内容包括：①博弈的基本要素分析；②装备体系造成的总体威胁评估；③博弈演化过程和稳定性分析。其研究框架如图 14.4 所示。

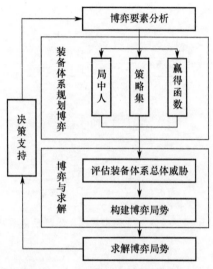

图 14.4 装备体系动态博弈框架

14.2.1 动态博弈要素分析

模型中的参数主要用来描述博弈的内在约束与环境变量。内在的约束主要由费用和研制时长组成,博弈环境主要是利用威胁率来描述某方在进行体系规划时面临的博弈态势。在表 14.4 中定义模型相关参数的概念。

表 14.4 模型参数表

参数符号	描述
$M = \{m_1, m_2, \cdots, m_n\}$	蓝方等待发展武器装备的集合
$W = \{w_1, w_2, \cdots, w_n\}$	红方等待发展武器装备的集合
c_i	研制装备 i 的费用
t_i	研制装备 i 的时长
d_i	元功能节点 i 对手造成的原始威胁率

原始威胁率 d_i 是指新装备投入现有体系后,在对手没有任何反制措施来抵消相应威胁时,单位时间内对对手造成的威胁。具有博弈行为的模型称为博弈模型,其包含三个基本要素。下面结合 WSoS 对抗实际,将博弈三个基本要素进行详细阐述。

步骤 1:局中人。

在一个博弈行为中,有权决定自己行动方案的博弈参与者,称为局中人。

在本章研究武器装备体系规划问题时,博弈局中人是指红蓝双方的体系规划的决策者,记为 $I=\{r,b\}$。

步骤 2:策略集。

一局博弈中,可供局中人选择的一个实际可行的完整的行动方案,称为一个策略。参加博弈的每一个局中人 i,$i \in I$,都有自己的策略集 S,一般每个局中人的策略集至少应包括两个策略。在本部分内容研究的武器装备博弈模型过程中,策略集是不同的各类武器装备发展方案,回答在何时以何种研制强度发展何种武器装备。

为了规范化策略描述的语言以及后文在进行算法实现时的方便,现在将一局博弈中的策略用装备发展强度 K_i 和武器装备开始研制时刻 T_i 联合定义。

(1)武器装备发展强度 K_i。某项武器装备是否发展以及发展所需要的费用和时长由发展强度决定。用 $K_i(i=1,2,\cdots,M)$ 表示,$K_i=\{0,1,2,3\}$。当 $K_i=0$ 时,代表不选取该装备进行发展;当 $K_i=1,2,3$ 时,代表选取该装备进行发展规划,且 K_i 值越大说明对装备的发展强度越高,所投入研制的费用越多,研制时间越短。

模型中武器的装备研制时长由研制的强度决定,单位为年,属于离散变量。装备的研制强度 K_i 至多划分为 4 类,强度为 0 时,表示该装备不发展。研制强度与资金花费和装备研制时长的对应关系如表 14.5 所列。

表 14.5 研制强度与研制费用和时间取值

发展强度	描述
$K_i=0$	不发展装备 i
$K_i=1$	以较低强度发展装备 i,花费为 c_i^1,研制时间为 t_i^1
$K_i=2$	以中等强度发展装备 i,花费为 c_i^2,研制时间为 t_i^2
$K_i=3$	以较高强度发展装备 i,花费为 c_i^3,研制时间为 t_i^3

其中 $c_i^1 < c_i^2 < c_i^3$,$t_i^1 > t_i^2 > t_i^3$。如表 14.5 所列,表示装备的研制强度越大,研制时间越短,即投入较多的资金等会使研制时间降低。离散化的时间安排使约束和规划计算简化,且保留了实际特性。综上所述,一个新装备 i 在第 T_i 年开始以 K_i 强度进行研制,最后投入武器装备体系中的时刻为 $(T_i + t_i^{K_i})$,花费为 $c_i^{K_i}$。在新装备 i 投入体系之前不会对对方造成威胁。下面通过定义装备配合关系来解释博弈双方的装备规划策略生成与选择过程。

(2)武器装备开始研制时刻 T_i。安排装备在哪一时刻开始发展,经过研制时长在哪一时刻开始进入到武器装备体系中,对武器装备的体系能力有着直接的影响。因此，对于每一个待发展的装备，需要定义该装备开始研制的时刻。本章将武器装备开始研制时刻用 $T_i(i=1,2,\cdots,M)$ 表示，表达某项装备从第 T_i 年开始研制。T_i 取值必须在等待规划的年限周期内。在本章建立的博弈模型中，会将装备的规划周期限定在一定的时间区间 $[0,T]$ 内，例如制定一项从 2016 年至 2026 年的十年期装备发展战略计划，那么此次博弈的时间区间将限定为 $[0,20]$，2016 年为第一年，若某项装备 i 在 2016 年开始研制，则 $T_i=1$。

通过以上两者的定义，武器装备体系规划的策略就可以用 K_i 和 T_i 唯一确定。例如当 $K_i=3$，$T_i=5$ 时，表示装备 i 在第五年开始以发展强度为 3 开始研制。

步骤 3：赢得函数。

在一局博弈中，各局中人所选定的策略形成的策略组称为一个局势，即若 s_i 是第 i 个局中人的一个策略，则红、蓝两个局中人的策略组

$$S=(S_1,S_2)$$

为一个局势，全体局势的集合 S 可用局中人策略集的笛卡儿积表示，即

$$S=S_1\times S_2 \tag{14-1}$$

当一个局势出现后，博弈的结果也就确定了，$\forall s\in S$，局中人 i 赢得 $H_i(s)$，$H_i(s)$ 为局势 s 的函数，称为第 i 个局中人的赢得函数。

在本章建立的动态博弈模型中，参与 WSoS 对抗的红、蓝双方都以将对方 WSoS 威胁降到最低为目标。因此，定义双方的赢得函数分别为

$$H_R(s)=\frac{1}{D_{B\to R}} \tag{14-2}$$

$$H_B(s)=\frac{1}{D_{R\to B}} \tag{14-3}$$

式中：$D_{B\to R}$ 为蓝方武器装备体系对红方造成的体系威胁；$D_{R\to B}$ 为红方武器准备体系对蓝方造成的体系威胁。根据实际博弈过程可知，对某一方来说都希望对手给己方造成的体系威胁最小。因此将双方赢得函数取倒数，当对方对己方体系威胁越小时，己方获益越大。$D_{B\to R}$ 与 $D_{R\to B}$ 的具体计算细节将在 14.2.2 中详细介绍。

14.2.2 动态博弈局势建模

装备体系间的博弈是一个复杂的系统工程，考虑敌方装备体系的威胁、己方经费和研制周期约束，以及与其他装备协同等问题。根据 14.2.1 节的阐述，在动态博弈过程中，红、蓝双方的赢得函数都与对方装备体系对己方造成的威

胁有关。因此，构建双方装备体系动态博弈局势的关键就在于，在每一次博弈中，评估在双方任意策略组合实行情况下，红蓝装备体系对对手的总体威胁。在这一前提下，对武器装备体系的博弈局势分析如下：

WSoS 动态博弈的目的是获取最大的赢得利益。WSoS 由若干项武器系统组成，每项武器系统都至少支撑一种作战威胁。体系威胁可以看成若干项作战威胁的集成，每项作战威胁也由一种以上的武器系统的威胁向量共同支撑[4-5]。体系威胁与 WSoS 的结构关系如图 14.5 所示。在一次博弈过程中，不同博弈策略的选择即意味着决策者选择不同的武器装备进行发展。那么在 WSoSCN 建模中新加入的节点也将会多种多样。在装备体系网络中，若存在一条如图 14.5 所示的装备配合回路，将此闭合回路记为 op，即一条装备配合闭合回路代表了一种对抗对手某项装备的打击手段，能够抵消或削弱对手 WSoS 对己方的威胁。若决策者在一次博弈中采取不同的装备体系规划策略，那么将会在装备体系网络中产生各类不一样的 op，模型中假设当某一方的装备体系网络中具有一条覆盖敌方某项元功能节点的闭合回路 op，即说明敌方该元功能节点已经被反制打击，其在整个体系中造成的威胁向量被削弱。博弈中某方的装备必须通过相互配合，形成覆盖对方装备的闭合回路，才能够实现对抗对方装备，抵消相应威胁的目的，如图 14.6 所示，双方武器装备体系中的装备节点都划分为侦查、决策、攻击三类，对方某装备对己方来说即是属于投影过

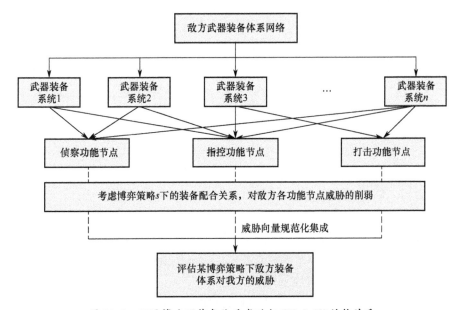

图 14.5　不同策略下装备体系威胁与 WSoS CN 结构关系

来的目标节点。红方某项武器装备系统在装备体系网络中被抽象为一个打击类功能节点 S_{R1} 和一个侦察类功能节点 I_{R2}，I_{R2} 在网络中被蓝方装备配合回路覆盖，说明已经被反制，因此对蓝方造成的威胁降低。S_{R1} 在蓝方未规划装备功能节点 I_{B1} 与 S_{B2} 前，未有被蓝方装备配合回路覆盖，威胁一直存在，因此支撑着红方装备体系对蓝方造成一定威胁。

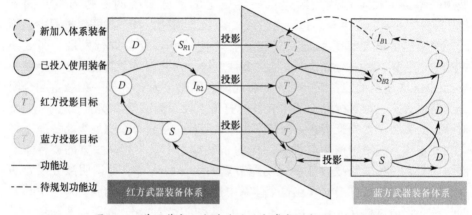

图 14.6　基于装备配合关系的动态博弈示意图（见彩图）

分析敌方武器装备体系对我方的总体威胁，是构建博弈局势的重要环节，也是区分不同博弈策略下，武器装备体系规划方案优劣的主要前提。比如，在某一次博弈中，一种策略的选择将明显降低敌方装备体系对我方的威胁，此降低的绝对值明显优于其他策略且满足经费与研制周期等条件约束时，该策略即是在博弈理论中的优超策略。本章构建博弈局势，首先需要评估不同博弈策略下的体系威胁。敌方装备体系对我方的威胁主要分为侦察、指控、打击这三个方面，这正与第 14.1 节构造的装备体系网络化模型一致。装备体系网络化后，装备抽象为网络中各类功能性节点，每一类节点都具备相应的威胁向量。下面，将以评估红方装备体系对蓝方造成的总体威胁为例，演绎构建博弈局势-威胁评估的分析流程：

步骤 1：明确评估对象。

本章建立的博弈模型中，红蓝双方每时每刻都在调整自身的规划方案，都是具备主观能动性的智能体。因此要分清是评估"红方 WSoS 对蓝方造成的威胁 $D_{R \to B}$"还是评估"蓝方 WSoS 对红方造成的威胁 $D_{B \to R}$"。

步骤 2：构建武器装备体系网络。

根据 2.2 节的体系网络化描述过程将红蓝双方 WSoS 抽象为网络。

步骤 3：在现有体系网络中标示不同策略下待规划的装备功能节点和边。

红方的装备体系对蓝方产生威胁 $D_{R \to B}$，当蓝方采取不同的博弈措施时，$D_{R \to B}$ 也会发生改变。因为不同的博弈策略将产生不同的装备体系规划方案，在装备体系网络中形成的配合回路也不同，红方武器装备的被反制与削弱的作用也会多种多样。经过此阶段的识别，有助于下一步计算不同策略 s_i 下红方装备体系的威胁 $D_{R \to B}(s_i)$。

步骤 4：确定评估体系威胁所涉及的威胁向量并进行规范化处理。

对于不同功能性节点的威胁向量量纲不同，如作战覆盖半径的单位是千米（km），指挥决策时间的单位是小时（h）。在计算体系威胁时，需要对不同量纲的威胁向量进行威胁聚合进而计算，因此需要对不同量纲的指标通过数字变换进行规范化处理。

本部分研究将所有威胁向量的分量称为威胁指标，将它们分为定性和定量两种，分别对其进行规范化处理。

（1）定性威胁指标归一化处理。对于定性的威胁指标，由于其信息的模糊性，可采用专家打分法或定性等级量化表来归一化处理。定性指标的量化标尺是对定性的装备威胁指标进行分级描述。常见的定性量化标尺如表 14.6 所列。

表 14.6 定性量化标尺

等级\分数	0.1	0.2	0.3	0.4	0.5	0.6	0.7	0.8	0.9
9级	极差	很差	差	较差	一般	较好	好	很好	极好
7级	极差	很差	差		一般		好	很好	极好
5级	极差		差		一般		好		极好

（2）定量威胁指标归一化处理。将定量威胁指标分为效益型、成本型两类，效益型、成本型威胁指标集合为

$$d_{\text{quantitative\_benefit}} = \langle \text{Radius}, \text{Radius}, \text{Accuricy}, \text{RPG}, \text{Mobility} \rangle$$
$$d_{\text{quantitative\_cost}} = \langle \text{Accuracy}, \text{Efficiency}, \text{Community}, \text{Delay} \rangle$$

将效益型指标标准化，适用于评分值与指标实际值成比例增长的情况，其函数形式为

$$d = \begin{cases} 0, & I \leq I_{\min} \\ \dfrac{(I - I_{\min})}{I_{\max} - I_{\min}}, & I_{\min} < I < I_{\max} \\ 1, & I \geq I_{\max} \end{cases} \quad (14-4)$$

式中：I 为所要规范化处理的威胁指标原始值；$I_{\max}$ 和 $I_{\min}$ 为国际上当前该类武器装备威胁指标的最大和最小取值。对于效益型指标：I 的取值达到 $I_{\max}$ 则评分值为 1；I 小于 $I_{\min}$ 即认为某项装备功能节点在该项威胁指标上的威胁可忽略不计，评分为 0。

将成本型指标标准化，该类型函数适用于评分值与指标实际值成比例减少的情况，其函数形式为

$$d = \begin{cases} 1, & I \leq I_{\min} \\ \dfrac{(I_{\max} - I)}{I_{\max} - I_{\min}}, & I_{\min} < I < I_{\max} \\ 0, & I \geq I_{\max} \end{cases} \quad (14\text{-}5)$$

式中的函数符号含义同式（14-4）。

步骤 5：威胁向量聚合。

规范化完每一个装备在体系中表示功能节点所产生的威胁指标值之后，需要将其分类并聚合为红方装备体系对蓝方的总体威胁 $D_{R \to B}$，即

$$D_{R \to B}(s) = \sum_{j=1}^{N} \omega_j d_j t = \sum_{j=1}^{N} \omega_j \sum_{i=1}^{M} \mu_{ij}(s) d_{ij} t \quad (14\text{-}6)$$

式中：$D_{R \to B}$ 为红方武器装备体系在蓝方采取策略 s 的条件下，对蓝方造成的总体威胁；ω_j 为第 j 项威胁指标在体系总体威胁中的权重；d_j 为红方装备体系侦察、指控、打击三类功能性节点威胁向量的综合打分值；$\mu_{ij}(s)$ 为红方某 j 类（侦察、指控、打击）功能性节点的第 i 个威胁指标在蓝方采取策略 s 条件下的威胁削弱系数；d_{ij} 是红方某 j 类（侦察、指控、打击）功能性节点的第 i 个威胁指标的打分值；t 为时间变量，表示敌方装备体系威胁在时间上的累积；N 为需要集成的功能性节点种类，在本章中有侦察、指控、打击三类，故 $N = 3$；M 为需要评估的威胁指标数。

根据军事斗争实际，互为对手的双方在规划武器装备时，针对对方的某项装备一般不会只具有单一的应对手段。例如战略导弹的体系突防装备系统，就有地基反卫武器平台、天基平台、空基平台、潜基平台等多手段方式来保证体系突防的成功率和抵消导弹的威胁。在本章建立的 WSoS 博弈规划模型中同样需要考虑到这样的因素。即使具备了"侦察-指控-打击"敌方的一项武器装备的手段，也并不意味着在该项威胁领域一方可高枕无忧。所以在武器装备体系中可能存在一项功能性节点被对方多个装备配合回路覆盖的情况，于是需要引入威胁削弱系数 $\mu_{ij}(s)$ 来体现多种打击手段对降低来自对手装备体系威胁的效果。某项威胁指标削弱系数是随该威胁指标所在功能节点被装备配合回路覆盖的情况而变化的。图 14.7 为威胁削弱系数函数的示意图。

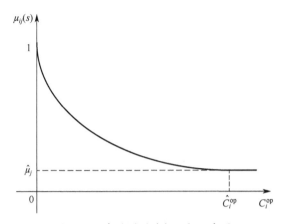

图 14.7 威胁削弱系数函数示意图

在实际中，对一种装备打击反制的效果有如下几个特征。

（1）打击反制的途径越多，威胁被削弱得更明显。

（2）不存在对某项装备的打击反制途径时，装备威胁不被削弱。

（3）某项装备的威胁不会无限减少，当反制途径丰富到一定程度时，威胁指标维持在较低水平不再减少。

（4）威胁降低的速率是逐渐变慢的，首次规划出一条对某项装备的打击反制途径时，该装备的威胁显著降低。随后增加打击反制手段，威胁被削弱程度逐步减少。

对某项装备的打击反制途径在装备体系网络化模型中体现为一条覆盖该项装备功能节点的装备配合回路。可以用式（14-7）方式表示某项武器功能性节点削弱系数与装备配合回路数量的关系：

$$\mu_{ij}(s) = \begin{cases} 1, & C_i^{\mathrm{op}} = 0 \\ \dfrac{\alpha_j}{C_i^{\mathrm{op}}}, & 0 \leqslant C_i^{\mathrm{op}} \leqslant \hat{C}_i^{\mathrm{op}} \\ \hat{\mu}_j, & C_i^{\mathrm{op}} \geqslant \hat{C}_i^{\mathrm{op}} \end{cases} \quad (14\text{-}7)$$

式中：α_j 为 j 类装备功能节点的威胁削弱难度，α_j 越大表示该类装备的打击反制难度越大，即需要较多种打击反制手段才能降低其威胁。当蓝方在策略 s 下不存在覆盖红方装备 i 的闭合回路，即 $C_i^{\mathrm{op}}=0$ 时，则红方装备功能节点 i 的威胁不被削弱。$\hat{C}_i^{\mathrm{op}}$ 表示针对节点 i 的打击手段数量上限，也就是装备配合回路的上限，即使规划出 i 的更多条装备配合回路也不能再降低其威胁指标。

步骤 6：分析约束条件，规划可行域。

装备体系的规划主要考虑经费预算与规划周期的限制，本章不考虑技术的限制。为了降低问题研究的复杂性，本章以装备发展强度来替代研制费用与研制时长两项变量。通过指定装备的发展强度来控制经费与周期的约束。

（1）经费预算。关于经费的约束主要来自两个方面的影响：一方面每年拟用来对武器装备进行研制发展的国防经费预算的约束；另一方面是在未来一段规划时期内国防总预算的约束。

$$\sum c_i \leqslant C$$

（2）装备的规划周期。研究如何在有限的时间有限的经费下安排众多装备的发展和规划，不可忽视的一个制约因素就是时间的问题。所有装备的发展都应该在给定的规划期 $T_{周期}$ 内进行。比如拟考虑未来 10 年的一个装备体系的发展，如果安排一个装备从第 11 年开始发展，则显然是没有意义的。同时，对装备发展时间长度的安排也应该在一个规划周期内进行。例如，需要制定未来 10 年的一个武器装备体系发展规划方案，则对其中所有待选装备集合的规划安排也应该充分考虑 10 年以内的条件和因素：

$$\max\{t_i\} \leqslant T_{周期}$$

14.2.3　博弈演化过程与稳定性分析

现实中的武器装备博弈策略的选取必定是唯一确定的，这与博弈理论中，纯策略解难以达到，一般采取求得混合策略求解的方式有较大差异。但这并不妨碍我们根据博弈理论的相关均衡理论来分析装备体系规划博弈的过程特点。因为我们更加关心的是在博弈过程处于均衡状态下的装备体系状态与策略的选取情况，为决策者提供决策支撑。武器装备体系规划博弈是双方不断生成发展方案，并应用于 WSoS，经过演化发展后，再次生成策略应对的一种循环过程，属于一种典型的重复博弈过程。本章前面内容详细阐述了在一次博弈中的博弈要素分析和博弈局势构建。但是装备体系规划博弈不是一次完成的，本节讨论的问题就是博弈如果是重复进行的，怎样在整个过程中实现赢得最大化的博弈结果。重复博弈在形式上是对一个基本博弈环节的重复的过程，但是其策略集和赢得与基本博弈显著不同，不是一个简单加和。重复博弈可以看作是一个动态过程，现给出定义 14.2。

定义 14.2　重复博弈。

给定一个博弈 G，重复进行 T 次，并且在每次重复之前博弈一方都能观察到以前博弈的结果，这样的博弈过程称为 G 的一个 "T 次重复博弈"，即为 $G(T)$；而 G 则称为 $G(T)$ 的原博弈。$G(T)$ 的每次重复称为 $G(T)$ 的一个阶段。

装备体系动态博弈会形成体系演化的多种路径，这是由各个阶段的博弈方的行动轮流连接而成。重复博弈的路径是指红蓝双方在每个基本博弈环节采取的策略组合依次串联而成的策略路线。对应上一个阶段的每一种博弈结果，下一个阶段的博弈结果对应的是原博弈的策略组合总数目，呈几何级数增长。例如，原博弈有4种策略组合，博弈重复两次就有16条博弈路径，若博弈的策略组合数目，或者重复次数较多，博弈路径数目就会呈指数级增长。在多个博弈路径中探求稳定的通往纳什均衡的路径，是重复博弈要解决的问题。

纳什均衡描述了一种"任何博弈方都不值得单独改变自己的策略"的情况。这种均衡得以实现的前提是"参与人都是完全理性的"且在判断与推理中不会犯错，无其他限制条件。在实际装备体系规划中，往往遵循着"试探-学习-适应-成长"这种行为逻辑，并非完全理性。所以在动态博弈过程中，决策者会根据其既得利益的改变而不断地调整策略以追求赢得函数的最大化，即体现为一种更迭的适应性用较满意策略代替较不满意的博弈局势，最终达到一种动态平衡，给出演化稳定性策略定义如下。

定义14.3 演化稳定性策略。

在一种动态平衡中，任何一个参与者不再愿意单方面改变其策略，这种平衡状态下的策略称为演化稳定策略，这样的博弈过程称为演化博弈。

在内容建立的博弈模型中，有分别指导建设红方、蓝方两个WSoS的博弈参与者，设策略集$S_r = \{s_1, s_2, \cdots, s_n\}$和$S_b = \{s'_1, s'_2, \cdots, s'_m\}$。$x_i$表示红方在一次博弈中采用策略$s_i$的概率，$y_i$表示局中人采用策略$s'_i$的概率，其博弈赢得矩阵如表14.7所列。

表14.7 装备发展规划博弈矩阵

		红 方			
	策　略	$s_1(x_1)$	$s_2(x_2)$	$\cdots$	$s_n(x_n)$
蓝方	$s'_1(y_1)$	(H'_{11}, H_{11})	(H'_{12}, H_{12})	$\cdots$	(H'_{1n}, H_{1n})
	$s'_2(y_2)$	(H'_{21}, H_{21})	(H'_{22}, H_{22})	$\cdots$	(H'_{2n}, H_{2n})
	$\vdots$	$\vdots$	$\vdots$	$\ddots$	$\vdots$
	$s'_m(y_m)$	(H'_{m1}, H_{m1})	(H'_{m2}, H_{m2})	$\cdots$	(H'_{mn}, H_{mn})

因此，蓝方采取纯策略s'_i的平均赢得公式为

$$E(s'_i) = \sum_{j}^{n} H'_{ij} x_j \tag{14-8}$$

红方采取纯策略s_i的平均赢得公式为

$$E(s_i) = \sum_{j}^{m} H_{ij} y_j \qquad (14\text{-}9)$$

概率参数满足 $\sum_{i}^{m} y_i = 1$，$\sum_{i}^{n} x_i = 1$ 约束，综上红蓝双方在一次博弈的赢得总期望分别

$$E(R) = \sum_{i}^{n} x_i E(s_i) = \sum_{i}^{n} x_i \sum_{j}^{m} H_{ij} y_j \qquad (14\text{-}10)$$

$$E(B) = \sum_{i}^{m} y_i E(s_i') = \sum_{i}^{m} y_i \sum_{j}^{n} H_{ij}' x_j \qquad (14\text{-}11)$$

在多次博弈中，若某一策略的平均收益高于混合决策的平均赢得，那么局中人将会更多地倾向于采取该策略。在这里借鉴平均场理论的连续化假设，将本模型中离散化的时间变量看作连续变量，则定义局中人红、蓝双方对策略选取的概率值得调整方程为

$$\frac{\mathrm{d}y_i}{\mathrm{d}t} = y_i [E(s_i') - E(B)], i = 1, 2, \cdots, m \qquad (14\text{-}12)$$

$$\frac{\mathrm{d}x_j}{\mathrm{d}t} = x_j [E(s_j) - E(R)], j = 1, 2, \cdots, n \qquad (14\text{-}13)$$

式（14-12）和式（14-13）说明从纯博弈理论出发，武器装备体系规划博弈时，局中人倾向于不断改变自身的赢得利益，采取纯策略概率的调整速度与赢得超过混合策略平均收益的幅度成正比。这种博弈演化过程很好地为决策者提供了规划素材，是一种较为可信的博弈推演。然而，求出均衡条件下的策略选取的概率并不能完全满足装备体系规划的需求。规划博弈希望能求得整个博弈过程"你来我往，双方交替行动"的路径，即每一次博弈过程的详细策略选择和装备体系威胁的变化过程。基于此，才能全面考量 WSoS 规划方法的合理性与可用性。接下来第 15 章将会围绕如何求解动态规划博弈模型而展开详细阐述。

14.3 本章小结

本章对基于博弈的 WSoS 动态规划框架（G-WSoSDPF）的结构、建模流程与方法进行了详细介绍。首先将相关体系与规划的概念进行了统一与梳理，并总结 G-WSoSDPF 建模过程的特征，即装备规划问题需要解决的重难点，尤其结合博弈理论相关知识，明确了本章所针对的对抗性演化、相对收益确定以及

策略集的识别等重点方面应解决的相关问题。其次详细阐述了 WSoS 网络化建模方法，即构建 WSoSCN 的准则与规范。通过定义装备元功能节点和功能边构建网络模型，为本章装备体系演化提供了平台支撑和可视化工具。第三部分建立的面向体系威胁的规划模型与博弈论紧密联系，将博弈中关心的三要素，以及博弈动态流程阐释清楚，并指出装备体系博弈的实质与重复动态博弈的区别与联系，同时进行了均衡策略的稳定性分析，体现均衡状态在装备体系博弈中的重要意义。

第15章 基于竞争型协同进化的 G-WSoSDPF 求解算法

第14章主要研究如何将 WSoS 抽象为网络模型，并搭建了动态博弈框架，为求解装备规划模型奠定前提和基础。在 14.2.3 节，通过结合博弈理论和平均场理论，我们可以求得重复博弈的动态均衡解。均衡状态的局中人策略的选择概率作为一种丰富的决策数据可以提供给现实中的决策者考虑。但是，装备体系规划博弈不仅希望求得博弈的动态平衡点，而且希望求得达到这一平衡点的博弈过程，即双方互相交替行动的路径。分析得到装备体系威胁值改变的敏感程度如何？动态平衡及演化稳定性策略是否会发生改变，以及在何种条件下会发生改变？经费与时间周期约束条件对博弈过程的影响，等等。这些问题都是求解装备规划模型更加细致的问题，也是 WSoS 规划实际更加关心的问题。

武器装备体系规划博弈属于复杂方案设计问题，需要同时优化博弈双方的赢得函数是典型的多目标优化，这类问题计算复杂，且需要考虑双方策略的动态变化，因此实现难度大，给相应的求解方法的研究也提出了极大的挑战。本章针对前文建立的装备规划模型，借鉴协同进化算法（Co-Evolutionary Algorithm，CEA）领域中与装备体系博弈相类似的方法论本质，通过构建两个互相竞争的种群模拟博弈双方的体系对抗过程，并利用 Pareto 解丰富策略的多样性。本章详细阐述基于 CEA 的思想由来、算法基础以及在装备规划模型中的实际运用。着重分析该算法如何展现红蓝双方动态博弈过程以及求得可行解的合理性与有效性。

15.1 基于竞争型协同进化算法的装备体系规划路径求解

如前所述，本部分内容研究的装备体系规划问题属于带约束的复杂多目标优化问题，对应的解析模型约束表述困难，涉及因素多，关联方式复杂且非线性，尤其计算耗时长，求解十分困难。基于竞争型的协同进化算法具有较好的鲁棒性和全局优化性，在求解许多复杂局系统设计问题中表现出色。

15.1.1 规划路径的求解策略与框架

决策者希望知道在每一个博弈稳定局势的背后博弈双方是如何交互决策使装备体系演化到这一状态的，这就是博弈过程的求解问题，即求解装备体系的具体规划路径。G-WSoSDPF 对武器装备体系规划问题做了定性与定量的描述，建立红蓝双方的决策变量、目标函数、策略生成和约束条件等。本节主要阐述如何利用竞争型协同进化算法对上述模型进行求解，以及如何利用算法流程体现问题的实际特性，最终生成令对手威胁率降到最低的可行解，以及敌对双方整体武器装备体系的预测态势。在进行算法设计时采取以下两种策略保证算法的有效性。

（1）进化过程中的优秀精英个体得到保留，这是考虑到装备体系规划策略有一种稳定性和延续性。在进行排序时，将当前种群与其父代种群一起组成一个大种群进行支配比较。这样有利于装备体系演化过程更稳步进化，且减少因为隔离进化导致收敛效果变差的概率。

（2）精英个体的迁移。在竞争型协同进化算法的框架中，多种群同时进化[8]。通过种群间精英个体的交流，迁移到其他种群的个体替换对方一部分个体，从而对其进化过程产生影响。这种思路方法比较简单地刻画了红蓝双方在装备体系博弈过程中轮流交替行动的博弈样式。而且比较容易实现，只要改变控制规模和替换方式就能控制种群间协同进化的影响程度。

本章所设计的竞争型协同进化算法的运算框架如图 15.1 所示。

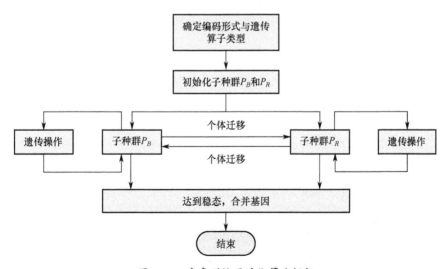

图 15.1　竞争型协同进化算法框架

15.1.2 规划路径的求解算法流程

步骤1：编码与遗传算子。

根据本问题的决策变量特点和取值类型，适合采用十进制编码。假设若双方各自存在 M 个待发展装备，则生成一个长度为 $4 \times M$ 的个体，个体的编码形式如图15.2所示。

$$\underbrace{K_1, K_2, \cdots, K_m, \cdots, K_M}_{B\text{方装备发展强度位}} \underbrace{T_1, T_2, \cdots, T_m, \cdots, T_M}_{B\text{方装备发展时间位}} \underbrace{K'_1, K'_2, \cdots, K'_m, \cdots, K'_M}_{R\text{方装备发展强度位}} \underbrace{T'_1, T'_2, \cdots, T'_m, \cdots, T'_M}_{R\text{方装备发展时间位}}$$

图15.2 装备体系发展规划策略编码形式

装备发展强度位和发展时间位采用遗传算法的标准形式进行生成，通过上述方式产生符合要求的个体。本章固定每一次迭代时，种群内交叉变异算子的概率值固定。

步骤2：初始化子种群。

本问题是红蓝双方在武器装备体系上的动态博弈问题，各自设计自身体系说明本问题可以分解为两个模块，以红蓝双方分别控制各自体系所属的基因片段位形成两个子种群 P_B 和 P_R。在子种群 P_B 中，遗传操作只改变基因中的"蓝方装备发展位"和"蓝方装备发展时间位"两个片段。反之在子种群 P_R 中亦然。

那么就可以把原始问题按设计变量分为两个子问题，每个子问题对应一个种群，每个种群优化两个设计变量，体现了武器装备发展双方互相博弈的特征。

步骤3：子种群内适应度评价与个体迁移。

在子种群中进行每一代遗传操作后都会产生若干个体，每个个体代表一种双方博弈的策略组合，计算该策略组合下各方装备体系对对手的威胁值。设定能使对方体系对己方造成的威胁值最低的策略组合所代表的个体的适应度值更高。这正好与14.1节的定义的博弈双方赢得函数的变化一致。因此设两个子种群适应度的计算公式为

$$\text{Fitness}_R(X) = \beta H_R(x) = \frac{\beta}{D_{B \to R}(x)} \tag{15-1}$$

$$\text{Fitness}_B(X) = \beta H_B(x) = \frac{\beta}{D_{R \to B}(x)} \tag{15-2}$$

式中：β 为选择压力，防止因个体间适应度值差别过小而导致种群的选择失去优化意义。

从式（15-1）和式（15-2）中可以看出，种群适应度值的大小与对手给自身造成的威胁成反比。分配适应度值之后，选择满足约束的个体中适应度最优的个体为当前子种群的最优解，并将其命名为"精英个体"，然后进行"精英个体"的迁移步骤。

（1）迁移的目的与规则。子种群各自优化两个基因片段，符合双方博弈过程实际，同样也是一种降维处理的方式。将两个子种群的个体迁移是将对方种群中的精英个体纳入自身种群，目的就是获取该精英个体中对方优化的片段，将对方精英个体的基因片段嫁接替换己方个体中的相应位置，形成新一代种群。种群迁移实际上是模拟完全信息条件下双方武器装备体系博弈过程，当一方确定一个武器装备发展方案时，对方将以此为目标来制定反制策略。当某次迭代中产生了具有相同适应度值而规划方式不同的个体时，将选择费用花费最少的精英个体进行迁移。

（2）迁移的时机。为了减少计算量，迁移的频率不宜过高，在种群迁移后，需要一段时间让交流精英个体和接收方种群进行足够的融合。这在实际装备发展规划进程中，即相当一种双方彼此知道对手策略后，各自酝酿，筹谋自身发展方案的过程，需要双方在各自的装备体系发展策略选择下对 WSoS 进行推演，这就是算法中种群和精英个体融合且继续迭代循环的过程。本章为种群迁移设定一个间隔代数 G_m，在红蓝双方子种群单独连续进化 G_m 代后，进行一次个体迁移。

步骤 4：达到稳态，个体合并。

将每次个体迁移时的双方精英个体合并，删去本子种群中不更新的基因片段，拼接对方片段，如图 15.3 所示。

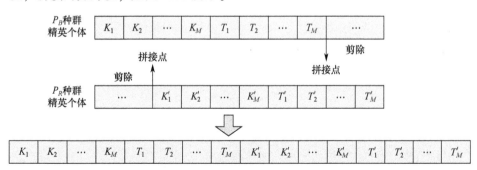

图 15.3　竞争子种群间基因片段剪切、合并示意图

每次个体迁移的双方精英个体通过以上剪除拼接的方式得以保存，通过若干次个体迁移，适应度值不再改变或者基因片段重复可停止。

15.2 基于 Pareto 前沿的 G-WSoSDPF 优化策略集求解

在整体的博弈框架中，双方决策者都关注不同策略组合下双方 WSoS 的演化进程，但是红、蓝双方希望对方给自己造成的威胁最低，目标互相冲突。基于这种情况，通常的做法是将多个目标线性加权转化为单目标优化问题。然而这种方法存在不少问题。首先，各优化目标的权重取值依赖人的主观判断，增加了算法的不确定性。由于线性加权后的单目标的进化算法对权值系数的取值十分敏感，为了获得令人满意的求解精度及有效率，很大程度上依赖人的主观因素，这样的过程不具备通用性。其次，一种权重系数的设定，导致求出的最优解只有一个，这与耗费大量时间的工作量并不划算，针对复杂优化问题，我们希望得到的是多样化的优化解集。为此，本节通过目标优化方法求出装备体系规划策略的 Pareto 前沿，处于前沿的解个体则是 G-WSoSDPF 的优化策略集。

首先根据支配原理，对种群中的个体进行支配比较（对每一次博弈中的策略集内部比较），对种群个体进行分层、排序，并根据排序结果为个体分配适应度。这就是将装备体系规划策略进行分类排序的粗过程，克服了线性加权成单目标的缺点，不需要调整权重系数这一复杂过程，同时减少了算法对人主观因素的依赖，提升了稳定性。然后计算拥挤距离衡量统一前沿解个体的多样性，求出 G-WSoSDPF 的 Pareto 解为决策者提供了大量丰富的决策素材。

图 15.4 形象地表达了 G-WSoSDPF 优化策略集求解过程，其中大框表示种群，种群被分为若干前沿，标有数字的小框表示前沿，相应的数字表示该前沿的序值。

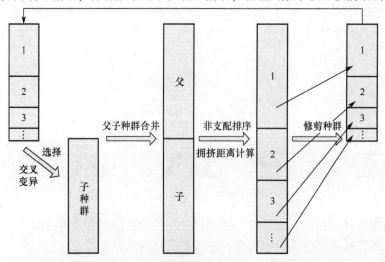

图 15.4 基于 Pareto 前沿的 G-WSoSDPF 优化策略集求解过程

15.2.1 个体非支配比较与群体排序方法

本节对在求解装备体系博弈模型用到的相关支配比较方法和排序方法做扩展介绍。

种群中的每一个个体对应着一种装备体系规划的策略,若 s 代表红蓝双方策略的一种组合,那么该多目标规划的形式为

$$\begin{cases} \min[D_{R \to B}(s), D_{B \to R}(s)] \\ s = S_R \times S_B \end{cases} \quad (15-3)$$

定义 $\varphi(s) = \sqrt{D_{R \to B}(s)^2 + D_{B \to R}(s)^2}$ 为在策略组合 s 的威胁解析值。

称解 X_i 支配解 X_j(记为 $X_i < X_j$),当且仅当下列条件之一成立:
(1) 解 X_i 是可行解而解 X_j 是不可行解;
(2) 解 X_i 与 X_j 都不是可行解,但存在 $\varphi(X_i) \leq \varphi(X_j)$;
(3) 解 X_i 与 X_j 都是可行解,则
$$D_{R \to B}(X_i) \leq D_{R \to B}(X_j), \ D_{B \to R}(X_i) \leq D_{B \to R}(X_j)$$

算法的多目标处理主要体现在对个体的排序上。图 15.5 是 $D_{R \to B}(s)$,$D_{B \to R}(s)$ 两个优化目标优化时的种群分层示意图。

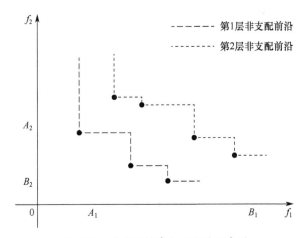

图 15.5 非支配排序分层结果示意图

分层过程:把当前种群中所有的 Pareto 解的序值设为 1,作为第一层的非支配解集,记为 p_1。再将这些个体暂时移除,从剩下的解集中找出所有 Pareto 解,作为第二层非支配解集 p_2。如此反复,直到所有的解都被分解到各层上为止。非支配排序函数 nonDominatedRank 的作用是在子种群与负种群合并后,对全体个体进行排序,在 MATLAB 中其封装结构如下:

```
Function nondominatedRank = nonDominatedRank（score，nParent）
%非支配排序函数，对种群中的个体进行排序。
%输入参数 score 为目标函数值，其行数为合并后种群中的个体数，列数为目标
  函数个数。
```

15.2.2 拥挤距离计算与修剪种群

在 MATLAB 中，拥挤距离计算函数是 DistanceMeasureFcn，其作用是计算某一个前沿内每个个体与其相邻个体的距离，是衡量 Pareto 解多样性的重要标准。在本节中设计的拥挤距离计算函数，封装结构如下：

```
Function crowdingDistance = distancecrowding( pop, score, options, space)
%计算某一个前沿中每一个个体的拥挤距离。
%输入参数为种群 pop、目标函数值 score、设置的选项 options 和空间类型
  space。
%输出为计算出的拥挤距离 crowdingDistance。
```

存在两种极端情况：只存在一层解集，或者每层解集只有一个解。而对于本部分内容的装备体系博弈问题，我们希望得到多种博弈策略的 Pareto 解集以供决策者选择。不同层的解优劣性容易判断，但是为了了解同一层个体间的优劣性，有学者提出了拥挤距离的概念。它表征了解个体目标值点的密度，它衡量了解个体的差异程度。在 MATLAB 中，拥挤距离计算函数是 DistanceMeasureFcn，它的计算过程不再赘述。但有一点值得注意的是，某个个体也就是装备体系博弈策略的拥挤距离越大，其为装备体系发展规划决策者的辅助决策能力越好，因为越是具有较大差异性的策略越具有代表性。故在序值相同的条件下越应该被选中进行下一代进化。

综上所述，利用非支配排序方法求出序值为解个体进行了分层；同层个体按拥挤距离进行排序。排序完成后，可根据排序结果为个体分配适应度。设处于第 k 层的个体 X_{ki} 在整个博弈策略集中的总排位为 r，策略集划分的最大层数为 MR，种群规模为 N，则 X_{ki} 的适应度计算公式为

$$\text{Fitness}(X_{ki}) = \frac{(\text{MR} - k) \times N}{\text{MR}} + \gamma(n - r) \quad (15\text{-}4)$$

式中：γ 为调整系数，存在的意义在于防止目标函数之间的差值很小，导致各个个体被选中的差别很小，即选择压力小。这将会导致进化算法的优选功能被弱化。所以要设置 γ，调节选择压力，这里取 $\gamma = 0.5$。

由于父子种群的合并，使得种群大小变为设置的两倍，故需要修剪种群，在 MATLAB 中，修剪种群函数 trimPopulation 的作用是：在 2 倍于种群大小的合并个体集中裁剪出个数等于种群设定值的个体，其封装结构如下：

> Function[pop, score, nonDomRank, crowdingDistance] = trimPopulation (pop, score, nonDomRank, crowdingDistance, popSize, nScore, nParent, ParetoFraction)
> %种群修剪函数，作用是修剪出 nParent 个个体。
> %输入参数为：待修剪的种群 pop、待修剪种群的目标函数值、待修剪种群的序值 nonDomRank、待修剪种群的拥挤距离 crowdingDistance、待修剪种群的大小 popSize、目标函数个数 nScore、修剪后的个体数目 nParent 及参数 ParetoFraction。
> %输出参数为：修剪后的种群 pop、修剪后种群的目标函数值 score、修剪后种群的序值 nonDomRank、修剪后种群的拥挤距离 crowdingDistance。

种群修剪是求解 G-WSoSDPF 优化策略集的重要一步，它的基本思想如下：

（1）根据设定的系数 ParetoFraction（前沿比例系数），计算第一前沿中允许保留的个体数目，则某前沿中保留的个体数目为 min ｛允许保留的个体数目，现存的个体数目｝；

（2）某前沿中保留的个体数目计算出来以后，通过竞标赛选择将该前沿个体数目修剪至保留的个体数目。对于同一个前沿，个体的拥挤距离越小，则说明多样性越差，在竞标赛中就越容易成为失败者而淘汰。

15.3　本章小结

本章作为 G-WSoSDPF 求解算法设计章节，主要完成了求解上面建立的动态博弈模型的任务。本章的算法设计主要分为两部分内容：一是竞争型协同进化算法，它主要解决求解博弈模型的规划路径问题；二是多目标优化问题求解算法，用来求解规划模型中的 Pareto 解，弥补了只求出某一优秀策略解的单一性，为装备体系规划的决策者提供了更多丰富的决策信息与素材。把装备体系规划的可行优化解空间表现出来，与博弈模型的规划路径空间相辅相成。

第16章 示例研究

前面通过第14章的网络化描述与博弈建模分析,第15章针对多目标规划问题完成基于竞争型协同进化算法设计,基本完成了基于博弈的装备体系规划方法的主体内容。为了验证模型和算法的可用性与合理性,以及研究博弈模型的优缺点和可扩展之处,本章将建立一个设想的红蓝双方武器装备体系博弈网络,通过模拟红蓝双方在一个规划周期内的装备发展对抗演化过程,演绎基于博弈的装备体系规划方法在其中的运用情况。本章首先介绍了示例的背景与数据,然后展现了装备体系网络的生成,包括双方装备抽象为侦察、指控、打击三类元功能性节点,各个节点之间的功能性配合关系抽象为网络中的公共边,以及经费和研制周期约束条件。此外,通过竞争型协同进化算法求解博弈模型中的多目标优化问题,表征了红蓝双方互相使对手威胁最小化的博弈过程。最后进行了进化算子分析和博弈策略的稳定性分析,阐述了这些计算结果是如何体现装备体系对抗发展的,它们将会为装备体系规划实际带来怎样的决策支持。

16.1 示例介绍

16.1.1 示例背景

红、蓝双方是互为潜在对手的两个国家。双方各自发展新的武器装备加入到现有的装备体系中。双方为了应对对方现有的或者即将发展的新装备造成的威胁,需要制定各自的装备体系规划方案,对有限的资金 C 进行分配。该问题背景即是处于一种红蓝双方根据对方装备情况,决定在何时开始,以何种强度发展何种武器装备。双方目标是使对方在一定时间区域内对己方造成的威胁最低。

16.1.2 博弈双方装备节点设定

根据第2章装备体系的网络化描述所述,武器装备在网络中并不是一个孤立的节点,而是根据其功能将其抽象为网络中的元功能节点。表16.1给出了红方具体装备组成及元功能节点分类。

表 16.1　红方装备体系组成及元功能节点分类

装　　备	装备代号	元功能节点分类		
		侦察	指控	打击
现有装备	1	√	√	√
	2	√		
	3		√	√
	4	√		
	5	√		√
待规划装备	6	√		
	7	√	√	
	8	√		√

蓝方具体装备组成及元功能节点分类，如表 16.2 所列。

表 16.2　蓝方装备体系组成及元功能节点分类

装　　备	装备代号	元功能节点分类		
		侦察	指控	打击
现有装备	1	√	√	√
	2	√		√
	3		√	
	4	√	√	
	5		√	√
	6			√
待规划装备	7	√		
	8		√	√
	9	√		√
	10		√	

依据表 16.1 和 16.2 所述，某一方武器装备将会被抽象为一个或者若干个元功能节点。例如蓝方装备 1 号就被抽象为 I_{B1}、D_{B1} 和 S_{B1} 三个元功能节点，红方装备 4 号被抽象为 I_{R4} 和 D_{R4} 两个元功能节点。装备节点除了功能性抽象，还需要对其威胁向量进行设定。根据 14.1.1 节元功能节点的威胁向量定义，选取衡量元功能节点的威胁向量指标如表 16.3 所列。

表 16.3　元功能节点威胁指标体系信息表

节点分类	威胁指标	指标类型	单　位
元侦察功能节点 I	Radius(I_1)	效益型	km
	Accuracy(I_2)	成本型	m
	DetectRate(I_3)	效益型	%
	HavestRate(I_4)	效益型	%
元指控功能节点 D	CoverRate(D_1)	效益型	%
	Efficiency(D_2)	成本型	s
	Community(D_3)	成本型	s
	Delay(D_4)	成本型	s
元打击功能节点 S	Radius(S_1)	效益型	km
	Accuricy(S_2)	效益型	%
	RPG(S_3)	效益型	t
	Mobility(S_4)	效益型	km/h

16.1.3　博弈双方装备关联设定

根据 14.1.1 节中装备功能性节点配合关系，设定出红、蓝双方装备体系内和体系之间的功能边。表 16.4 与表 16.5 中连接的节点是指网络中存在一条指向该连接节点的功能边。

表 16.4　红方装备体系功能边关系设定

红方装备体系			
已发展装备元功能节点		待发展装备元功能节点	
节点编号	连接节点	节点编号	连接节点
S_{R1}	D_{R1}、D_{R7}	S_{R8}	S_{B9}、D_{R7}
S_{R3}	D_{R7}	D_{R7}	I_{R4}、I_{R5}、I_{R6}、D_{R1}
D_{R1}	I_{R5}、I_{R6}	I_{R6}	D_{B8}
I_{R4}	S_{B1}		
I_{R5}	S_{B1}、S_{B2}		

表 16.5 蓝方装备体系功能边关系设定

蓝方装备体系			
已发展装备元功能节点		待发展装备元功能节点	
节点编号	连接节点	节点编号	连接节点
S_{B1}	S_{R1}、S_{R2}	S_{B8}	D_{B1}、S_{B8}
S_{B2}	D_{B1}、D_{B8}、S_{R3}	S_{B9}	D_{B8}
D_{B1}	I_{B2}	D_{B8}	I_{B1}、I_{B2}、I_{B4}、D_{B1}
I_{B1}	S_{R3}	I_{B9}	S_{R3}
I_{B2}	S_{R8}		
I_{B4}	S_{R3}、S_{R8}		

16.2 示例动态博弈建模

通过装备元功能节点抽象和装备配合关系功能抽象，示例中红、蓝双方的武器装备体系已经具备了网络化的标准。本节将构建装备体系网络，并准备相应的数据准备，如威胁指标值，策略集识别。然后进行博弈态势的构建，即将双方的装备体系威胁进行评估，得出某一策略下的威胁评估函数。

16.2.1 博弈双方装备体系网络化描述

首先通过 visio 画出红、蓝双方装备体系的示意图图 16.1，颜色代表了节

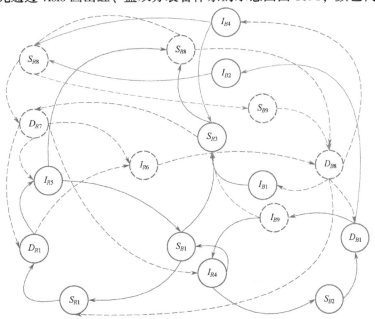

图 16.1 红、蓝双方装备体系对抗博弈网络图（见彩图）

点所在的阵营，实线代表已经存在的装备功能节点，虚线表示待发展的装备节点，即还不存在于真实的装备体系网络中，需要通过动态博弈计算收益，决策者根据计算的结果进行策略选择，来进行未来装备建设规划。

16.2.2 数据准备

在该示例中，各类元功能节点的威胁指标的取值采用随机数模拟器产生的仿真数据，即取样空间为 $\mu = 0.5$，且 $\sigma = 0.2$ 的正态分布函数。指标值如表 16.6 所列。

表 16.6 装备体系威胁指标仿真值表

节点标示	元侦察功能节点				元指控功能节点				元打击功能节点			
	I_1	I_2	I_3	I_4	D_1	D_2	D_3	D_4	S_1	S_2	S_3	S_4
S_{R1}									0.566	0.604	0.604	0.658
S_{R3}									0.340	0.583	0.583	0.825
S_{R8}									0.574	0.153	0.153	0.511
D_{R1}					0.658	0.310	0.310	0.602				
D_{R7}					0.825	0.347	0.347	0.616				
I_{R4}	0.602	0.337	0.337	0.178								
I_{R5}	0.616	0.481	0.481	0.586								
I_{R6}	0.602	0.597	0.597	0.949								
S_{B1}									0.836	0.740	0.703	0.703
S_{B2}									0.526	0.584	0.386	0.386
S_{B8}									0.777	0.321	0.779	0.779
S_{B9}									0.644	0.134	0.276	0.539
D_{B1}					0.371	0.371	0.451	0.385				
D_{B8}					0.437	0.437	0.342	0.196				
I_{B1}	0.320	0.580	0.451	0.688								
I_{B2}	0.699	0.399	0.183	0.344								
I_{B4}	0.731	0.741	0.626	0.619								
I_{B9}	0.370	0.713	0.389	0.536								

研发强度 K 选择与研制时间 T 和花费 C 的对应取值表如表 16.7 所列。每列 K 值下左边的列值代表装备研制花费，右边的列值代表装备研制时间。设定双方总花费约束皆为 20 亿元，研发总周期不超过 10 年。

表 16.7 待发展规划装备 K、T 和 C 数据的对应值表

装备功能节点	$K=1$		$K=2$		$K=3$	
	花费（C）	工期（T）	花费（C）	工期（T）	花费（C）	工期（T）
S_{B8}	2	5	4	3	6	1
S_{B9}	4	5	6	5	8	3
D_{B8}	6	5	8	3	10	1
I_{B9}	4	4	6	2	8	1
S_{R8}	6	7	10	5	12	3
D_{R7}	2	5	4	3	6	1
I_{R6}	6	10	8	7	10	5

16.2.3 双方装备体系威胁评估

红、蓝双方在不同策略选择下，因为产生了不同的装备配合关系，即各种新的反制敌方武器的手段，导致对对方造成的体系威胁值不同。装备体系威胁的评估必须要在一定的策略选择条件下才有意义。

根据示例背景。红、蓝双方待发展装备集合分别为

$$W = \{S_{R8}, D_{R7}, I_{R6}\}$$

$$M = \{S_{B8}, S_{B9}, D_{B8}, I_{B9}\}$$

根据第 3 章求解时的编码方式，红方策略是长度为 6 的染色体，前三位是待发展装备的发展强度，决定其是否发发展以及以何种强度发展；后三位是待发展装备的发展时间位，决定装备的开始研制时间。如表 16.8 所列，蓝方策略时长度为 8 的染色体，前四位是装备的发展强度，后四位是装备的发展时间位。若不考虑装备开始时间与强度，红方共有 8 种策略，蓝方共有 16 种策略。策略组合有 128 种，在此不全部列出威胁评估值。

表 16.8 红、蓝双方装备发展策略与对应威胁值简表

装备发展位		威胁评估	
红方	蓝方	$D_{R \to D}$	$D_{B \to R}$
000	0000	0.492393	0.513444
001	0001	0.568494	0.511810
010	0010	0.499286	0.490524
100	0011	0.468286	0.447833
⋮	⋮	⋮	⋮

16.3 博弈模型的求解

16.3.1 对抗条件下装备体系规划路径求解

子种群规模为 50，进化 100 代。交叉概率为 0.9，变异概率为 0.5。本节蓝方与红方两个子种群进行个体迁移的间隔（各自进化的周期）为 10 代，每代迁移求解过程如表 16.9 所列。

表 16.9 每代迁移的精英个体编码表

迁移代数 \ 精英个体编码	子种群 P_B	子种群 P_R
第 1 次迁移（第 10 代）	10001000000000	00000000002010
第 2 次迁移（第 20 代）	11001200020010	10001000031021
第 3 次迁移（第 30 代）	12101210031021	11001200023011
第 4 次迁移（第 40 代）	13101110023011	12101210123111
第 5 次迁移（达到稳定）	13101110123111	13101210123111

在第 5 次迁移时，双方精英个体的自主编码片段不再改变，说明武器装备体系规划不再变化，达到稳定状态。将表 16.9 中的精英个体解码，还原为红蓝双方武器装备提体系发展规划的策略组合，并利用网络模型展示其演化过程如表 16.10 所列，其中某年新加入体系的装备功能节点和边用虚线表示。

表 16.10 武器装备体系网络演化过程表

体系演化过程	蓝方发展规划策略 （染色体编码） 13101110	红方发展规划策略 （染色体编码） 123111
博弈开始	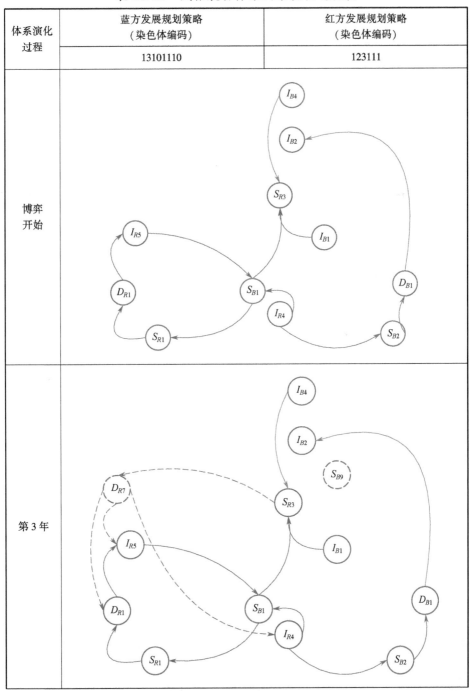	
第 3 年		

续表

体系演化过程	蓝方发展规划策略 （染色体编码） 13101110	红方发展规划策略 （染色体编码） 123111

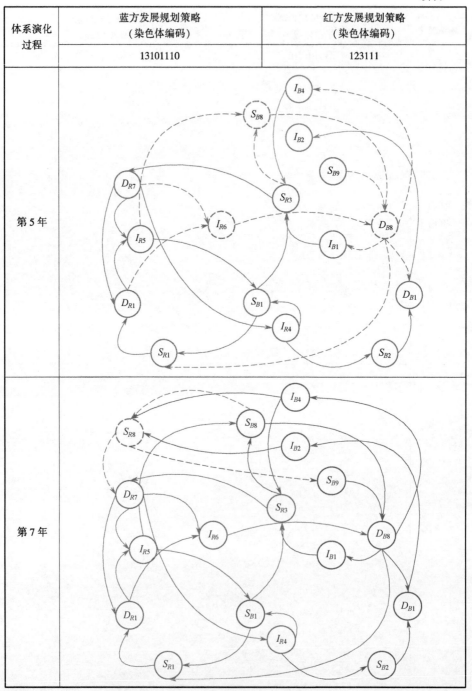

第5年

第7年

我们知道，博弈到达稳定的策略路径并不止一个，本节此处输出的精英个体是迭代稳定后种群中的优化个体。是众多可行路径的一种。它展示的是红蓝双方在交替决策的进程下所能到达的一种均衡态，并不是唯一解。下面以该解为例，分析精英个体的解对装备体系规划的信息表达与决策支撑作用。

根据仿真值表 16.6 与表 16.7，可计算出每一次个体迁移时，双方的优化目标（敌方对己方的威胁值）的变化趋势如图 16.2 与图 16.3 所示。在博弈初始阶段，红方对蓝方的威胁值为 0.492，低于蓝方对红方的威胁。在第 1 次双方制定武器装备体系规划方案后，双方对对方的威胁显著上升，这是因为各自都有新武器投入体系中。在接下来的 4 次调整规划方案过程中，蓝方对红方的威胁先攀升后快速下降，最后的威胁值为 0.462，低于了初始时红方对蓝方的威胁。另一方面，红方对蓝方的威胁在后阶段虽然一直下降，但最终稳定状态下的值为 0.499，高于初始值 0.492，说明在这一博弈阶段，红方既降低了蓝方给自身武器装备体系的威胁，又提升了自身对蓝方的威胁值，博弈取得阶段性胜利。蓝方自身的优势渐渐失去，需要进行新一轮武器装备体系的规划工作。

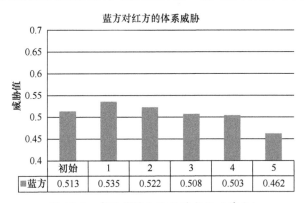

图 16.2　威胁值随个体迁移变化（蓝方）

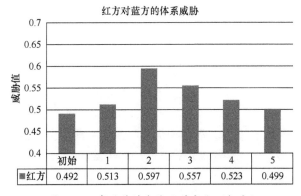

图 16.3　威胁值随个体迁移变化（红方）

子种群的每一次精英个体的迁移行为都可以理解为在实际武器装备发展中的一次博弈，如在第一次迁移后，蓝方在红方"020010"的发展规划下，搜索自身最优的应对方案，将原方案"10001000"修改为"11001200"。将这些基因片段翻译过来就是。蓝方得知红方将会在第1年以第2等级强度开始研制装备节点D_{R7}后，将在第2年以第1强度研发装备节点S_{B9}。经过五次迁移，双方根据各自经费与时间约束，达到博弈的稳定状态"13101110123111"。此基因片段即为，在双方各自为使对方给已方造成的威胁最小的目的下，此次武器装备体系设计最终会达到稳态解之一。因为我们只输出了精英个体，在多目标优化的算法非支配排序中，与精英个体处于同一层的个体按理也是合理的Pareto解，需要通过计算拥挤距离来衡量其同层的优劣。

输出单一的稳定策略并不是决策者想要的唯一结果。作为装备体系规划支撑方法，我们应尽可能地为决策者提供可行的优化解区域，以及它们所代表的博弈实际情形，丰富决策者的规划视野。下面将计算本实例的Pareto解。

16.3.2　装备体系博弈模型的Pareto解

设置种群大小Population=50；迭代次数100代；最优前沿个体系数Paretofraction=0.3，交叉概率为0.9。

基于竞争型协同进化的Pareto解如图16.4所示；基于传统遗传算法的Pareto解如图16.5所示。

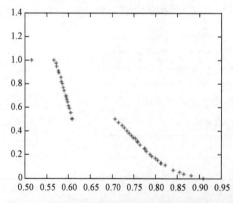

图16.4　基于竞争型协同进化算法的Pareto解

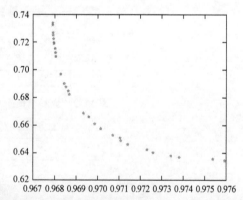

图16.5　基于传统遗传算法的Pareto解

图16.4与图16.5中点集都属于优化问题第一前沿，横纵坐标分别代表红方对蓝方的体系威胁$D_{R \to B}$与蓝方对红方的体系威胁$D_{B \to R}$。装备体系博弈模型是希望这两个目标都取到最小值。从图16.4中可以看出，基于竞争型协同进

化算法的 Pareto 解个体之间有明显的距离差异，三种策略集中处则是装备体系规划方案策略的鞍点，即博弈过程中的均衡位置，在这一位置上的波动，正是决策者进行策略选择的可行优化空间。这种算法下的解多样性更好，策略差异大，是提供给决策者的优质决策信息。在图 16.5 中，传统算法得到比较平滑的 Pareto 前沿，较难体现同一层解个体的差异性，选择难度加大。

16.4　博弈模型解的稳定性分析

基于博弈的武器装备体系动态规划模型所得出的解是互相对抗的双方装备发展策略的组合。这些组合代表了博弈双方因不同策略路径的选取而能到达的不同的博弈均衡状态和局势。本小节主要分析这些解的求得是否和算法的相关参数设置有较大关联，判断是否会因为解具有随机性和不稳定性，而导致求解算法不具备实际的参考价值。下面从染色体交叉概率、种群大小、进化代数、最优前沿个体系数这四个最有影响的算法因子检验 Pareto 解的稳定性。

（1）交叉概率。设置交叉概率为 0.5，其余参数不变。交叉概率对 Pareto 解的影响如图 16.6 和图 16.7 所示。

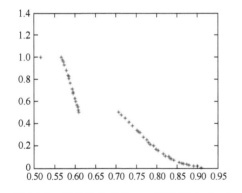
图 16.6　交叉概率对 Pareto 解的影响（一）

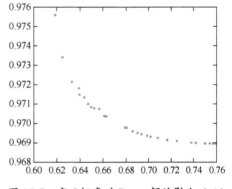
图 16.7　交叉概率对 Pareto 解的影响（二）

图 16.6 与图 16.7 较之前的图 16.9 与图 16.10 结构形态一致，说明交叉概率基于竞争型的协同进化算法和传统的进化遗传算法，在装备规划博弈模型的求解中的影响较小。解的基本前沿形式与数值没有改变，算法对交叉概率依赖性很小。

（2）种群大小。设置种群大小 Population = 100，其他参数不变。种群大小对 Pareto 解的影响如图 16.8 和图 16.9 所示。

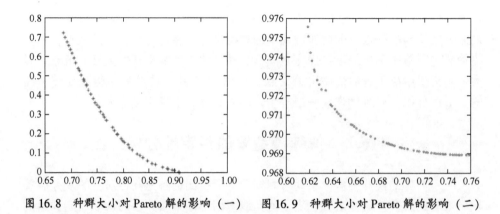

图 16.8　种群大小对 Pareto 解的影响（一）　　图 16.9　种群大小对 Pareto 解的影响（二）

如图 16.7 和图 16.8 所示，当种群大小由 50 增大到 100 时，基于竞争型的协同进化算法的 Pareto 解变得与传统遗传算法类似，解变得缺乏多样性，策略集改变下的威胁值即优化变量与改变种群大小前也波动较大。说明算法对种群大小的鲁棒性较差。

（3）进化代数。设置进化代数设为 200，其他参数不变。进化代数对 Pareto 解的影响如图 16.10 和图 16.11 所示。

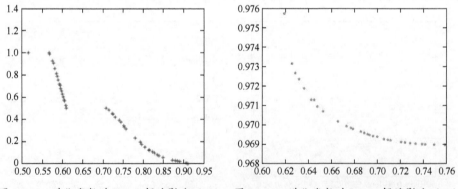

图 16.10　进化代数对 Pareto 解的影响（一）　　图 16.11　进化代数对 Pareto 解的影响（二）

图 16.10 说明基于竞争型协同进化的 G-WSoSDPF 求解算法对进化代数的改变具有很高的稳定性，不会发生结构形态的突变。从图 16.11 可以看出，传统遗传算法在进化代数提高后，Pareto 前沿解个体之间的拥挤距离变大，说明进化代数的提高改善了传统遗传算法的帅选能力，使求得的博弈规划优化策略集的多样性与代表性提高。

（4）最优前沿个体系数。设置最优前沿个体系数 ParetoFraction＝0.1，其他参数不变。ParetoFraction 对 Pareto 解的影响如图 16.12 和图 16.13 所示。

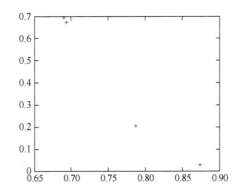

图 16.12 ParetoFraction 对 Pareto 解的影响（一）

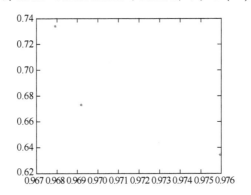

图 16.13 ParetoFraction 对 Pareto 解的影响（二）

改变最优前沿个体系数之后，由于种群大小为 100，所以最优前沿个体最多 10 个，图 16.12 与图 16.13 的大幅变化也说明了系数设置发挥了作用。最优前沿的选择更加严格。此时图中的散点是各自优化下，系统认为能达到双方目标的解个体。很难去说明哪种结果好，或者令人满意，只能说明，这都是在可行区域内在纯理性情况下可能出现的博弈结果。决策者根据自己偏好的威胁区间，可以抽取某点解对应的策略，作为装备体系规划的参考。

16.5 本章小结

本章主要由四个部分构成，首先介绍了示例的背景以及装备体系博弈模型关心的装备节点与关联的设定，这是本章运算和演绎的基础。其次通过装备体系的网络化描述构建了红蓝双方动态博弈的网路模型，经过随机生成相关计算所需的变量，例如威胁向量、经费与周期约束条件等，完成了数据准备工作。三是对整个示例求解。求解装备体系规划模型的稳态解规划路径以及Pareto前沿，解释结果对装备体系规划问题的支撑决策作用。最后对用竞争型协同进化算法和用传统遗传算法的求得的多目标优化的Pareto解进行稳定性分析，验证算法的有效性和可用性。

第 5 部分参考文献

[1] DEKKER, A H. Analyzing C2 structures and self-synchronization with simple computational models [C]//Proceedings of the 16th International Command and Control Research and Technology Symposium, 2011.
[2] OU W, CHAE M, YEUM D. Influence factors of effectively executing NCW by user's point of view [J]. Journal of Korean Society for Internet Information, 2010, 11 (2): 109-126.
[3] LI J, YANG K, FU C. An operational efficiency evaluation method for weapon system-of-systems combat networks based on operation loop [C]//Proceedings of the 9th International Conference on System of Systems Engineering, Adelaide, 2014.
[4] 鲁延京. 基于体系结构关系分析的武器装备体系作战能力评估方法及应用 [D]. 长沙: 国防科学技术大学, 2012.
[5] 孙庆文, 陆柳, 严广乐, 等. 不完全信息条件下演化博弈均衡的稳定性分析 [J]. 系统工程理论与实践, 2003, 23 (7): 11-16.
[6] 李灿. 多目标双系统协同进化算法及其应用 [D]. 大连: 大连理工大学, 2007.
[7] 熊健, 赵青松, 葛冰峰, 等. 基于多目标优化模型的武器装备体系能力规划 [J]. 国防科技大学学报, 2011, 33 (3): 140-144.
[8] 肖晓伟, 肖迪, 林锦国, 等. 多目标优化问题的研究概述 [J]. 计算机应用研究, 2011, 28 (3): 805-808.
[9] 覃俊, 康立山. 基于遗传算法求解多目标优化问题 Pareto 前沿 [J]. 计算机工程与应用, 2003, 39 (23): 42-44.
[10] 童晶, 赵明旺. 高效求解 Pareto 最优前沿的多目标进化算法 [J]. 计算机仿真, 2009, 26 (6): 216-219.
[11] DEB K, PRATAP A, AGARWAL S, et al. A fast and elitist multiobjective genetic algorithm: NSGA-II [J]. IEEE Transactions on Evolutionary Computation, 2002, 6 (2): 182-197.
[12] DEB K, AGRAWAL S, PRATAP A, et al. A fast elitist non-dominated sorting genetic algorithm for multi-objective optimization: NSGA-II [M]. Springer Berlin Heidelberg, 2000: 849-858.
[13] 高媛. 非支配排序遗传算法 (NSGA) 的研究与应用 [D]. 杭州: 浙江大学, 2006.

彩1

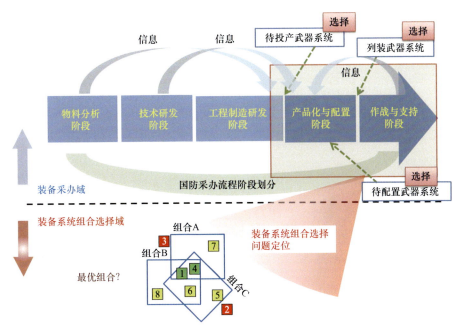

图 2.2 武器装备（系统）组合选择问题定位示意图

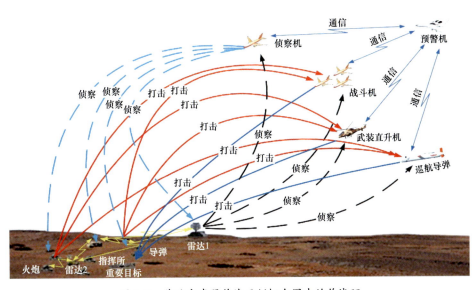

图 3.5 某防空武器作战示例概念图中的作战环

彩 2

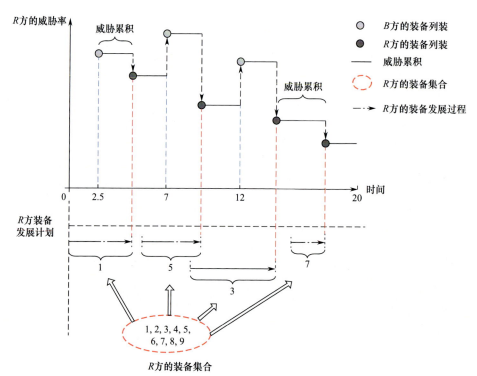

图 4.1 装备发展过程中的威胁率变化示意图

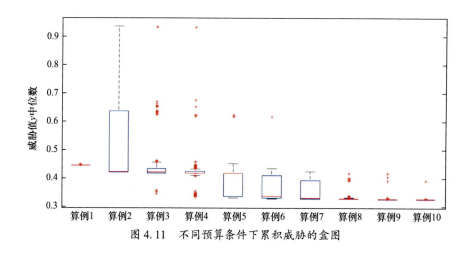

图 4.11 不同预算条件下累积威胁的盒图

彩 3

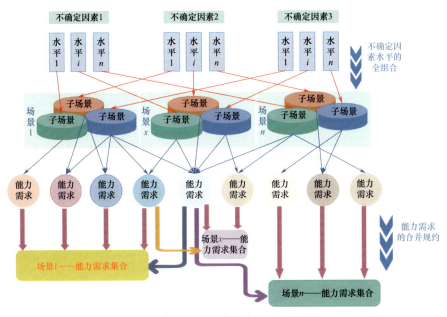

图 11.1 场景生成示意图

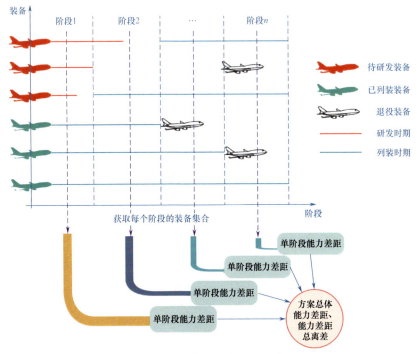

图 11.7 方案综合价值评估模型

彩 4

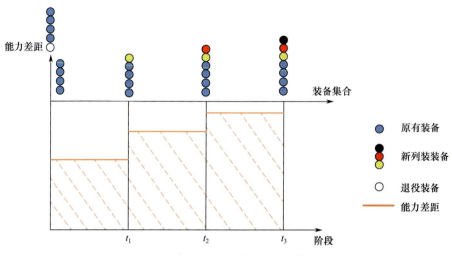

图 11.8　方案 x 的总体能力差距

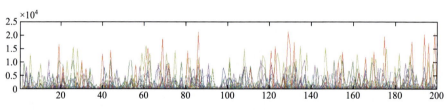

图 13.2　初始方案决策变量线性图

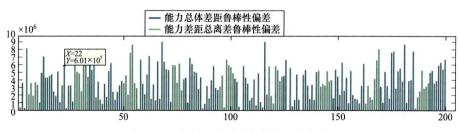

图 13.3　初始方案的完全鲁棒性指标图

彩 5

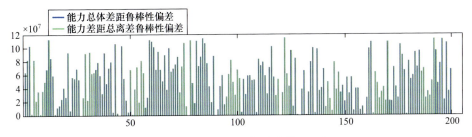

图 13.4　初始方案的相对鲁棒性指标

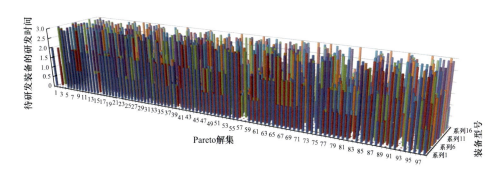

图 13.6　待研发装备的开始研发时间信息

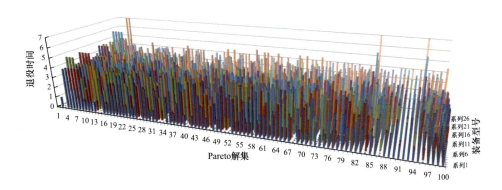

图 13.7　装备的退役时间信息

彩 6

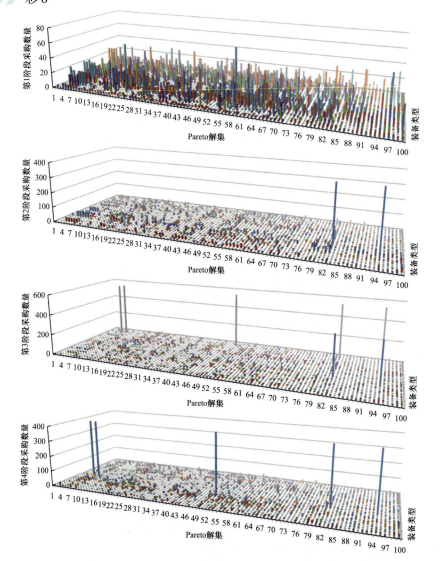

图 13.8 装备采购数量信息图

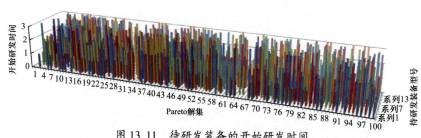

图 13.11 待研发装备的开始研发时间

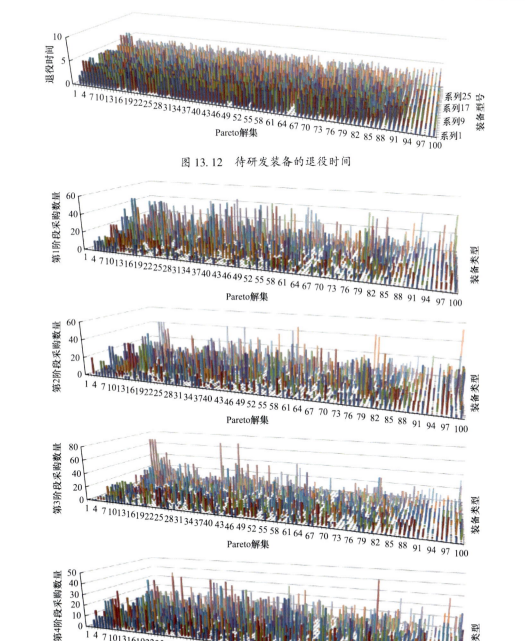

图 13.12　待研发装备的退役时间

图 13.13　各阶段装备采购数量

彩 8

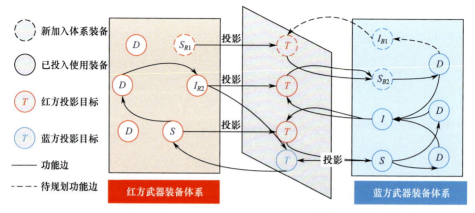

图 14.6 基于装备配合关系的动态博弈示意图

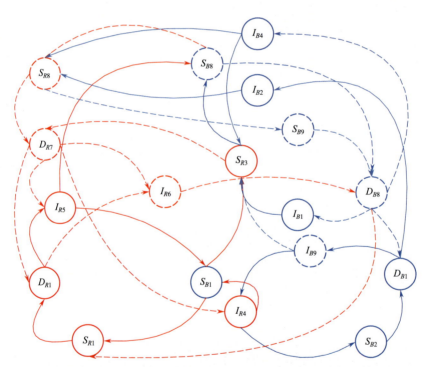

图 16.1 红、蓝双方装备体系对抗博弈网络图